Martina Winkler

W0233205

Martina Winkler

Eine Geschichte der Werbung

Eine Geschichte der Werbung

Stéphane Pincas und Marc Loiseau

Mit einem Vorwort von Maurice Lévy

TASCHEN

HONG KONG KÖLN LONDON LOS ANGELES MADRID PARIS TOKYO

Um sich über Neuerscheinungen von TASCHEN zu informieren, fordern Sie bitte unser Magazin unter www.taschen.com/magazine an, oder schreiben Sie an TASCHEN, Hohenzollernring 53, D-50672 Köln, contact@taschen.com, Fax: +49-221-254919. Wir schicken Ihnen gerne ein kostenloses Exemplar mit Informationen über alle unsere Bücher.

© 2008 TASCHEN GmbH
Hohenzollernring 53, D-50672 Köln
www.taschen.com

Projektleitung: Anne Gerlinger, Julius Wiedemann, Köln
Übersetzung: Helmut Roß, Essen
Lektorat: Valeria Pekelis, Monheim
Produktion: Horst Neuzner, Köln
Umschlaggestaltung: Sense/Net, Andy Disl
und Birgit Reber, Köln

Printed in China
ISBN 978-3-8365-0210-8

Dieses Buch wurde unter dem Titel „Born in 1842. A History of Advertising" im Jahr 2006 zur Feier des 100. Geburtstags von Marcel Bleustein-Blanchet, dem Gründer von Publicis, als unkommerzielle Ausgabe geschaffen und exklusiv den Mitgliedern der Publicis Groupe überreicht.

© 2006, Mundocom (Publicis Groupe), Paris, für die Originalausgabe

Konzept: Stéphane Pincas und Marc Loiseau
Redaktionelle Beratung: Yasha David
Beiträge: Howard Davis, Richard Myers, Dan O'Donoghue
Sonderbeiträge: David Droga, Pat Fallon, Miguel Angel Furones, John Hegarty, Bob Isherwood und Linda Kaplan
Koordination Lektorat: Valérie Beun, Claire Burgess, Robert Fridovich und Stephanie Owen
Dokumentation und Quellen: Beth Callahan, Sally De Rose, Johanna Hunt, Paige Miller, Sarah Okrent und Ilana N. Pergam
Herstellung: Jean-Claude Le Dunc, Brigitte Crapoulet, Alain Djebali, Patrick Franckhauser, Olivier Marchand, Marie-Pierre Millet, Christian Naudet und Jean-Claude Pelleray

Die Autoren danken den Institutionen und Firmen dafür, dass sie ihre Archive zugänglich gemacht und deren Nutzung gestattet haben. Außerdem möchten sie sich bei einigen Protagonisten dieser Chronik bedanken, die sich die Zeit genommen haben, Auskunft über diverse Einzelheiten zu geben. Ein herzlicher Dank auch an all jene Kollegen, ohne die dieses Projekt nicht zu einem erfolgreichen Abschluss gekommen wäre.
Réjane Bargiel, Gérard Baumann, Jean-François Bauret, Nicole Bazerque, Jean-Louis Broust, Luc Byleveld, Philippe Calleux, Patrice Cazes, Michèle Chalvet, Deborah Chinnock, Jean Collette, Bruno Desbarats, Katie Dishman, Lynn Eaton, Corinne Evesque, Paul Faccheti, John A. Fleckner, Simon Gallo, Paule Gendre, Carla Grad, Simone Guibert, Chantal Jan, Michèle Jasnin, Oluf La Lau, Eric Marchin, Claude Marcus, Meredith Metcalf, Roland und Yvette Michau, Philip Mooney, Nancy Palley, Gérard Pédraglio, Serge Perez, Albert Pfiffner, Philippe Quidor, Jacqueline Reid, Ed Rider, Salomon Salto, Vangphet Sananikone, Bruno Suter, Nicola Weston und Daniel Wormeringer

Inhalt

Vorwort

von Maurice Lévy

Maurice Lévy,
Präsident und CEO der Publicis Groupe.

Dieses Buch ist anders und daran liegt mir viel. Wenn ich es lese, verspüre ich in meinem tiefsten Inneren, wie sehr ich die Werbung liebe, wie sehr mein Leben durch Werbung geprägt ist, mit all der Zufriedenheit – und Ungeduld – dieses Metiers. Und was für ein Metier!

Halb Handwerk, halb Industrie, in der Kunst nicht minder wurzelnd als in den Sozialwissenschaften, objektiv wie ein Ratschlag und zugleich mitten im Geschehen, füllt Werbung ein Leben aus und füllt es gut. Bekanntlich fußt dieses Metier auf Einfallsreichtum, Vorstellungskraft und oft auch Wagemut. Weniger bekannt dürfte sein, dass hinter dem Bild vom „Werbefritzen mit seinen Ideen" Strenge und Disziplin herrschen. Hinter den vortrefflichen Beispielen in diesem Buch erahne ich Meetings zu später Stunde, fieberhafte Aufregung und hitzige Diskussionen. Ich kann sie mir umso besser vorstellen, weil ich sie täglich selbst erlebe.

Am anderen Ende der Gefühlspalette eines Werbers steht das Verantwortungsgefühl. Natürlich ist der Werber gegenüber dem Kunden verantwortlich. Schließlich kann eine gelungene Kampagne einen wertvollen Trumpf darstellen, der einer Marke einen Wettbewerbsvorteil verschafft, die Einführung von Produkten oder Dienstleistungen beschleunigt und den entscheidenden Unterschied ausmacht. Im Bereich der Finanzkommunikation liegt der Unterschied zwischen einer gelungenen Börseneinführung und einer mittelmäßigen Operation oftmals in der Qualität der Kommunikation begründet. Doch das Verantwortungsgefühl geht noch weiter, denn es erstreckt sich auch auf den Verbraucher, jenen Dritten, der im Vertrag zwischen Auftraggeber und Agentur zwar nicht ausdrücklich vorkommt, doch der im Zentrum des Geschehens steht. Ich habe durchaus schon einmal nein sagen müssen – nein, wir werden diese Kampagne nicht durchführen, weil sie unserer Ethik nicht entspricht. Als Werber muss man auch nein sagen können, auch zu den wichtigsten Kunden, wenn man überzeugt ist, dass dies in ihrem Interesse liegt.

Ich liebe dieses Metier noch aus tausend weiteren, auch emotionalen Gründen. Denn Werbung ist eine Übung in Bescheidenheit. Ich sehe schon, wie einige Leser sich wundern. Für eine Marke zu werben bedeutet nämlich, dass man als ihr bescheidener Fürsprecher auftritt, ohne ihr den Vorrang streitig zu machen. Außerdem muss man auf die Verbraucher hören und darf sich nicht ständig als alleinigen Besitzer der Weisheit betrachten. Bei Publicis haben wir eine solche Moral des Zurücktretens entwickelt: Wir treten hinter unsere Arbeit zurück, um der Marke, der Kommunikation und dem Auftraggeber Raum zu lassen.

Und warum auch sollte ich verheimlichen, dass ich Werber bin, weil ich gern überzeuge und den Austausch von Ideen mit meinen Teams und Kunden liebe? Weil ich es mag, Überzeugungen zu vermitteln und sie gern umgesetzt sehe. Weil nichts mit dem Adrenalinschub bei der Präsentation eines Projekts vergleichbar ist. Weil ich diese Spannung liebe, die einen ergreift wie Lampenfieber vor einer Premiere.

Dieses Buch umfasst mehr als ein Jahrhundert Geschichte. Es beginnt Mitte des 19. Jahrhunderts in den Vereinigten Staaten, denn dort liegen unsere Wurzeln. Die Anfänge der Werbung reichen natürlich noch weiter zurück, denn sie fallen in gewissem Maß mit der Erfindung des Buchdrucks mit beweglichen metallenen Lettern im 15. Jahrhundert und dem Aufkommen von Pressedrucken ein Jahrhundert später überein. Würde man so weit zurückblicken, ließe sich leicht nachweisen, dass die ersten Plakate und Anzeigen in Europa entstanden. Der große Unterschied zwischen den ersten Anfängen und der modernen Ausprägung dieser Branche, wie sie im 19. Jahrhundert entstand, liegt im Konsum begründet. Geboren wird die moderne Werbung eindeutig gemeinsam mit den Marken und dem durch die Industrielle Revolution ermöglichten Massenkonsum.

Frappierent ist jedoch, wie rasch sich die Grundprinzipien dieses Metiers durchgesetzt haben, sei es die Konsumentenforschung, die Verwendung neuer Kommunikationsmittel, die Berücksichtigung wichtiger Gesellschaftsprobleme – all diese Bereiche wurden sehr bald in die werbliche Praxis integriert. Man darf behaupten, dass die Werbung stets eine außergewöhnliche Flexibilität bewiesen hat. Dieses Anpassungsvermögen hat es ihr in den letzten Jahren vor allem gestattet, sich den Herausforderungen durch eine Internationalisierung der Kunden und ihrer Marken und durch die neuen Kommunikationstechnologien zu stellen.

Wir befinden uns hier in einem Zeitrahmen, der sich in Generationen bemisst. Das Berufsleben der meisten von uns fällt zur Gänze in das letzte Kapitel dieses Buches, und nur die wenigsten können von sich behaupten, bereits in der Periode aktiv gewesen zu sein, die im vorletzten Kapitel behandelt wird.

Tür zum Büro in 17, rue du Faubourg Montmartre in Paris, wo 1926 mit Marcel Bleustein die Geschichte von Publicis beginnt.

Ich habe dieses Privileg, wenn auch nur knapp, und stehe zu meinen grauen Haaren und den vielen lehrreichen Jahren meiner Karriere.

Durch dieses Buch zur Rückschau angeregt, empfinde ich große Achtung und Bewunderung für meine Vorgänger. Es ist ihnen gelungen, ein Metier zu erfinden, geeignete Methoden zu entwickeln und Marken aufzubauen, die im öffentlichen Bewusstsein Spuren hinterlassen haben. Ich fühle mich als Teil dieser ununterbrochen Abfolge von Werbepersönlichkeiten. Unter ihnen genießt Marcel Bleustein-Blanchet selbstverständlich eine besondere Stellung, denn bei ihm habe ich mir die ersten Sporen verdient. Ich kann es nur immer wieder betonen: Ein passionierter Werber wurde ich durch „La rage de convaincre"[1] von Marcel Bleustein-Blanchet. Er war mein Meister und Mentor und bei ihm habe ich, ganz unmittelbar und nahezu tagtäglich, diese Leidenschaft erworben. Der Leser wird in diesem Buch jedoch noch vielen anderen talentierten Vorgängern begegnen, in Europa, Nordamerika und überall auf der Welt. Auch der Leser wird keine Gelegenheit gehabt haben, ihnen allen persönlich begegnet zu sein. Doch er wird ebenfalls von der Großherzigkeit dieser Giganten der Werbung frappiert sein, sei es Francis W. Ayer, William C. D'Arcy, Theodore MacManus, Leo Burnett oder Maurice Saatchi.

Das Erbe einer Tradition anzutreten, geht mit zwei Pflichten einher, die sich auf den ersten Blick zu widersprechen scheinen, sich in Wahrheit jedoch ergänzen: bewahren und verändern. Mit der Kontinuität meine ich die Fundamente des Metiers: Eine Werbeagentur muss ein Ort bleiben, wo sich Kreativität im Dienste der Marken unserer Kunden entfalten kann. Diesem Umstand verdankt unser Metier bis heute seine Existenzberechtigung.

Der Wandel wiederum ist sozusagen der ganze Rest. Ich möchte das am Beispiel von Publicis veranschaulichen: In den 1970er Jahren war dies im Wesentlichen noch eine französische Agentur, die zu 80 Prozent auf französischem Territorium operierte und zu 20 Prozent im übrigen Europa. Heute indes sind die Aktivitäten der Publicis Groupe ein ziemlich genaues Spiegelbild der Wirtschaftskraft der Kontinente mit einer Dominanz Nordamerikas. In wirtschaftlicher Hinsicht hat sich viel verändert, mehr aber noch unter kulturellen Aspekten. Während ich an diesen Veränderungen mitwirkte, hatte ich dennoch das Gefühl, dem Erbe unseres Gründers absolut treu zu bleiben: Verändern, um zu bewahren

[1] Éditions Robert Laffont, Paris 1970

und sich der Wirtschaft der Jahrtausendwende anpassen, um die Philosophie des von ihm gegründeten Unternehmens fortzuschreiben.

Ich bin ein Mann der Tat. Ein Geschichtsbuch ist für mich daher ein hervorragendes Sprungbrett, um sich der Zukunft zu stellen. Die Geschichte der Werbung verweist in die Zukunft. Wer jene Phänomene, die ihre Geschichte geprägt haben aufmerksam studiert, kann einige Kraftlinien erkennen, die ihre Zukunft strukturieren werden. In Zukunft wird die Werbung demnach vier Herausforderungen zu meistern haben.

Die Werbung entstand und entwickelte sich gemeinsam mit der Konsumgesellschaft. Sie ist von Haus aus auf das Vertrauen der Verbraucher angewiesen. Die Welt, wie sie sich heute abzeichnet, ist jedoch nicht durch Sicherheit und Stabilität geprägt. Erste Herausforderung für die Werbung: Im Rahmen ihrer Möglichkeiten zur Wiederherstellung des Verbrauchervertrauens beitragen, um die Voraussetzungen für Wirtschaftswachstum und dynamischen Konsum zu schaffen. Und so daran mitwirken, unseren Zeitgenossen, die zahlreichen Ungewissheiten, Zwängen und Ängsten ausgesetzt sind, Optimismus und Zuversicht zu schenken.

Zweite Herausforderung: Wie durch zahlreiche Beispiele belegt ist, hat Werbung die Herzen erobern können, wenn sie es verstanden hat zu zerstreuen, bisweilen auf amüsante und oft auf anrührende Weise. Werbung wirkt durch Optimismus und Leichtigkeit. Ihre Allgegenwart stellt die Werbung vor eine große Zukunftsfrage: Wie können wir unseren Kunden die Wirksamkeit unserer Kommunikationsprogramme weiterhin garantieren, ohne uns der Verletzung der Privatsphäre des Verbrauchers verdächtig zu machen?

Die ersten drei Nachkriegsjahrzehnte waren das goldene Zeitalter der Werbung mit zweistelligen Wachstumsraten, wie sie seit mehr als zwanzig Jahren in Europa nicht mehr erzielt wurden. Die Baby-Boomers waren die ökonomische und kulturelle Triebfeder dieser Blütezeit. So machte es sich die Werbung zur Gewohnheit, als Wortführer der triumphierenden Jugend aufzutreten. Heute indes warnen uns die Demographen vor der unausweichlichen Überalterung des westlichen Wirtschaftsraums. Die dritte Herausforderung für die Werbung wird darin bestehen zu lernen, diese „ehemals Jungen" glaubhaft und angemessen anzusprechen.

Die vierte Herausforderung schließlich betrifft die Zukunft der Marken. Diese Frage ist von gleicher Wichtigkeit sowohl für die Auftraggeber,

Fassade der über den Champs-Élysées thronenden Zentrale der Publicis Groupe.

als auch die Agenturen. Der verschärfte Wettbewerb verleitet die Unternehmen bisweilen zu kurzfristigen Strategien: Um Marktanteile zu verteidigen, greift man zu Preissenkungen als der am schnellsten und sichersten wirkenden Methode. Dies aber geht unweigerlich zu Lasten der Marken und, schlimmer noch, der Margen. Logischerweise besteht nun die Gefahr, dass sich der Verbraucher von den großen Marken abwendet – wenn der Mehrwert der Marke keine Bedeutung mehr hat, warum dann mehr bezahlen? Dieser Trend ist in einigen Sektoren, die weitgehend dem Prinzip des „hard discount" folgen, bereits deutlich erkennbar. Die Werbung wird sich große Mühe geben müssen, die Verführungskraft der Marken zu wahren.

Ich bin da zuversichtlich, denn ich weiß um den Einfallsreichtum der Werber, wie ihn dieses Buch auf eindrucksvolle Weise veranschaulicht. Herausforderungen ist die Werbung noch nie aus dem Weg gegangen. So vermochte sie die allgemeine Wirtschaft, vor allem aber das Unternehmenswachstum kräftig anzukurbeln. Auch ihren soziokulturellen Instinkt hat sie bereits vielfach unter Beweis gestellt – Trends und Einstellungswandel wittern (wenn nicht vorwegnehmen) und sich anpassen. Die Werbung unterhält seit jeher einen fruchtbaren Dialog mit den Künstlern ihrer Zeit, wobei es mir ein persönliches Anliegen ist, diesen Austausch zu fördern. So entstanden Werbekampagnen, die mitunter wahre Kunstwerke sind. Die Werbung hat es schon immer verstanden, das rechte Gleichgewicht zwischen Kreation und Handwerk, zwischen Industrie und Kunst, zwischen Realem und Imaginärem zu finden. Und sie konnte stets von Talenten und Technologien profitieren, um niemals an Kreativität einzubüßen.

Zur Geschichte der Werbung konnte ich einen bescheidenen Beitrag leisten, indem ich einige führende Marken begleitete, Emotionen zum Leben erweckte und den Verbraucher erreichte. Vor allem aber geht es hier um die Geschichte des vergangenen Jahrhunderts und einiger Männer und Frauen, deren Begabung, Großherzigkeit und Visionen ich an dieser Stelle würdigen möchte.

Gestützt auf diese Geschichte wird Sie die Werbung stets aufs Neue betören, so wie sie mich aufs Äußerste begeistert hat. Es lebe die Werbung!

Viva la Difference!

"It's not advertising anything, damn it!"

Einleitung

„Verflixt noch mal, _das_ ist doch keine Werbung!", antwortet der Vater seinem Sohn auf dessen Frage, welche Marke sich wohl hinter dem prächtigen Regenbogen verberge. Dieser Cartoon aus dem New Yorker erinnert daran: Nicht alles ist Werbung. Wenn man indes in eine Welt hineingeboren wurde, wo Werbung zum Landschaftsbild gehört, mag man denken, dass sie immer schon da war. Man vergisst womöglich, wie eng sie die Fortschritte in der Produktion und Distribution begleitet hat, denkt nicht an den Beitrag der Marken zum Entstehen der Konsumgesellschaft und besserer Lebensbedingungen. Wahr ist aber auch, dass Unwissen dazu verleiten kann, die Werbung aufs Podest zu heben, sie mit sämtlichen Tugenden zu schmücken und ihr alle möglichen Fähigkeiten zuzuschreiben – auch die, einen Regenbogen hervorzuzaubern.

Die Geschichte der Werbung, wie sie in diesem Buch dargestellt wird, beginnt 1842 mit dem Entstehen der Werbebranche und zugleich auch von Publicis. Sicher könnte man die Geschichte der Werbung auch früher beginnen lassen, etwa in den 1630er Jahren, als der Franzose Théophraste Renaudot in der Gazette de France die ersten Anzeigen schaltet. Oder 1786 in England, als William Tayler sich in einer Annonce des Maidstone Journal als „Agent der Drucker, Buchhändler etc. des gesamten Landes" präsentiert. Es ist jedoch das Jahr 1842, das den Beginn dessen markiert, was man heute als die ersten Schritte der modernen Werbung ansieht. Nun erscheint erstmals der Begriff „advertising agent"; verwendet wird er von einem gewissen Volney B. Palmer, der in Philadelphia die erste Werbeagentur gründet. Und zufällig zählt diese Agentur zu den Vorläufern der Publicis Groupe.

Das Buch endet mit dem geschichtsträchtigen Jahr 2006, das den hundertsten Geburtstag von Marcel Bleustein-Blanchet, dem Gründer von Publicis, markiert.

Der Blick auf diesen langen Zeitraum lässt die Wesensmerkmale der Werbung deutlicher hervortreten. Erste Beobachtung: Werbung funktioniert stets am besten, wenn sie Gefühle und Vernunft miteinander verbindet. Trotz aller landesspezifischen Unterschiede legte man den Akzent mal mehr auf die eine oder die andere Komponente. Die wahre Herausforderung besteht jedoch aus ihrer Synthese: dem emotionalen Ausdruck eines rationalen Arguments.

„Verflixt noch mal, das ist doch keine Werbung!"
Zeichnung von Charles E. Martin, erschienen am
24. September 1966 im New Yorker.

Die zweite Beobachtung betrifft den Zeitaspekt. Da gibt es beispielsweise die Kürze eines blitzartig einschlagenden „Heureka!". Einige Marken haben so gleich bei ihrem ersten Auftritt ihren Code und ihre Botschaft gefunden. Es gibt aber auch die Bedächtigkeit einer Werbung, die sich zögernd sucht, über Monate, ja Jahre hinweg. So hat Marlboro lange gebraucht, bis man den berühmten Cowboy fand. Noch bemerkenswerter für eine Branche, die man vorschnell mit Flüchtigkeit und Vergänglichkeit verbindet: Es gibt Werbung, die mehrere Moden und Generationen überdauert hat. Die wirklich außergewöhnlich lange Geschäftsbeziehung zwischen der Agentur N.W. Ayer & Son und Bell System währte von 1908 bis 1994.

Flexibilität ist das dritte Wesensmerkmal der Werbung. Geboren wurde sie während der Industriellen Revolution als Absatzwerbung für Waren, dann auch für Dienstleistungen. In den beiden Weltkriegen diente die Werbung der Mobilmachung und begleitete die Bestrebungen der Oktoberrevolution ebenso wie die des New Deal. Sie findet Worte und Bilder ebenso für Studentenrevolten und soziale Anliegen wie für Finanzentwicklung und Unternehmenspolitik. Diese Anpassungsfähigkeit betrifft neben dem Verwendungszweck auch das Aufgreifen neuer Techniken. Aus dem Druckwesen hervorgegangen vermochte die Werbung mit dem Aufkommen von Radio, Kino und Fernsehen neue audiovisuelle Ausdrucksformen zu erfinden. Und die heutigen elektronischen Medien regen zu neuen, originellen Schöpfungen an.

Die Fähigkeit der Werbung, sich in sämtliche Kulturen einzufügen, ist überaus verblüffend. Dieses vierte Merkmal trat erstmals in Erscheinung, als Werbung sich im Wesentlichen noch auf die beiden Ufer des Atlantiks beschränkte. Ihre Durchschlagskraft erhöhte sich ungemein, als die Techniken der Absatzwerbung die Ostblockländer mit ihrer einstigen Planwirtschaft erreichten. Ein nicht minder großer Kulturschock ereignete sich, als sie von den vielfältigsten Kulturen Asiens, Afrikas und Lateinamerikas angenommen wurde.

Dieser technischen und kulturellen Anpassungsfähigkeit verdankt die Werbung zweifellos – und dies ist das fünfte Merkmal – ein immenses thematisches und expressives Erneuerungsvermögen. Wenn man das Talent der Pioniere bewundert, die fast alles fast sofort erfinden mussten, dann sollte man auch die Beharrlichkeit ihrer Nachfolger bewundern,

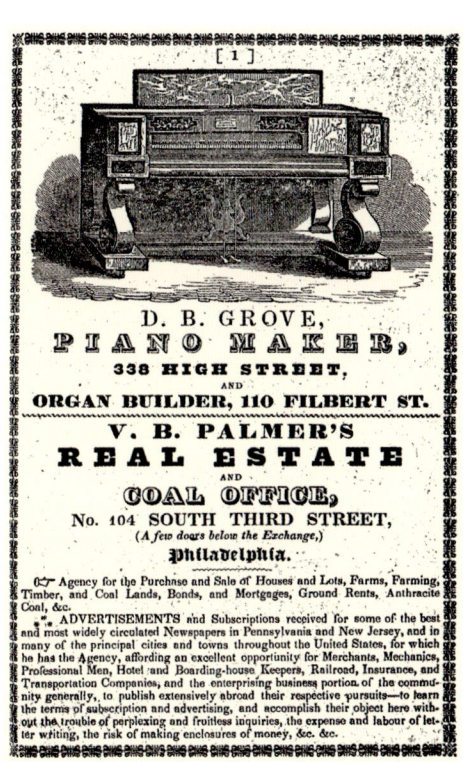

Als Volney B. Palmer 1842 in M'Elroy's *Philadelphia Directory* seine erste Anzeige erscheinen lässt, ist Werbung noch nicht seine Hauptbetätigung.

die seit anderthalb Jahrhunderten ständig Neues schaffen. Kreativität ist keine Worthülse, denn Werbung erfindet immer wieder neue Möglichkeiten, um den Verbraucher an eine Marke zu binden – humorvoll oder feinfühlig, nüchtern beschreibend oder poetisch, informierend oder auffordernd, im Flüsterton oder mit grandiosem Feuerwerk.

Sechste Beobachtung: Werbung greift seit jeher auf die Kunst ihrer Zeit zurück, doch sie hat es ihr gut vergolten. Die Container Corporation of America führte die in dieser Hinsicht zweifellos eindrucksvollste Kampagne durch, als sie sich in den Vereinigten Staaten an die größten Künstler der Zeit wandte; die Liste gleicht dem Katalog eines Museums für moderne Kunst! In Europa, vor allem in Frankreich und Italien, waren die meisten bedeutenden Filmregisseure ebenfalls für die Werbung tätig.

Siebte und letzte Beobachtung: Die Werbung hat stets Beziehungen zu den Medien unterhalten. Anfangs deshalb, weil das Metier des Werbers aus dem Auftrag einer Zeitung an einen Makler hervorging, ihre Werbefläche zu vermarkten. Dies erklärt auch, warum sich das Agenturhonorar in vielen Ländern lange nach der vermittelten Werbefläche richtete. Genauer betrachtet existiert zwischen Medien und Werbung eine doppelsinnige Beziehung des Einvernehmens und Wettstreits – legitime Opposition des Journalisten, dem die Vermischung von Information und Werbung Sorge bereitet, doch auch Einvernehmen, wenn Werber wie Journalisten als Sprachrohr des sozialen und kulturellen Wandels auftreten.

Der auf Seite 20 abgebildete Stammbaum veranschaulicht die wichtigsten Etappen, die schließlich zur Entstehung der Publicis Groupe führten. Da ist zunächst die Stammagentur Volney B. Palmer, die später Teil von N.W. Ayer & Son wird – mit der außergewöhnlichen Lebensdauer von hundertdreißig Jahren die große historische Agentur in den Vereinigten Staaten. Den zweiten bedeutenden amerikanischen Zweig bildet D'Arcy, 1906 in Saint Louis (Missouri) gegründet. Im Lauf ihrer langen Geschichte verschmilzt sie mit MacManus (Detroit), dann mit Masius (London) und Benton & Bowles, einem Agenturnetz mit Sitz in New York, zu DMB&B. Leo Burnett bildet den dritten amerikanischen Zweig. Gegen Ende der Weltwirtschaftskrise in Chicago gegründet, schafft sich diese Agentur vor allem durch Übernahme der London Press Exchange ein weltweites Netz.

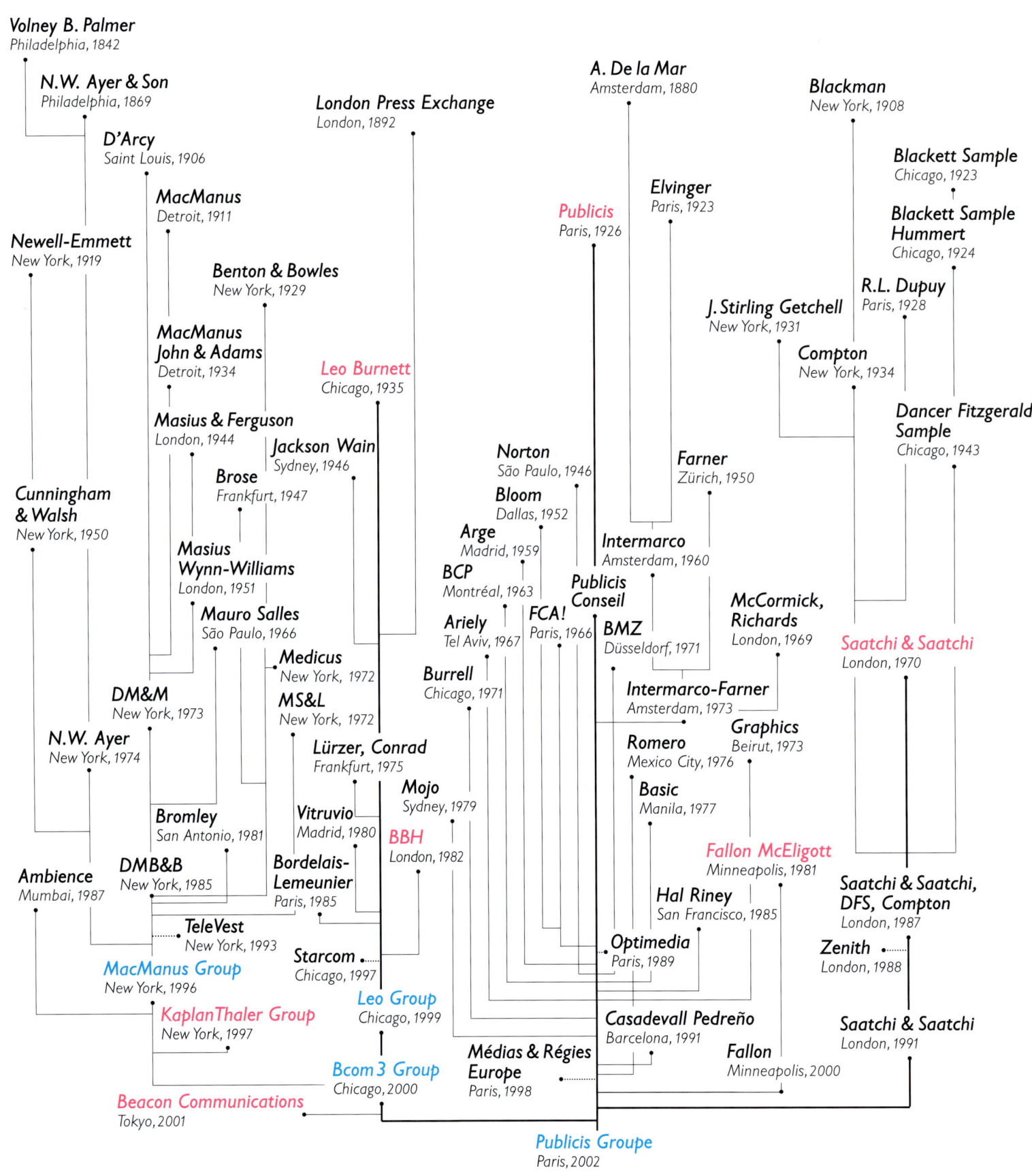

Volney B. Palmer
Philadelphia, 1842

N.W. Ayer & Son
Philadelphia, 1869

D'Arcy
Saint Louis, 1906

MacManus
Detroit, 1911

Newell-Emmett
New York, 1919

Benton & Bowles
New York, 1929

MacManus
John & Adams
Detroit, 1934

Masius & Ferguson
London, 1944

Leo Burnett
Chicago, 1935

Jackson Wain
Sydney, 1946

Brose
Frankfurt, 1947

Cunningham
& Walsh
New York, 1950

Masius
Wynn-Williams
London, 1951

Mauro Salles
São Paulo, 1966

Medicus
New York, 1972

DM&M
New York, 1973

MS&L
New York, 1972

N.W. Ayer
New York, 1974

Lürzer, Conrad
Frankfurt, 1975

Mojo
Sydney, 1979

Bromley
San Antonio, 1981

Vitruvio
Madrid, 1980

BBH
London, 1982

Ambience
Mumbai, 1987

DMB&B
New York, 1985

Bordelais-
Lemeunier
Paris, 1985

TeleVest
New York, 1993

MacManus Group
New York, 1996

Starcom
Chicago, 1997

KaplanThaler Group
New York, 1997

Leo Group
Chicago, 1999

Bcom 3 Group
Chicago, 2000

Beacon Communications
Tokyo, 2001

London Press Exchange
London, 1892

A. De la Mar
Amsterdam, 1880

Blackman
New York, 1908

Blackett Sample
Chicago, 1923

Elvinger
Paris, 1923

Publicis
Paris, 1926

Blackett Sample
Hummert
Chicago, 1924

J. Stirling Getchell
New York, 1931

R.L. Dupuy
Paris, 1928

Compton
New York, 1934

Norton
São Paulo, 1946

Farner
Zürich, 1950

Dancer Fitzgerald
Sample
Chicago, 1943

Bloom
Dallas, 1952

Arge
Madrid, 1959

Intermarco
Amsterdam, 1960

BCP
Montréal, 1963

Publicis
Conseil

Ariely
Tel Aviv, 1967

FCA!
Paris, 1966

BMZ
Düsseldorf, 1971

McCormick,
Richards
London, 1969

Saatchi & Saatchi
London, 1970

Burrell
Chicago, 1971

Intermarco-Farner
Amsterdam, 1973

Graphics
Beirut, 1973

Romero
Mexico City, 1976

Fallon McEligott
Minneapolis, 1981

Basic
Manila, 1977

Saatchi & Saatchi,
DFS, Compton
London, 1987

Hal Riney
San Francisco, 1985

Optimedia
Paris, 1989

Zenith
London, 1988

Casadevall Pedreño
Barcelona, 1991

Fallon
Minneapolis, 2000

Saatchi & Saatchi
London, 1991

Médias & Régies
Europe
Paris, 1998

Publicis Groupe
Paris, 2002

Die Publicis Groupe zählt auch eine große britische Agentur in ihren Rängen: Saatchi & Saatchi, aus der nach Integration der amerikanischen Agenturen Compton und Dancer Fitzgerald Sample ein starkes weltweites Agenturnetz wurde. Auf dem europäischen Festland reichen die Wurzeln der Publicis Groupe bis zur niederländischen Agentur De la Mar zurück, vor allem aber auf die Gründung von Publicis 1926 durch Marcel Bleustein in Paris. Deren internationale Expansion beginnt Anfang der 1970er-Jahre durch die Übernahme zweier europäischer Agenturnetze: zum einen Farner, zum anderen Intermarco, zu der De la Mar gehört und die in Form der Agentur Elvinger bereits in Frankreich vertreten ist. Publicis geht 1989 zunächst eine Allianz mit dem international operierenden amerikanischen Agenturnetz Foote, Cone & Belding ein, um dann ab 1996 ein eigenes Agenturnetz aufzubauen.

Neben diesen historischen Aushängeschildern umfasst die Publicis Groupe noch diverse jüngere Agenturen: Fallon (mit Ursprung in Minneapolis), die Kaplan Thaler Group (New York), BBH (London) und schließlich Beacon Communications (Tokyo), die von einer Allianz mit Dentsu profitiert, dem japanischen Werbegiganten und Partner der Publicis Groupe seit 2002.

Angesichts eines derart komplexen Themas muss manches zwangsläufig unerwähnt bleiben. Viele Agenturen werden aufgeführt, doch eine noch viel größere Zahl bleibt ungenannt. Agenturen, die auf bestimmte Bereiche (Unternehmens- oder Finanzkommunikation, Gesundheit, Sport) oder Aufgaben (Design, Editing, elektronische Kommunikation, PR, Events, Direktmarketing, Verkaufsförderung) spezialisiert sind, werden nicht in dem Umfang erwähnt, wie sie es aufgrund ihrer vielfältigen Aktivitäten verdient hätten. Auch Mediaagenturen wie ZenithOptimedia, Starcom MediaVest und Médias et Régies Europe treten kaum in Erscheinung, trotz der zunehmend wichtigeren Rolle, die sie in unserer Branche spielen.

Auch den vielfältigen Kommunikationstechniken wird dieses Buch nicht ganz gerecht, da die Medienwerbung weit stärker vertreten ist als die übrigen Disziplinen. Und innerhalb dieses Bereichs sind Druckerzeugnisse wie Plakate und Anzeigen aus dem schlichten Grund im Vorteil, weil sie in einem Buch eine direktere, spektakulärere Wirkung erzielen.

Stammbaum des Weltkonzerns Publicis Groupe mit den Gründungsdaten seiner wichtigsten Vorläufer und deren sukzessiven Zusammenschlüssen. Die Hauptakteure (Stand: 2006) sind in Rot gekennzeichnet, die Holdings in Blau. Die Zugehörigkeit der einzelnen Werbeagenturen wird durch eine durchgehende Linie verdeutlicht, die von Mediaagenturen durch eine gestrichelte Linie.

Bei der Auswahl wurden überdies solche Beispiele bevorzugt, die wegen ihrer strategischen Intelligenz Beachtung verdienen oder für die Beziehung zwischen Kunst (in Wort oder Bild) und Werbung repräsentativ sind. Auch so erwies sich die Auswahl als heikel. Für die Frühzeit gestaltete sich die Entscheidung aufgrund des zeitlichen Abstands recht einfach, gestützt auf die Meinung der Werbehistoriker und anderer Fachleute. Für die jüngere Vergangenheit konnten wir auf die Empfehlungen der Creative Directors von Publicis zurückgreifen; vielfach haben wir uns für prämierte Arbeiten entschieden, wobei diese Auszeichnungen aus Platzgründen unerwähnt bleiben.

Alle in diesem Buch mit ihren Arbeiten vertretenen Agenturen sind unter ihrem damaligen Namen erwähnt. Nicht alle Mitarbeiter, die ihr Talent eingebracht haben, können genannt werden. Dafür werden, sofern wir fündig wurden, die Namen externer Künstler, Illustratoren, Photographen, Musiker, Regisseure und bisweilen auch Schauspieler aufgeführt.

In diesem Buch sollen alle Kontinente zu Wort kommen, wenngleich eines Fakt ist: Werbung ist ganz überwiegend ein westliches, vorrangig nordamerikanisches und dann auch europäisches Phänomen. Werbung aus den USA, Großbritannien und Frankreich ist daher sehr stark vertreten, was aber auch annähernd dem Stellenwert dieser drei Länder in der Werbebranche entspricht – zumindest bis vor kurzem, da sich die Landschaft derzeit gründlich verändert.

Diese Chronik der Werbung verfolgt einige Zielsetzungen. Zunächst einmal sollen sämtliche Arten von Produkten gewürdigt werden – von den alltäglichsten und banalsten Artikeln bis zu dem Luxusgütern oder Erzeugnissen mit hohem technologischen Mehrwert. Wer diese Vielfalt der Konsumsektoren Revue passieren lässt, erhält zugleich ein recht genaues Bild von der Entwicklung der Lebenswelten.

Eine weitere Zielsetzung des Buchs besteht darin, den Wandel im werblichen Ausdruck zu verdeutlichen – betreffend die allgemeine Gestaltung, aber auch Konkretes wie Typographie, Entwicklung des Farbdrucks, Übergang von der Illustration zur Photographie und schließlich die elektronische Revolution.

Jedes der fünf chronologisch angeordneten Kapitel folgt dem gleichen Prinzip: Auf der ersten Seite sind exemplarisch jene Agenturen aufgeführt, die im betreffenden Zeitraum am Horizont von Publicis auftauchten. Jedes

Plakat „Garap" von Raymond Savignac für die
Pariser Werbewoche 1953.

Kapitel beginnt mit einem Abriss des politischen, sozialen und künstlerischen Klimas der entsprechenden Epoche. Den Hauptteil des Kapitels bilden Doppelseiten, die bedeutende Kampagnen oder Themen behandeln. Auf diese Weise kommen sämtliche Konsumsektoren zu Wort, in den beiden letzten Kapiteln auch die sozialen Anliegen, die in den letzten Jahren einen gewaltigen Aufschwung nahmen und bei denen sich Saatchi & Saatchi besonders hervortat.

Den Abschluss bilden Statements der Creative Directors jener sechs großen Agenturnetze, die heute die Publicis Groupe bilden. Thema sind die Herausforderungen an die Werbung von morgen.

Nicht alles ist Werbung – oder ist etwa doch alles Werbung? Anlässlich der Pariser Werbewoche 1953 kreiert Raymond Savignac ein Plakat für „Garap". Mit enormem Erfolg, denn ganz Paris spricht darüber. Dabei gibt es das Produkt gar nicht! Vielmehr sollte die Macht der Werbung mit einem Augenzwinkern bewusst gemacht werden. Doch hinter diesem Augenzwinkern verbirgt sich ein zweites: „Garap" ist, wie Savignac erläutert, ein Kürzel für „gare à la pub" (Vorsicht: Werbung!). Vermutlich war Savignac ein Mensch wie du und ich: auch er liebte den Regenbogen.

Kapitel I

1842-1920

Volney B. Palmer
N.W. Ayer & Son
De la Mar
London Press Exchange
D'Arcy
Blackman
MacManus

Die ersten Vermittler

New York, Times Square. Seinen Namen verdankt der Platz der New York Times, die sich 1904 hier niederlässt. Hier, an der Ecke des Broadway, wird die erste Leuchtreklame installiert.

Die ersten Werber sind vor allem große Förderer einer Idee: die Industrielle Revolution macht Massenkonsum und Massenkommunikation erst möglich. Bei der Geburt der modernen Werbung spielen zwei Amerikaner eine tragende Rolle: George P. Rowell, der 1869 das erste Medienjahrbuch herausgibt und Francis W. Ayer, der kurz darauf seinen Kunden ein transparentes Honorarsystem vorschlägt. Mut ist gefragt, denn die noch zögerlichen Anfänge gestalten sich ziemlich chaotisch: Phantasieanzeigen rühmen Arzneien von zweifelhafter Wirkung und nur allzu viele Vermittler betrügen zugleich die Zeitungen, deren Werbeflächen sie verkaufen sollen und die Inserenten, die für versprochene, aber nicht immer realisierte Inserate teuer bezahlen.

Doch die Werbung vermag sich von diesen zweifelhaften Praktiken abzuwenden. Innerhalb einer Generation sind die Grundlagen des Metiers in den Vereinigten Staaten und den wirtschaftlich bedeutenden Ländern Europas geschaffen. Die Motivation des Verbrauchers findet Beachtung und das gesamte Metier wird zunehmend professioneller. Der Kauf von Werbeflächen vollzieht sich anhand quantitativer und objektiver Daten. Das gesamte Spektrum der Kommunikationsmittel wird rasch erprobt: mobile Werbung, wandelnde Plakatträger, Prospekte etc. Die ersten Plakate in öffentlichen Verkehrsmitteln erscheinen bereits 1847 in London. Um 1900 veröffentlichen die französischen Kaufhäuser ihre ersten Kataloge.

Logischerweise bekennen sich die großen Inserenten jener Zeit nun zu einer respektabel und effizient gewordenen Werbung. Die Marke wird zum unverzichtbaren Instrument der Fabrikanten, die sich anschicken, den nationalen Markt zu erobern und sich nicht mehr damit bescheiden, lokalen Distributoren die Werbung für ihre Produkte zu überlassen.

Nichts bleibt, wie es ist. Die Wirren des amerikanischen Bürgerkriegs und die revolutionären Bewegungen in Europa prägen das Denken nachhaltig. Zugleich läuft die Industrielle Revolution auf Hochtouren und die Lebensbedingungen am Vorabend des Ersten Weltkriegs sind völlig andere als noch Mitte des 19. Jahrhunderts. Frauen erhalten bereits 1893 in Neuseeland das Wahlrecht. Freud erkundet das Unbewusste. Kubismus und Expressionismus warten mit neuen ästhetischen Herausforderungen auf. Die Welt hat sich wahrhaft sehr verändert.

Auf der gegenüberliegenden Seite sind jene Agenturen aufgeführt, die in dieser Epoche gegründet wurden und deren Arbeiten das Kapitel illustrieren. Eine ähnliche Liste findet sich zu Beginn jedes der vier folgenden Kapitel – diesmal jedoch ergänzt durch die Namen älterer Agenturen, die in dem betreffenden Zeitraum weiterhin aktiv waren.

Frauen nach vorn!

Korsetts engen ein – den weiblichen Körper wie das männliche Denken. Die Fragen, wie sie in dieser Zeit hinsichtlich des Status der Frau aufgeworfen werden, finden erst nach dem Ersten Weltkrieg eine Antwort. So bleibt die Frau vor allem ein Wunschbild.

1

2

Grün für Hoffnung und Fruchtbarkeit, Purpur für Würde und Weiß für Reinheit, dies sind die Farben der 1903 von Christabel Pankhurst in Manchester gegründeten Women's Social and Political Union. Votes for Women, das Monatsblatt der Suffragetten, erscheint ab 1907. Die drei Farben finden sich auch auf einem 1909 von der militanten Künstlerin Hilda Dallas geschaffenen Plakat (1). Die Anerkennung der politischen Rechte der Frauen lässt noch auf sich warten, doch ihre soziale Funktion verändert sich und damit auch ihre Darstellung in der Werbung. Sie erscheinen etwa als Zeitungsleserinnen in einem für den Jugendstil charakteristischen Plakat, das E. Pickert 1895 für die New York Times schuf (2). In einer 1896 in den Vereinigten Staaten erschienenen Anzeige wirbt die französische Schauspielerin Sarah Bernhardt für Lowney-Bonbons (3). Wenn die Marke von ihrem Auftritt profitiert, wird die Aktrice vermutlich ebenfalls Gewinn daraus ziehen. In der Tat nutzt sie die Anzeige, um indirekt für ihre bevorstehende US-Tournee zu werben.

3

Die Darstellung der Frau hat die Plakatkunst jener Zeit stark inspiriert. Jules Chéret und Alphonse Mucha in Frankreich und Edward Penfield in den Vereinigten Staaten sind nur einige Künstler, deren Werke die Wände zieren. Der französische Maler Henri de Toulouse-Lautrec realisiert 1896 dieses Plakat für den befreundeten Photographen Paul Sescau (4). Die Belle Époque begeistert sich auch für technische Neuerungen und feiert sie im Rahmen zahlreicher internationaler Ausstellungen. In diesem um 1900 für Ivens & Co. in Amsterdam geschaffenen Plakat stellt der holländische Maler und Plakatkünstler Johan G. van Caspel die Frau als Sinnbild für Wissenschaft und Technik dar (5). Künstler wurden deshalb so oft mit Plakaten beauftragt, weil sie neben ihren allgemeinen graphischen Fertigkeiten auch die Lithographie beherrschten, ein 1796 von Alois Senefelder erfundenes Verfahren, das Großformate in hoher Auflage ermöglicht.

4

5

Kub und Dada

Werbung und Kunst werden einander noch häufiger begegnen. Künstler beeinflussen die Werbung, doch auch diese wirkt sich durch ihre Allgegenwart auf das künstlerische Schaffen aus. Die Kunst befreit sich von den Traditionen und geht auf die Straße. So entstehen neue Strömungen, die sich vom Alltagsleben, also auch von der Werbung inspirieren lassen.

1

Julius Maggi & Cie wird 1872 in der Schweiz gegründet. Nach einem Fehlstart lässt sich die Firma 1897 in Frankreich nieder, um ab 1907 den Maggiwürfel (Kub) zu vertreiben. Maggi hat der Werbung schon immer große Bedeutung beigemessen und bereits in den 1880er Jahren eine eigene „Reklameabteilung" gegründet. Die Einführung des Maggiwürfels wird intensiv beworben, da das Produkt vor allem von den beiden deutschen Firmen Liebig und Springer nachgeahmt wird. Maggi lässt den Namen „Kub" schützen und kreiert den Slogan „Exiger le K" (Her mit dem K!). Plakate überschwemmen die Städte. Maggi wendet sich 1911 an den berühmten italienischen Maler und Plakatkünstler Leonetto Cappiello, einen anerkannten Pionier des Werbeplakats, der es versteht, Wort und Bild eindringlich und originell zu verknüpfen (2). Als erster Nahrungsmittelhersteller wirbt Maggi auch mit Aufstellern und Emailleschildern, die an Kiosken und Mauern und in den Auslagen der Lebensmittelgeschäfte platziert werden (1).

2

3

Anfang des 20. Jahrhunderts ist Paris das Zentrum der Kunst, das aufstrebende Talente wie ein Magnet anzieht. Beeinflusst durch die massive Präsenz der Kub-Werbung, malt Pablo Picasso 1912 „Landschaft mit Plakaten" (3), wo erstmals der kleine Würfel (5) neben der Pernod-Flasche und dem Firmenschild des Hutmachers Leon (4) erscheint. In seiner „Komposition in Oval" lässt 1914 auch Piet Mondrian das Wort „Kub" deutlich lesbar erscheinen. Die Kritiker zeigen sich empört und schimpfen über „diese Maler, die sich mit Leib und Seele der Werbung verschreiben". In dieser Atmosphäre entsteht die „kubistische" Bewegung. Ob der kleine Kub-Würfel vielleicht Pate gestanden hat? Zwischen Kub und Kubismus besteht jedenfalls eine enge Beziehung. Guillaume Apollinaire bemerkt 1911 in seinem Artikel „Le Kub", dass sich Matisse „über den Kubismus (…) mokiert", wo er doch „diesen Namen selbst erfunden hat". Im Zürcher Cabaret Voltaire begründen Künstler wie Tristan Tzara und Hans Arp 1916 eine neue Bewegung. Ihr Manifest nimmt Bezug auf die lokale Werbeanzeige für ein Haarwasser namens Dada (6). Der Dadaismus ist geboren.

4

5

6

Dein Land braucht dich

Mit dem Ersten Weltkrieg entstehen zahlreiche eindringliche Propagandaplakate. Bereits 1914 werden Kunst und Technik für die Kriegsbemühungen in Anspruch genommen, ab Oktober 1917 auch von der Revolution in Russland.

2

1

Die Kriegsparteien des Ersten Weltkriegs stimmen hinsichtlich Themenwahl und Ausdruck auffallend stark überein. Die Ideologien stehen sich gegenüber, doch sie bedienen sich identischer Formen um Anhänger zu gewinnen. Die Themen sind gleich, die Gesten (ausgestreckter Zeigefinger und starrer Blick zum Betrachter) sind identisch und auch die Worte wiederholen sich. Großbritannien versucht zu Beginn des Krieges Freiwillige zu werben. So ist es dieses Land, das 1914 quasi das Feuer eröffnet, mit einem Plakat von Alfred Leete. Es zeigt Lord Kitchener, den Helden von Khartum und damaligen Kriegsminister: „Briten, (Kitchener) will euch. Tretet der Armee Eures Landes bei! Gott schütze den König" (3). Dieses Thema wird 1915 in Deutschland aufgegriffen, allerdings mit einem einfachen Soldaten (2). Doch die Länder brauchen nicht nur Soldaten, sondern auch Geld. Auch hier setzt man auf das Plakat. Achille Lucien Mauzan kreiert 1917 dieses Plakat für den Credito Italiano: „Tut alle eure Pflicht!" (1).

3

4

5

Die Vereinigten Staaten führen 1917 eine gigantische Rekrutierungsaktion durch und beauftragen James Montgomery Flagg mit der Realisierung eines Plakats, das sich am britischen Vorbild orientiert: „Ich will dich für die U.S. Army", fordert Uncle Sam (4). Die im Juni in Saint Louis tagenden Mitglieder der Associated Advertising Clubs of the World greifen Flaggs Plakat auf; diesmal erklärt Uncle Sam: „Du kaufst einen Liberty Bond, ich erledige den Rest" (6). Als sich 1920 Bolschewiken und die Weiße Armee erbittert bekämpfen, greift auch der sowjetische Illustrator Dmitri S. Moor dieses Thema auf: „Du da, hast du dich als Freiwilliger gemeldet?" (5).

6

Werbung wird zum Berufsfeld

Der Beruf des Werbers ist im Entstehen begriffen. Vom auf Kommissionsbasis entlohnten Zeitungsrepräsentanten geht die Entwicklung bis zur Agentur, die alles abdeckt. Die ersten, tastenden Anfänge vollziehen sich in Europa, doch es sind die Vereinigten Staaten, wo sich die Werbung zu ihrer heute bekannten Form entwickelt.

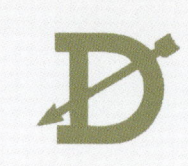

2

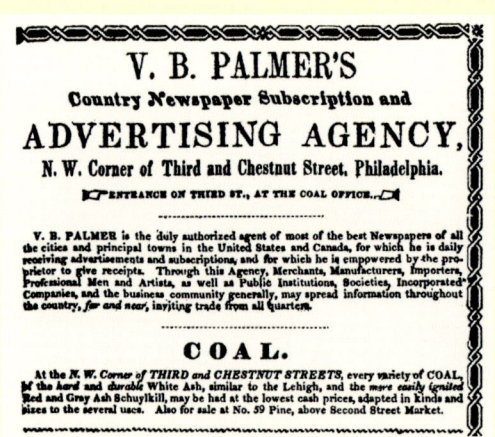

1

Volney B. Palmer, 1842 in Philadelphia gegründet und als weltweit erste Werbeagentur angesehen, betreibt 1849 mit dieser Annonce Eigenwerbung (1). Hier erscheint erstmals der Begriff „advertising agency" (Werbeagentur). Zwischenzeitlich in Coe, Wetherill & Co. umbenannt, wird die Agentur von **N.W. Ayer & Son** übernommen, die 1869 in Philadelphia von Francis Wayland Ayer, einem jungen Vertreter für fromme Blätter gegründet wurde. Ayer bemüht sich, sein Metier zu einem veritablen Beruf zu machen und betrachtet sich nicht mehr als Zeitungsvertreter, sondern als Dienstleister für die Industrie. Im Rahmen eines „transparenten Vertrags" definiert er 1876 eine privilegierte Beziehung zu diesen Kunden. In der Fachpresse betreibt er regelmäßig Eigenwerbung, wie diese Annonce von 1893 zeigt: Während die Anzeigenkunden bisweilen versucht sind, bei der Werbung den Fuß vom Pedal zu nehmen, werden die Zeitungen regelmäßig veröffentlicht und gelesen (3). Kunden, die nicht nachlassen, haben begriffen: „Beharrlichkeit bringt Erfolg" – was 1886 zum Motto der Agentur wird. **D'Arcy**, 1906 in Saint Louis gegründet, teilt sich die Werbung für Coca-Cola mit einer Agentur in Atlanta und wählt ein „D" mit Pfeil als Logo (2). Man verwendet es als Signatur der Anzeigen für Coca-Cola, in denen ebenfalls ein Pfeil erscheint und der Slogan: „Wann immer Sie diesen Pfeil sehen, denken Sie an Coca-Cola".

3

4

De la Mar, 1880 in den Niederlanden gegründet
und seit 1972 zu Publicis gehörend, wirbt mit
einer Broschüre, die „für den Inserenten so viel
bedeutet wie der Kompass für den Seemann"(5).
Man wirbt für Massenkonsumgüter, betreibt
Finanzwerbung, vermittelt Werbeflächen und
unterhält Kontakte zur Presseagentur Reuters.
Oscar H. Blackman gründet 1908 in New York
eine eigene Agentur, die ein Jahr später auch den
Namen seines Partners Frederick Ross trägt. Die
Anzeige „Über uns"(6) aus dem Jahr 1919 erläutert
den Nutzen eines Werbeleiters für eine Agentur.
Blackman ändert 1935 nochmals den Namen
und wird zu Compton. In London findet 1920
eine internationale Werbeausstellung statt. Einige
Werbe-Ikonen erkennt man auf diesem Métro-
Plakat von Frederick C. Herrick (4).

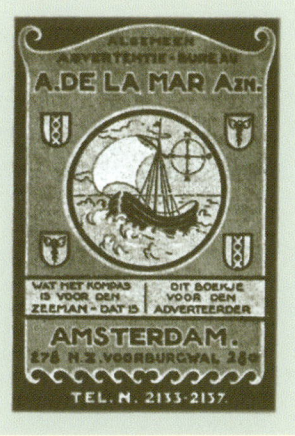

5

6

Geburt einer Marke

Folgen Sie dem Pfeil, er wird Sie weit bringen ... Als Coca-Cola 1906 einen Teil seiner Werbung der Agentur D'Arcy anvertraut, ahnt noch niemand, dass sie gemeinsam eine der weltweit bekanntesten Marken aufbauen werden.

2

1

John S. Pemberton, *ein Apotheker aus Atlanta, entwickelt 1886 ein belebendes Getränk, dessen Name auf eine der Zutaten (Coca) verweist und sehr rasch seinen verschnörkelten typographischen Ausdruck finden wird. Zwei Jahre später steigt Asa G. Candler ein, um den Sirup mit kohlensäurehaltigem Wasser zu verdünnen. 1892 wird die Firma Coca-Cola gegründet und 1895 findet das neue Getränk bereits regen Zuspruch. Abfüllung und Vertrieb werden an Lizenznehmer vergeben, doch Coca-Cola behält die Rezeptur und das Recht an der Marke und ihrem Bild. Ursprünglich eine Spezialarznei, wird Coke zu einem „köstlichen, erfrischenden und durststillenden" Alltagsgetränk.*
D'Arcy *startet eine Kampagne über das Pfeilthema, mithin ein erster Versuch, der Markenwerbung einen bildhaften Stempel aufzudrücken. Mehr als zehn Jahre lang wird dieser Pfeil in sämtlichen Anzeigen vorkommen. Diese drei aus einem sehr vielfältigen Bestand ausgewählten Anzeigen veranschaulichen Allgegenwart: „Heiße Sonne, erstickende Straßen, wann immer Sie diesen Pfeil sehen, denken Sie an Coca-Cola" (1), Austrocknung: „Wenn die Sonne rot glüht" (2) und Freude: „Quell der Erfrischung" (3).*

3

Die Originalität dieser 1914 erschienenen Anzeige

„Fast überall, in der Stadt wie auf dem Land, finden Sie Coca-Cola" (4) liegt in der geschickten Verwendung der ersten und letzten Seite jenes Monatsblatts, in dem sie erscheint: die Illustration der Anzeige (links) greift das Titelbild auf, um die Marke stärker zu verankern. Bereits im Jahr darauf überarbeitet der Glasfabrikant C.S. Root das Design der Flasche, indem er die Form der Cocabohne aufgreift und das Logo reliefartig hervorhebt. Markendesign und Form der Glasflasche werden sich praktisch kaum noch verändern (5).

5

Es lebe die Verpackung!

Bisher wurden Massenkonsumgüter, vor allem Lebensmittel, häufig lose angeboten. Nun werden sie verpackt. Die Marken engagieren sich für die Qualität der Produkte und die Verpackung bietet ein neues Ausdrucksmittel.

2

1

Drei amerikanische Großbäckereien schließen sich 1898 zur National Biscuit Company zusammen, um später unter dem Akronym Nabisco zu firmieren. Gemeinsam mit **N.W. Ayer & Son** bringen sie die ersten verpackten Kekse auf den Markt. Qualität und Frische der bislang lose verkauften Kekse waren nicht immer gewährleistet. Nun werden sie durch eine mit Ölpapier ausgekleidete Kartonverpackung vor Feuchtigkeit geschützt. Diese technologische Neuerung wird durch die Öljacke des Knaben signalisiert (6). Als Name wählt man Uneeda, die phonetische Schreibweise von „You need a (biscuit)" – du brauchst einen Keks. Jede Packung trägt ein Garantiesiegel mit der Aufschrift „inner seal". Auch der Text unterstreicht, dass das Aroma erhalten bleibt: „Das Beste vom Bäcker direkt aus dem Ofen in der Packung mit dem Siegel" (1). Innovativ ist auch die Schaffung eines Markenstammbaums (2): sämtliche Marken tragen das Siegel National Biscuit Company und Uneeda steht für eine breite Palette von bis zu vierundvierzig Produkten im Jahr 1908 (3)!

3

Die Gebrüder Rueckheim verkaufen Cracker
auf der Grundlage von Popcorn, Erdnüssen und
Melasse, mit denen sie auf den Straßen von
Chicago viel Erfolg haben. Um 1893 finden sie
heraus, wie man die Ware verpacken kann, damit
sie länger frisch bleibt und wie man verhindert,
dass die Cracker zusammenkleben. Sie taufen sie
Cracker Jack (im damaligen Slang: „prima") und
beauftragen N.W. Ayer & Son mit der Werbung.
Kurz darauf gibt es einen Matrosenjungen mit
Hund, der 1919 der Verpackung zugesellt wird (4).
Vorbild waren Robert, Enkel eines der Rueckheims,
und dessen Hund Bingo. Der zur gleichen Zeit
entstandene Slogan „Je mehr du isst, desto mehr
willst du auch" ist bis heute in Verwendung. Die
Werbung für Morton's Salt stammt ebenfalls von
N.W. Ayer & Son. Mortons Salz ist so gut verpackt, dass es trocken und rieselfähig bleibt.
Oder, wie es der Slogan ausdrückt: „Wenn es
regnet, rieselt es Mortons Salz" (5). Dieser Spruch
blieb seit 1911 unverändert. Das Mädchen mit
dem Schirm vermittelt den gleichen Gedanken
und entstand im gleichen Jahr. Auch dieses Bild
blieb in den Grundzügen erhalten, wenngleich es
regelmäßig aktualisiert wird.

5

4

Eine Million für einen Knaben

Angeblich ist dies das erste Mal, dass eine Marke mehr als eine Million Dollar in eine Werbe-kampagne investiert hat. Wegen des zwischenzeitlichen Preisanstiegs muss man heute ungefähr vom Zwanzigfachen ausgehen. Der Knabe im gelben Ölzeug, der eine Million Dollar wert war, hieß übrigens Gordon.

1

Nabisco und die Agentur N.W. Ayer & Son setzen alle Hebel in Bewegung, um für Uneeda zu wer-ben: Anzeigen in Zeitschriften und Tageszeitungen, Schildchen in Straßenbahnen, kleine Poster, eine ganze Postkartenkollektion (1) und Großplakate (2). Kurzum, man greift auf sämtliche damals zur Verfügung stehenden Werbeträger zurück, vom kleinsten bis zu riesigen Wandgemälden. All diese Maßnahmen sind in sich sehr stimmig. Sie vermit-teln eine spezielle Botschaft, wie sie durch den Knaben mit seiner gelben Öljacke verkörpert wird: die dichte Verpackung garantiert die Frische und Qualität unseres Produkts. Auch für dieses Maskottchen von N.W. Ayer & Son gab es ein reales Vorbild: Gordon, den Neffen eines Agentur-mitarbeiters. Der Markenname, Uneeda Biscuit, wurde durch gereimte und daher einprägsamere Verse verbreitet: „Lest you forget, We say it yet: Uneeda Biscuit" (Merke dir, wir sagen's hier: Uneeda Biscuit). Das Resultat entspricht dem betriebenen Aufwand und Uneeda erzielt einen enormen Erfolg zu einer Zeit, als die ersten Kauf-häuser – wie Woolworth – erscheinen.

2

„Ol' Joe"

Bei einer Zigarette, die in fünf Jahren mit einem Marktanteil von 40 Prozent zur führenden Marke in den Vereinigten Staaten wird, bleibt nichts dem Zufall überlassen. Entscheidend zum Erfolg beigetragen hat ein Kamel namens „Ol' Joe".

1

2

Wir befinden uns im Jahr 1913 und die Amerikaner finden zunehmend Geschmack an der Zigarette. Damals gibt es ausschließlich regionale Marken. Bestärkt durch den landesweiten Erfolg seines Pfeifentabaks Prince Albert, lanciert R.J. Reynolds die erste nationale Zigarettenmarke in den Vereinigten Staaten, gemeinsam mit **N.W. Ayer & Son,** jener Agentur, die bereits den jüngsten Erfolg begleitete. Da Orientalisches in Mode ist, wählt man eine würzige Mischung aus türkischen und amerikanischen Tabak-Sorten. Man lässt sich den Namen Camel schützen, ein schlichtes, exotisch klingendes Wort, das an die Tiernamen der früheren Kautabake erinnert (Humming Bird, Old Rat, Duck Leg, Red Rabbit). Für die Illustration macht man Anleihen bei einem Photo von „Ol' Joe", dem Dromedar des damals in der Stadt gastierenden Zirkus Barnum & Bailey (1). Die ersten Zeitungsanzeigen erscheinen 1914 in Form von vier kleinformatigen, aufeinander folgenden Inseraten, die mit dem Namen Camel spielen und um „Ol' Joe" kreisen: „Camels", „Die Camels kommen", „Morgen wird es mehr Camels in dieser Stadt geben als in Asien und Afrika zusammen" und „Camel Zigaretten sind da!" (3). Und noch eine Originalität: während die Päckchen der Konkurrenten Geschenkcoupons enthalten, betont Camel, dass seine Tabake zu teuer seien, um sich derartige Freiheiten erlauben zu können (2).

3

4

Nach dem erfolgreichen Start versuchen es Camel und seine Agentur mit einem neuen Thema. 1921 entsteht eine Anzeigenserie mit verschiedenen Personen im Mittelpunkt. Ein scheinbar geradewegs aus dem ländlichen Herzen der Vereinigten Staaten kommender Bauer erklärt, dass es „nichts Besseres gibt als Camel". In anderen Anzeigen erscheint ein Geschäftsmann oder ein Angestellter. Marktstudien belegen, dass all diese Anzeigen Gehör finden, mit einem eindeutigen Publikumsliebling: ein viriler, selbstsicherer Mann, nicht mehr der Jüngste, zugleich ländlicher Edelmann und weltgewandter Geschäftsmann, der lächelnd behauptet: „Ich ginge meilenweit für eine Camel" (4). Diese Botschaft wird in die verschiedenen Sprachen des Schmelztiegels USA übersetzt, hier ins Chinesische, Norwegische und Spanische (5), mithin ein Vorläufer der heutigen ethnospezifischen Werbung. „Ich ginge meilenweit für eine Camel" bleibt bis 1929 der Erkennungsslogan der Marke, der in den 1940er Jahren reaktiviert wird, als Dancer Fitzgerald Sample die Camel-Werbung übernimmt.

5

Die Macht der Wörter

Es gibt Wörter, die so aussagekräftig sind, dass sie sich selbst genügen und zum Angelpunkt von Kampagnen werden, die auch nach vielen Jahren noch in Erinnerung sind. Wörter, die die Seele einer Marke zum Ausdruck bringen und untrennbar mit ihr verbunden bleiben.

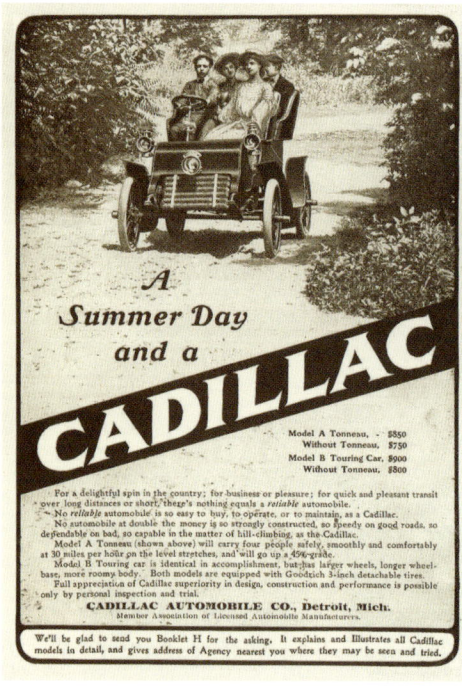

1

Cadillac, 1902 gegründet, machte damals bereits Werbung, wie diese 1903 von **N.W. Ayer & Son** geschaffene Anzeige verdeutlicht (1). 1909 von General Motors übernommen, wird Cadillac zum Flaggschiff des künftigen amerikanischen Autogiganten, doch 1914 bereitet der Motor eines neuen Modells Probleme. Von diesem Moment der Schwäche profitierend, startet Packard eine machtvolle Attacke. Kontern soll **MacManus**, 1911 in Detroit gegründet und seit 1971 mit D'Arcy fusioniert. An die Macht der Wörter glaubend, entwirft man „The Penalty of Leadership" (Die Strafe der Führerschaft), das nur einmal, am 2. Januar 1915, in der Saturday Evenig Post erscheint (3). Auf überaus geschickte Art wird zum Ausdruck gebracht, dass die Macht der Attacken der Vorzüglichkeit von Cadillac angemessen ist, mit anderen Worten, dass die Kritiken eine Hommage an die Marke sind. Das Image der Überlegenheit wird im Lauf der Jahre immer wieder aufgegriffen, wie etwa 1925 in dieser Anzeige von George Harper für ein Auto mit V-Motor (2). Ein Wagen wird gar nicht gezeigt, doch der Text greift die Formulierung „the penalty of leadership" auf.

More emphatically than ever, America confers the crown of supremacy on the new 90-degree Cadillac.

If the ovation accorded this new 90-degree Cadillac could be made vocal and articulate—a roar of applause would resound from one end of the nation to the other.

This extraordinary endorsement is being expressed in a demand that blankets the map of America.

Twenty-two times the same thing has happened—the penalty of leadership repeats itself each year—and for the twenty-second time, with more emphasis than ever, the public confers the crown of greatness and supremacy upon Cadillac.

If you would share the feeling of delight which is crossing and recrossing the country—just ride in this new Cadillac.

CADILLAC
Division of General Motors Corporation

2

 The
PENALTY OF LEADERSHIP

IN every field of human endeavor, he that is first must perpetually live in the white light of publicity. ¶Whether the leadership be vested in a man or in a manufactured product, emulation and envy are ever at work. ¶In art, in literature, in music, in industry, the reward and the punishment are always the same. ¶The reward is widespread recognition; the punishment, fierce denial and detraction. ¶When a man's work becomes a standard for the whole world, it also becomes a target for the shafts of the envious few. ¶If his work be merely mediocre, he will be left severely alone—if he achieve a masterpiece, it will set a million tongues a-wagging. ¶Jealousy does not protrude its forked tongue at the artist who produces a commonplace painting. ¶Whatsoever you write, or paint, or play, or sing, or build, no one will strive to surpass, or to slander you, unless your work be stamped with the seal of genius. ¶Long, long after a great work or a good work has been done, those who are disappointed or envious continue to cry out that it can not be done. ¶Spiteful little voices in the domain of art were raised against our own Whistler as a mountebank, long after the big world had acclaimed him its greatest artistic genius. ¶Multitudes flocked to Bayreuth to worship at the musical shrine of Wagner, while the little group of those whom he had dethroned and displaced argued angrily that he was no musician at all. ¶The little world continued to protest that Fulton could never build a steamboat, while the big world flocked to the river banks to see his boat steam by. ¶The leader is assailed because he is a leader, and the effort to equal him is merely added proof of that leadership. ¶Failing to equal or to excel, the follower seeks to depreciate and to destroy—but only confirms once more the superiority of that which he strives to supplant. ¶There is nothing new in this. ¶It is as old as the world and as old as the human passions—envy, fear, greed, ambition, and the desire to surpass. ¶And it all avails nothing. ¶If the leader truly leads, he remains—the leader. ¶Master-poet, master-painter, master-workman, each in his turn is assailed, and each holds his laurels through the ages. ¶That which is good or great makes itself known, no matter how loud the clamor of denial. ¶That which deserves to live—lives.

Cadillac Motor Car Co. Detroit, Mich.

Copyright 1914, Cadillac Motor Car Co.

3

Verdächtige Sauberkeit

Die Erziehung zur Reinlichkeit, wie sie Ende des 19. Jahrhunderts auf-
kommt, profitiert von der Einführung der unterschiedlichsten Reinigungs-
mittel. Bisweilen jedoch entgleist dieses Streben nach Sauberkeit und
verleitet zu diskriminierenden Formulierungen.

2

1

3

4

5

Die 1868 von Enoch Morgan Sons eingeführte
Seifenmarke Sapolio variiert die Aufforderung
„Verwende Sapolio" auf tausendfache Weise.
Thema sind die Indianer, die durch den Gebrauch
von Sapolio angeblich rasch zivilisiert werden (1)
oder eine Hausfrau, die froh ist, den Boden auf
allen Vieren mit Sapolio scheuern zu dürfen (2).
Zu einer Zeit, da man den werblichen Nutzen von
Slogans und Reimen entdeckt, erfindet J.K. Fraser,
künftiger Präsident der Agentur **Blackman,** „Spot-
less Town" (Flecklosingen). Diverse Bewohner werden auf Straßenbahnschildern in Szene gesetzt:
„Dieser Maid tut's wohl gelingen / Zu säubern
ganz Flecklosingen. / Am Boden einen Fleck zu
finden, / Würd' ein, zwei Brillen wohl bedingen. /
Flugs sie zu Werke geht, oho, / Denn sie benutzt
Sapolio" (3). „Hier der Fleischer von Flecklosingen /
Mit blankem Beil und scharfen Klingen. / Flecken
wären zum Haareraufen, / Denn niemand tät
bei ihm noch kaufen. / Doch so macht er die
Menschen froh, / Poliert er mit Sapolio" (4). „Fleck-
losingens Gendarm gibt Acht, / Entdeckt 'nen Fleck
auf Fleischers Tracht. / Eigentlich man müsste
gleich / Ihn so rösten wie sein Fleisch. / Hinter
Gittern wird er froh, / Gitter aus Sapolio" (5).

6

7

Ab 1891 übernimmt N.W. Ayer & Son die Werbung für N.K. Fairbank, dessen 1884 entwickeltes Universal-Waschpulver Gold Dust seinen Namen der goldenen Farbe und besonderen Feinkörnigkeit verdankt. Die Marke wird durch Zwillinge symbolisiert (7), die auf eine im englischen Satiremagazin Punch erschienene Karikatur von E.W. Kempel zurückgehen. „Lass' die Gold Dust Twins deine Arbeit tun" wird zum Slogan der Kampagne, zynisch, doch durchaus nicht unzeitgemäß. Dieser wenig sympathische Grundgedanke wird 1910 von G.H.E. Hawkins aufgegriffen: „Gold Dust gräbt sich in den Schmutz" (8). Im gleichen Jahr und eine Woche nachdem Präsident Theodore Roosevelt aus Afrika zurückgekehrt war, ziert dieses Plakat die Wände: „Roosevelt durchkämmte Afrika. Die Gold Dust Twins durchkämmen Amerika" (6).

8

Der feine Städter

Nun erscheinen Anzeigen, die dem Verbraucher erstmals eine idealisierte Darstellung seiner selbst bieten, anstatt einfach nur das Produkt zu zeigen. Wahrhaft ein Bruch mit den Codes jener Zeit.

1

2

Sein Name ist Charles Beach, er ist Kanadier und war nacheinander Sekretär, Buchhalter, Agent und Assistent von Joseph Christian Leyendecker, einem der populärsten Illustratoren der Vereinigten Staaten zu Beginn des 20. Jahrhunderts. Vor allem aber war er fast fünfzig Jahre lang sein männliches Model für Arrow-Kragen. Die Geschichte beginnt 1885, als George B. Cluett eine 1851 gegründete New Yorker Kragenfabrik aufkauft und sich mit Frederick F. Peabody zusammentut, der seine Kragen bereits unter dem Markennamen Arrow vertreibt. An diesem Namen festhaltend und das Sortiment um Hemden erweiternd, beauftragen sie **N.W. Ayer & Son** und wenden sich auch an Leyendecker, der bis 1931 die Arrow-Werbung entwirft. Ihm folgt kein weiterer Illustrator, denn in den 1930er Jahren beginnt sich das Photo durchzusetzen. Als Arrow viel später zu den Wurzeln seines Image zurückkehren will, zeigt sich, dass man nur Leyendeckers Zeichnungen aufgreifen muss, deren Stil sehr eng mit der Marke verknüpft ist. Indem er das Idealbild des Städters seiner Epoche schuf, gelang Leyendecker eine zeitlose Definition des Mannes von Welt (1), (2), (3).

3

Ende des 19. Jahrhunderts sind Werbeplakate in Europa eine Sache der Maler. Somit werden sie durch die zeitgenössische Kunst unmittelbar beeinflusst. In den Vereinigten Staaten kreieren Karikaturisten und Illustratoren Anfang des 20. Jahrhunderts realistischere Anzeigen, da Inserenten wie Agenturen glauben, diese würden sich dem breiten Publikum leichter erschließen und eher seinem Geschmack entsprechen. Leyendecker ist ein herausragender Vertreter dieser Strömung. Durch seine Arrow-Werbung bekannt (4), (5), arbeitete er auch für andere Marken, vor allem für Chesterfield-Zigaretten. Überdies illustrierte er nicht weniger als 321 Titelseiten der Saturday Evening Post! Leyendecker verdanken wir die eindringlichste Darstellung des Amerikaners, so wie er ist oder sein möchte. Weitere Illustratoren schufen eindringliche Bilder amerikanischer Archetypen, etwa Charles Dana Gibson und sein „Gibson Girl" oder Norman Rockwell, ein feinsinniger, oft spöttischer, doch stets der Familie zugetaner Beobachter, der ebenfalls zahlreiche Titelseiten der Saturday Evening Post gestaltete. Die künstlerische Dimension der Werbeillustration wird durch Earnest Elmo Calkins gefördert. Sein erklärtes Ziel lautet, die Öffentlichkeit durch Kunst zu erziehen. Anders sein nicht minder versierter Zeitgenosse Claude C. Hopkins, der eine nüchterne Effizienz vertritt.

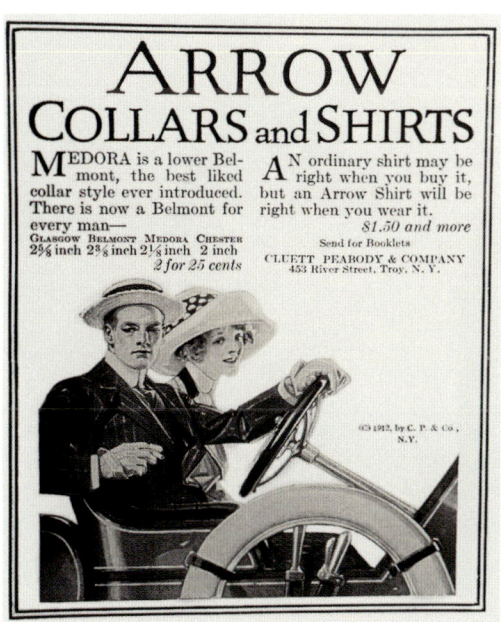

4

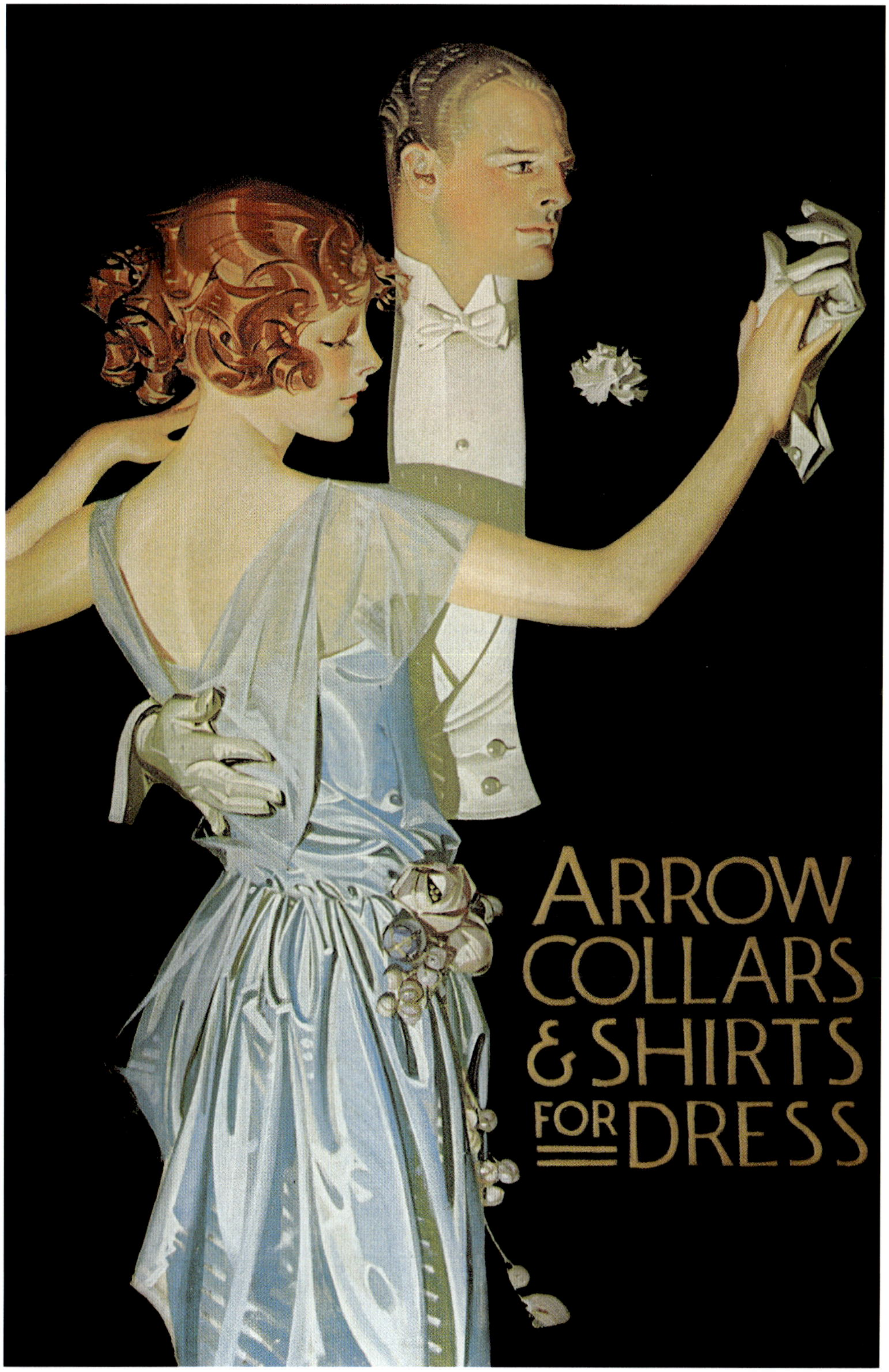

5

Licht und Ton

Das 19. Jahrhundert beginnt mit Annehmlichkeiten wie der Gasbeleuchtung, die man indes nur in den Städten antrifft. Ab 1880 folgen die Petroleumlampen und dann schließlich die Elektrizität. Auch neue Freizeitbeschäftigungen erscheinen: 1877 wird der Phonograph geboren und 1889 nimmt Brahms in Wien seine erste Tonwalze auf.

Philips wird 1891 durch den Ingenieur Gerard Philips gegründet. Vier Jahre später stößt sein Bruder Anton hinzu. Mit dem Unternehmen im niederländischen Eindhoven geht es dank seiner elektrischen Glühbirnen rasch bergauf. **De la Mar** ist eine der bevorzugten Agenturen. Anfangs verwendet man noch Kohlefäden in einem unvollkommenen Vakuum, so dass die Wendel bald verglüht. Durch intensive Forschung und Verbesserung der industriellen Fertigungstechniken gelingt die Herstellung einer neuartigen Glühbirne mit Wolframwendel und dem Edelgas Argon. Diese Birnen leuchten heller, halten länger und sind wirtschaftlicher. Philips produziert diese Glühbirnen ab 1915 unter dem Markennamen Arga. Angesichts der kriegsbedingten Knappheit von Kohle und Gas ist die elektrische Beleuchtung sehr willkommen (1). 1918 feiert Philips das Kriegsende mit diesem Plakat von Albert Hahn und dem symbolhaften Sieg des Lichts, das die Finsternis vertreibt (2).

3

STEINWAY

The Instrument of the Immortals

There has been but one supreme piano in the history of music. In the days of Liszt and Wagner, of Rubinstein and Berlioz, the preeminence of the Steinway was as unquestioned as it is today. It stood then, as it stands now, the chosen instrument of the masters— the inevitable preference wherever great music is understood and esteemed.

STEINWAY & SONS, Steinway Hall, 107-109 E. 14th Street, New York

Subway Express Stations at the Door

4

N.W. Ayer & Son überzeugt den Klavierbauer Steinway & Sons, sich nicht damit zu begnügen, dass seine Flügel in den Konzertsälen zu sehen sind. Man müsse eine breitere Öffentlichkeit ansprechen. In den ersten Anzeigen ist nur von den Instrumenten die Rede, wie in dieser aus dem Jahr 1908 (3). Da bedeutende Musiker Steinway-Flügel verwenden, erfindet Raymond Rubicam, 1919 als Texter in die Agentur eingetreten und vor einer glänzenden Karriere stehend den Slogan „Das Instrument der Unsterblichen" (4). Eigentlich nur für diese eine Anzeige vorgesehen, wird der Slogan für mehr als zehn Jahre zur Signatur der Marke. Das Photo von Lejaren A. Hiller wirkt wie eine photographische Illustration: der vom himmlischen Lichtschein umhüllte Klavierspieler ähnelt dem „unsterblichen" Franz Liszt. Der Engländer Francis Barraud malt 1895 seinen Hund, wie er einem Grammophon lauscht. Das Gemälde verkauft er an die britische Grammophon. Deren Muttergesellschaft, in Victor Talking Machine umbenannt, ist Kunde von N.W. Ayer & Son: 1901 geht „Die Stimme seines Herren" um die ganze Welt (5).

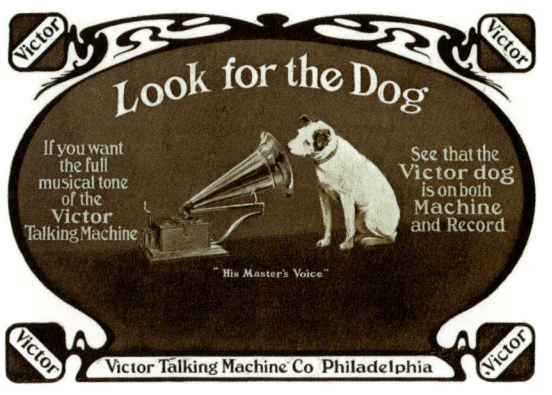

5

Kapitel II

1921–1940

N.W. Ayer & Son
De la Mar
D'Arcy
Newell-Emmett
Elvinger
Blackett Sample Hummert
Publicis
Benton & Bowles
J. Stirling Getchell
MacManus John & Adams
Compton
Leo Burnett

Schwere Zeiten

Von Gustave Eiffel für die Weltausstellung von 1889 entworfen, erstrahlt der Eiffelturm auf diesem Photo von 1925 anlässlich der Exposition des Arts Décoratifs.

Der eine Krieg ist eben vorbei, da kommt schon der nächste, die Weltwirtschaftskrise erschüttert die westliche Wirtschaft in ihren Grundfesten und totalitäre Regime entstehen. Die 1920er Jahre gestalten sich in den Vereinigten Staaten wie in Europa eigentlich schwungvoll, doch dann der Schock im Oktober 1929: Der Dow Jones, der noch einen Monat zuvor mit 381 Punkten sein Allzeithoch erreicht hatte, fällt auf 230 Punkte. Unterbrochen von kurzfristiger Erholung setzt sich diese Abwärtsbewegung bis Juli 1932 fort: verglichen mit September 1929 hat der Index fast 90 Prozent eingebüßt. Bereits einige Jahre zuvor hatte die Inflation in den deutschsprachigen Ländern zu wüten begonnen, wenig später wird auch das übrige Europa erfasst. Die verhängnisvollen Auswirkungen werden bis zum Zweiten Weltkrieg spürbar sein.

Die Werbung hält sich gut, wenngleich auf Kosten erheblicher Umstrukturierungen. Sie wendet sich mehr und mehr dem „hard selling" zu, bei dem der Verkauf im Mittelpunkt steht, weniger die Emotion. Preise werden häufiger genannt und vergleichende Werbung, Publikumswettbewerbe und Promotions kommen auf. Das ästhetische Raffinement der 1920er Jahre wird in Frage gestellt. Man will gegen den „Streik der Verbaucher" ankämpfen.

Ungeachtet dieser Probleme steht diese Periode in Nordamerika wie Europa im Zeichen einer wichtigen Neuheit: dem Radio. In Spanien etwa entstehen 1924 fünfzehn Rundfunksender. In Frankreich startet Marcel Bleustein 1935 Radio-Cité. In den 1930er Jahren tauchen Fragen auf, die für uns sehr modern klingen: Welcher Inhalt für dieses neue Medium? Welche neuen Formen der Werbung? Eine der Antworten lautet „Seifenoper", mithin Sendungen wie Feuilletons, Dramen, Komödien etc., die zwecks Markenwerbung eigens von den Agenturen geschaffen werden. Dem Begriff ist Zukunft beschieden durch das Aufkommen des Fernsehens einige Jahre später.

Erdöl und Elektrizität bilden sich als Wirtschaftszweige heraus, was einer zweiten Industriellen Revolution gleichkommt. Jazz, Kino, Comics und Zeichentrickfilm (die Disney-Figuren entstehen 1930) fassen Fuß. Eine neue Lebensweise greift um sich, mit Krediten, Autos (deren Zahl sich in dieser Zeit vervierfacht) und unglaublichen Fortschritten in puncto Alltagskomfort.

Den Konsum zelebrieren

Die Ästhetik des Industriedesigns verlangt, dass technische Objekte Form und Funktion vereinen. Einige große Ausstellungen zelebrieren diese neue Haltung gegenüber dem Massenkonsum.

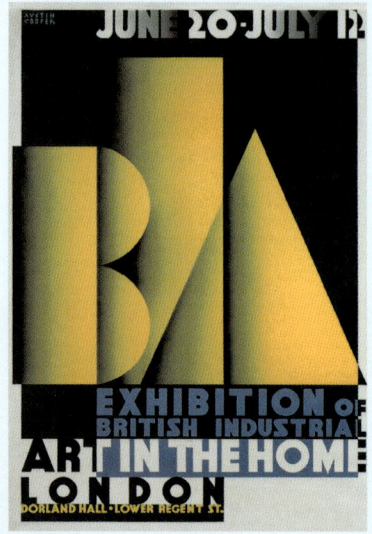

2

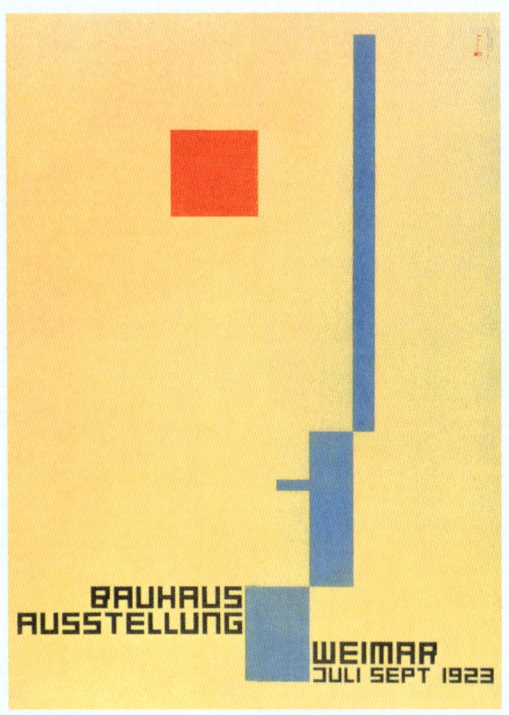

1

Das Plakat von Fritz Schleifer für die Bauhaus-Ausstellung 1923 greift ein Emblem auf, das ein Jahr zuvor von dem Maler Oskar Schlemmer geschaffen wurde (1). Das 1919 von Walter Gropius in Weimar gegründete Bauhaus vereinigt sämtliche Disziplinen, von der Kunst über die Typographie bis zum Design und wird die Ästhetik des Alltags beeinflussen. Das Thema der Ausstellung, „Kunst und Technik – eine neue Einheit", bekräftigt die Auffassung, dass Schönheit und Nutzen nicht unvereinbar sind. Die moderne Kunst wiederum verleiht der Werbung plastische Legitimität. Einige Künstler gründen 1929 in Paris die Vereinigung moderner Künstler, bestehend aus Architekten wie Le Corbusier, Malern und Plakatkünstlern wie Paul Colin, Jean Carlu und A. M. Cassandre und Architekten wie René Herbst. Im gleichen Jahr zeugt eine Ausstellung im Rahmen des Weltkongresses der Werbung in Berlin von diesem neuen Geist, wie er durch das Plakat von Lucian Bernhard und Fritz Rosen veranschaulicht wird (3). Ganz ähnlich der Brite Austin Cooper 1933 mit seinem Plakat für die Londoner Ausstellung „Kunst im Heim" (2).

3

4

5

6

Die erste Weltausstellung („The Great Exhibition of all Nations") findet 1851 im Londoner Crystal Palace statt. Mit der Zeit wird aus diesen Veranstaltungen eine Hommage an die Industriekultur. Aus dem ab 1923 in Paris veranstalteten Wettbewerb für Haushaltsgerätehersteller wird der Salon für Hauswirtschaft. Francis Bernard, Mitglied der Vereinigung moderner Künstler, realisiert 1933 als Auftragsarbeit die „Marie mécanique" (4). Die in Frankreich nicht recht akzeptierte Werbung erhält 1937 endlich ihre offiziellen Weihen, indem sie auf der „Internationalen Pariser Ausstellung für Kunst und Technik im modernen Leben" einen eigenen Pavillon zugesprochen bekommt (5). Mit dem Entwurf betraut, lassen sich der Plakatkünstler Jean Carlu und der Architekt René Herbst von Nitzchkés Haus der Werbung inspirieren, das 1935 an den Champs-Élysées entsteht. Die nächste Ausstellung findet 1939 in New York statt, mit der Werbung betraut man **N.W. Ayer & Son.** Als führender Vertreter der neuen Gebrauchsgraphik realisiert Joseph Binder das offizielle Plakat (6).

Konstruktivismus und Surrealismus

Nach dem Ersten Weltkrieg tritt eine neue visuelle Kultur in Erscheinung. Sie vereint schwungvolle Ästhetik, Ablehnung von Ornamentik und soziales Engagement.

2

3

Clarence White eröffnet 1914 in New York eine photographische Lehranstalt. Er ermutigt seine Schüler, Talent und Technik in den Dienst der Werbephotographie zu stellen, anstatt sich auf eine rein bildhafte (piktorialistische) Sicht zu beschränken. Zahlreiche junge Talente wie Anton Bruehl, Margaret Bourke-White und Paul Outerbridge werden von ihm gefördert. Outerbridges Aufnahme für Ide-Kragen erscheint 1922 in Vanity Fair (1). Im gleichen Jahr revolutioniert Sonia Delaunay in Frankreich die Textilkunst mit ihren kontrastreichen geometrischen Motiven, wovon auch dieser Entwurf für einen Hersteller von Küchenherden zeugt (2). Umgekehrt übt auch die Werbung einen Einfluss auf die Kunst aus: Stets auf der Suche nach populären Sujets, die den modernen Alltag in Szene setzen, lässt sich der nordamerikanische Maler Stuart Davis 1924 von Odol begeistern. Das Mundwasser hatte Karl August Lingner 1892 in Dresden auf den Markt gebracht. Inspiriert durch das ungewöhnliche Behältnis und den prägnanten Namen, verewigt Davis den berühmten Flakon gleich mit einer ganzen Reihe von Bildern (3).

In der Sowjetunion kreiert Wladimir Majakowskij
Plakate, die die politische Gegenwart kommentieren. In „Rosta-Fenstern" ausgestellt, ersetzen sie die Zeitung. Überdies entwirft er Dutzende von Plakaten für staatliche Läden und 1923 zusammen mit Alexander Rodtschenko auch Werbeplakate. Beide betrachten sich als „werbliche Konstrukteure". Reklame setzen sie mit industrieller und kommerzieller Agitation gleich: „Kommerzielle Propaganda ist eine Waffe, die wir nicht den Händen (…) auswärtiger Bourgeois überlassen können". 1923 löst ihr Plakat für Resinotrast-Schnuller einen Skandal aus: „Bessere Schnuller hat es nie gegeben. Man möchte sein Leben lang daran nuckeln" (4). Majakowskij erwidert, dass Reklame zu einem zivilisierten Leben beitrage, „so lange man auf dem Lande den Säuglingen dreckige Lumpen in den Mund stopft". Der Maler, Bildhauer, Plakatkünstler und Dichter Kurt Schwitters ist für Arrangements bekannt, in die er die Abfälle der Konsumgesellschaft integriert. Sich für Werbung interessierend, kreiert er 1924 für Pelikan-Tinte diese Anzeige, die Typographie und Photomontage kombiniert und in seiner Zeitschrift Merz erscheint (5). Die Werke des belgischen Surrealisten René Magritte verdanken einen Großteil ihrer subversiven Wirkung einer unerwarteten Kombination von Wort und Bild. Eines seiner bekanntesten Gemälde ist das rätselhafte „Ceci n'est pas une pipe" (Dies ist keine Pfeife) von 1928, mit dem er die Realität des Scheinbaren in Frage stellt (6). Die Werbung wird von diesem Ansatz profitieren: Ideen ausdrücken, expressive Kürzel verwenden und durch Kombination von Text und Illustration Wirkung erzielen, anstatt einfach nur ein getreues Abbild des Produkts zu liefern.

4

5

6

Ausdruck einer Mission

An Solidität und Renommee gewinnend, treten die Werbeagenturen als vollwertige wirtschaftliche Akteure in die Öffentlichkeit.

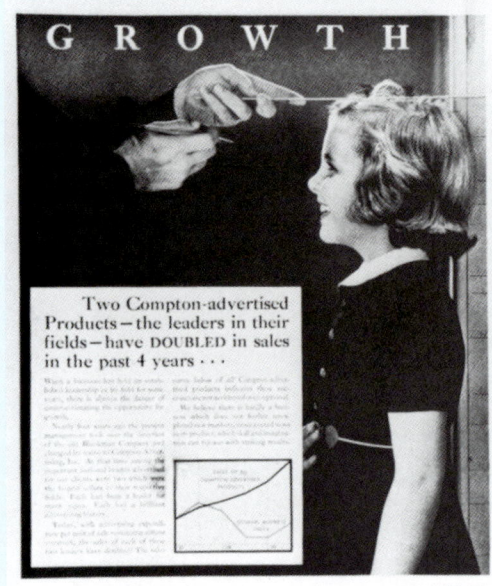

1

The SUPREME COURT of business

★ ★ ★

SHE IS IMPARTIAL in her decisions . . . the American wife and mother . . . and exacting in her standards. She looks on qualities with clear, penetrating eyes. In her management of the home, she puts to practical daily tests soaps, linen, kitchenware. She finds out intimately the aesthetic values of rugs, reading-lamps . . . the virtues of clocks, refrigerators.

She and her 29,000,000 sisters comprise, so to speak, the supreme court of decision for all merchandise for their families and homes. Here before them, foods, clothes, household appointments face their conclusive test. Here, patents and processes receive their final trial, values their ultimate appraisal.

Addressing these wives and mothers on the printed page becomes increasingly an art. They are increasingly discriminate in their buying. In a sense, they are still the chief competitors business has—in more or less clinging to their accustomed ways of fire-tending, long hours of cooking, sweeping.

Yet they are also a most alert, responsive market. They buy an overwhelming majority of the merchandise sold. They are the reason for endless experiments in commercial kitchens; constant research in laboratories. They keep their homes bright, comfortable, healthful . . . their children well-dressed, well-nourished . . . themselves amazingly young . . . through selections they make with their cool, sure decisions.

These 29,000,000 justices of the supreme court of American business have in their hands the spending of $52,000,000,000 every year. Naturally they base their decisions on the facts they glean from advertisements, backed by day-by-day experience in the home. It follows with equal force that the manufacturer whose goods are sound, and ably promoted, has the best chance of getting a favorable verdict. . . . For in the weighing and assaying of relative claims and values these are the most just, the most discerning and unbiased judges in the world.

N · W · AYER & SON, INC. ADVERTISING

Washington Square, Philadelphia · New York · Boston · Chicago · San Francisco · Detroit · London

2

Die Auswirkungen der Weltwirtschaftskrise sind weiterhin spürbar. Viele Menschen beginnen sich für die Börsenkurse zu interessieren. Vermutlich darum kreiert E.A. Pierce & Co, ein Finanzdienstleistungsunternehmen aus San Francisco, das 1940 mit Merrill Lynch fusionieren wird, 1934 ein „lebendes Plakat", das den Dow Jones stündlich anzeigt (3). **N.W. Ayer & Son** betreibt wie seit jeher Eigenwerbung in der Fachpresse. In Organen wie Printer's Ink, Advertising & Selling und Fortune dürften mehr als hundert Anzeigen erschienen sein wie diese aus dem Jahr 1931: „Der Oberste Gerichtshof der Wirtschaft" (2). Diese Anzeigen sollen das Metier des Werbers und den Gewinn für den Inserenten erläutern, dienen jedoch nicht allein den Interessen der Agentur, denn sie promoten auch die Werbung als solche. Eigenwerbung betreibt auch **Compton,** die 1935 aus Blackman hervorgegangene Agentur, die 1943 **J. Stirling Getchell** (gegründet 1931) übernehmen wird. In einer Anzeigenserie betont Compton das dank Werbung und trotz der schwachen Konjunktur erzielte Wachstum seiner Kunden (1).

3

4

Only a bunch of optimists would have opened
an ad agency on a day like that — and we still are

Leo Burnett Company, Inc., Advertising
CHICAGO · NEW YORK · HOLLYWOOD · TORONTO · MONTREAL

5

Um die Wirtschaft anzukurbeln, lässt Franklin D. Roosevelt 1933 den National Recovery Act verabschieden, mit dessen Umsetzung er General Johnson betraut. Damit die Spenderfirmen identifizierbar sind, gibt Johnson ein Symbol in Auftrag, den blauen Adler (4). Sein Schöpfer ist Charles Coiner, Art Director von N.W. Ayer & Son. Der Legende nach benutzte er den Füller des Generals, um den Adler auszumalen. Am 5. August 1935 eröffnet **Leo Burnett** seine Agentur in Chicago. Die Besucher empfängt man mit einer Schale Äpfeln. Damals verdienen sich die Arbeitslosen ein Zubrot, indem sie Äpfel für 5 Cent verkaufen. Die Tradition der Apfelschale wird sich in sämtlichen Agenturen von Leo Burnett fortsetzen. Noch 1960 ist die Erinnerung lebendig: „Nur eine Bande von Optimisten konnte in einem solchen Moment eine Agentur eröffnen – und wir haben uns nicht geändert" (5). 1926 gründet auch Marcel Bleustein seine Agentur: **Publicis.** Er erkennt die Bedeutung von Radio und Kino und fordert 1936 auf: „Verschaffen Sie Ihrem Namen durch die Antennen von Publicis Gehör! Lassen Sie Ihren Namen auf den Leinwänden von Publicis erscheinen!"(6).

6

Hier kommt der Weihnachtsmann!

Eine der schönsten Anekdoten der Werbung gleicht einem Weihnachtsmärchen. Nicht ohne Grund, geht es doch um die Geburt des Weihnachtsmanns als jener Gestalt, wie sie heute den Kindern auf der ganzen Welt bekannt ist.

1

Bei der Entstehung des Weihnachtsmanns hat offenbar der heilige Nikolaus Pate gestanden. Entsprechend zeigt man ihn, wie er Geschenke an die braven Kinder verteilt. Von nordeuropäischen Einwanderern im 17. Jahrhundert in den Vereinigten Staaten eingeführt, erscheint der Weihnachtsmann 1821 unter dem Namen Santa Claus im Gedicht eines Pastors. Dieser Text, der ihn als Wichtelmann darstellt, wird sehr bald zu einem großen Erfolg. Der Zeichner Thomas Nast kreiert 1863 eine erste Interpretation, wenngleich sich das Erscheinungsbild erst 1930 festigen wird. Die Agentur **D'Arcy,** der es bereits gelungen war, Coca-Cola zu einem Getränk fürs ganze Jahr zu machen, soll nun eine spezielle Winterkampagne entwerfen. Hierzu möchte man sich auf die Inkarnation dieser Jahreszeit stützen: den Weihnachtsmann. Kreieren soll ihn der Maler und Illustrator Haddon Sundblom, der die Marke bereits gut kennt. Sein Weihnachtsmann ist jovial und gut gelaunt und trägt die Farben von Coca-Cola: Rot und Weiß (1). Kurz nach der Krise von 1929 vermitteln die Anzeigen zugleich eine optimistische Botschaft: „Fort mit dem müden, durstigen Gesicht. Werden Sie wieder Sie selbst!" (2).

2

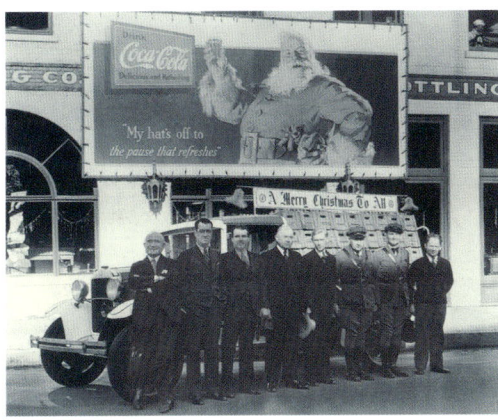

Coca-Cola
My hat's off to
the pause that refreshes
A Merry Christmas To All

3

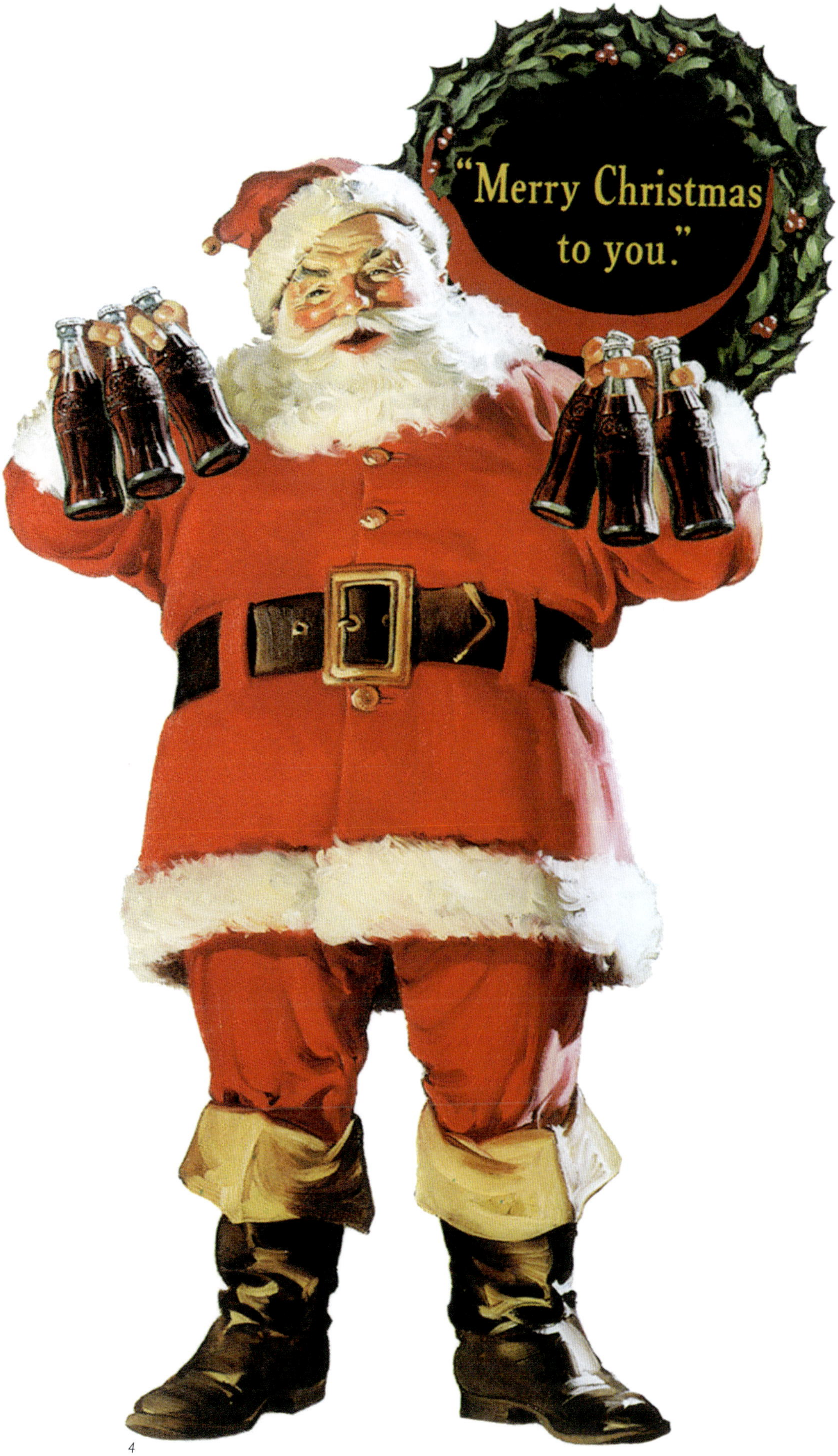
"Merry Christmas
to you."

4

Dies ist die allererste Darstellung *des Weihnachtsmanns durch Haddon Sundblom, wie sie Weihnachten 1931 an der Fassade eines Getränkelagers in Memphis hing (3). Die joviale Figur zieht den Hut vor dem zwei Jahre zuvor von D'Arcy eingeführten Slogan „Die Pause, die erfrischt". Noch viele Jahre lang werden diese Signatur und der Weihnachtsmann alle Menschen überall und zu jeder Jahreszeit an die zuverlässige Präsenz ihres Lieblingsgetränks erinnern. Sundbloms Zeichnung verwendet man in allen möglichen Varianten, etwa für Schaufensterplakate oder in Auslagen. Zudem lässt Sundblom den Weihnachtsmann jedes Jahr in einer neuen Situation erscheinen: allein, mit Kindern, mit oder ohne Colaflasche (4). Die Slogans wechseln: „Coca-Cola, die Pause, die Kraft gibt" (1934), „Auch er weiß es zu schätzen" (1936), „Er ist überall willkommen" (1939) etc., doch der Weihnachtsmann bleibt. Bis 1964, dem letzten Jahr seiner Mitarbeit, erneuert Sundblom die Darstellung jener Gestalt, die D'Arcy in einem sehr strengen graphischen Rahmen inszeniert und bei dem sämtliche Elemente (Farben, Schrifttyp, Position der Marke) sehr genau vorgegeben sind. Die treffsichere Zeichnung, die Qualität der Szenen und ihre immer wieder abgewandelte Wiederholung haben offenbar entscheidend beigetragen, die Wesenszüge des Weihnachtsmanns in den Köpfen der Menschen zu verankern. Das Phänomen wird noch weitere Kreise ziehen, als es nach dem Zweiten Weltkrieg nach Europa gelangt. Coca-Cola und der Weihnachtsmann sind nun in vierundvierzig Ländern präsent, ganz im Sinne der 1923 von Ernest Woodruff, Präsident von Coca-Cola, ausgegebenen Devise: überall in Reichweite sein.*

Die Schönheit des Produkts

Für die Werbung ist das Produkt ein nie versiegender Quell der Inspiration. Vor allem, wenn Künstler es verstehen, die Sinnlichkeit eines Erzeugnisses etwa mithilfe lieblicher hawaiianischer Landschaften hervorzuheben.

2

1

Im Jahr 1901, kurz nachdem die junge Republik Hawaii zum Territorium der Vereinigten Staaten wurde, gründet James Dole die Hawaiian Pineapple Company. Die zu Beginn der 1930er Jahre herrschende Weltwirtschaftskrise macht auch vor dem Geschäft mit Ananas nicht Halt. Abhilfe schaffen soll die Agentur **N.W. Ayer & Son** mit einer für die damalige Zeit sehr originellen Kampagne, um der Marke ein luxuriöses Image zu verleihen. Mit dem Ziel einer eleganten Vereinigung von tropischer Exotik und erlesener Sinnlichkeit wendet man sich an Künstler, die sich nicht dem vorherrschenden Realismus verschrieben haben, sondern das Wesen der Marke auf eher symbolhafte Weise zum Ausdruck bringen sollen. Im Mittelpunkt steht der französische Maler und Plakatkünstler A.M. Cassandre, der 1938 zwei Anzeigen für Ananassaft (1), (3) und eine für „Juwelen" aus Ananas (2) realisiert. Dann tritt Georgia O'Keeffe auf den Plan. Die 1887 geborene große amerikanische Künstlerin hatte sehr rasch begriffen, dass der Realismus eine Sackgasse war und bereits 1915 eine Reihe von Kohlezeichnungen geschaffen, die als die innovativsten der zeitgenössischen amerikanischen Kunst gelten. 1940 von der Agentur beauftragt, eine Ananas zu malen, bringt sie stattdessen eine Helikonie aus Hawaii mit (4).

3

● *Hawaiian Pineapple Company, Ltd., invited the world-famed American artist, Georgia O'Keefe, to visit Hawaii and paint her impressions of the color and brilliance of the Islands. She chose the magnificent Haliconia flower, called by some the "Mock Bird of Paradise."*

PAINTED IN HAWAII, HOME OF DOLE PINEAPPLE JUICE, BY GEORGIA O'KEEFFE

Hospitable Hawaii cannot send you its abundance of flowers or its sunshine. But it sends you something reminiscent of both—golden, fragrant Dole Pineapple Juice. As you drink this pure, unsweetened juice of luscious, sun-ripened pineapples, you will know that only Nature could give Dole Pineapple Juice its marvelous flavor. For breakfast...when you are tired or thirsty between meals...whenever you, your children or guests crave refreshment, serve tall glasses of **DOLE PINEAPPLE JUICE FROM HAWAII**

4

Der Grüne Riese

Minnesota Valley Canning zählt zu den ersten Kunden einer Agentur, die 1935 in Chicago ihre Pforten öffnet: Leo Burnett. Ihre Zusammenarbeit sollte sich als noch langlebiger erweisen als die beworbenen Konserven.

1

Bei der 1903 in Le Sueur (Minnesota) gegründeten Minnesota Valley Canning Company gelangt man 1919 zu dem Schluss, dass man sich auf ureigene Produkte konzentrieren muss, will man sich von der Konkurrenz abheben. Hierzu ersetzt man den weißen Mais durch einen gelben, zarteren und aromatischeren Mais, wenngleich diese Sorte bislang gewöhnlich nur als Pferdefutter gedient hatte. Vertrieben wird er ab 1924 unter dem Markennamen Del Maiz. Ein Jahr darauf beginnt man mit der Vermarktung einer neuen, ungewöhnlich großen Erbsensorte namens Grüner Riese (1). Um diese damals als Freiname angesehene Bezeichnung zu schützen, verknüpft man sie mit einer Gestalt, die drei Jahre später auch auf dem Etikett erscheint. Einem Grimmschen Märchen entlehnt, gleicht diese indes eher einem buckeligen Zwerg und ist ursprünglich nicht einmal grün. Daher besteht eine der ersten Aufgaben von **Leo Burnett** darin, sie in einen veritablen grünen Riesen zu verwandeln. 1936 ist er endlich da: der Fröhliche Grüne Riese, eine sympathische, vollwertige Figur, die nun nicht mehr nur für Erbsen steht, sondern auch für eine neue Maismarke: Niblets (2). Um die Besonderheit der Marke zu etablieren, fordert man den Verbraucher auf, beim Etikett stets auf den Grünen Riesen zu achten (3).

2

LOOK   FOR   THE   GREEN   GIANT   ON THE LABEL

3

Leo Burnett wendet sich an den Illustrator Norman Rockwell, der bereits durch seine zahlreichen Titelbilder für die populäre Saturday Evening Post bekannt ist. Seine vier für Minnesota Valley Canning geschaffenen Bilder illustrieren die Werte der traditionellen amerikanischen Familie und die Emotionalität der Kindheitserinnerungen. Wie Leyendecker für Arrow oder Sundblom für Coca-Cola zählt auch er zu den damals von der Werbung sehr geschätzten realistischen Malern, die ihre Modelle aus dem eigenen familiären Umfeld beziehen. So erscheint sein jüngster Sohn 1938 auf seinem ersten Bild „Sein erster Maiskolben" (4). Wer den unten auf der Anzeige erscheinenden Coupon einsandte, erhielt gerahmte Reproduktionen der insgesamt vier für dieses Produkt werbenden Bilder. Doch auch Kinder kamen nicht zu kurz, beispielsweise 1941 anlässlich der Filmpremiere von „Dumbo", dem letztgeborenen Helden von Walt Disney (5). Seit der ersten landesweiten Werbeanzeige von Minnesota Valley Canning sind elf Jahre vergangen und der Fröhliche Grüne Riese findet sich im Schoß der Disney-Familie wieder.

Humor und Poesie

Zwei Kontinente, zwei vergleichbare Produkte und das gleiche Bemühen um Originalität: eine humorvolle Note bei Life Savers, ein Hauch Poesie bei Verkade.

1

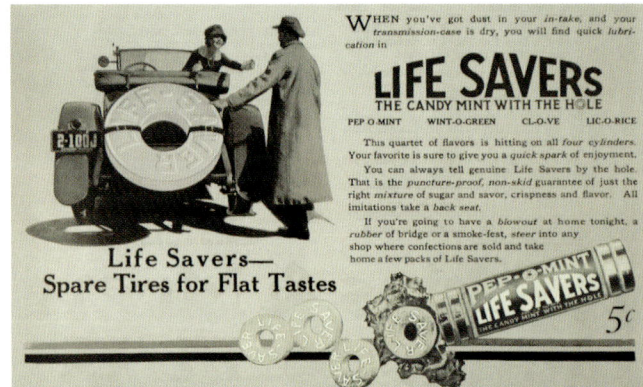

2

3

Schokolade zeigt bekanntlich die leidige Tendenz, im Sommer zu schmelzen. So beschließt im Jahr 1912 Clarence Crane, Chocolatier in Cleveland, in dieser Saison lieber Pfefferminzbonbons herzustellen. Damals werden sämtliche Pfefferminzbonbons aus Europa importiert und sind würfelförmig. Crane wendet sich an einen Pillenfabrikanten, der für ihn hübsche kleine und runde Bonbons mit einem Loch in der Mitte fertigt, gleichsam Rettungsringe (life savers) im Kleinformat. Der Markenname ist gefunden und Crane lässt ihn registrieren. Ein gewisser Edward Noble aus New York findet diese Idee interessant, trifft sich mit dem Chocolatier und kauft ihm die Erfindung für 2.900 Dollar ab. Ein Welterfolg stellt sich ein und vielen blieb diese Marke so nachdrücklich in Erinnerung wie sonst kaum eine. Die Life Savers Pep-O-Mint hatten von Beginn an einen hohen Wiedererkennungswert, den man trotz aller Widrigkeiten bewahren konnte. Diese drei Anzeigen, Anfang der 1920er Jahre von **N.W. Ayer & Son** realisiert, zeugen auf humorvolle Weise von der inspirierenden Wirkung des Produkts in jeder Lebenslage (1), (2), (3). Das berühmte „Bonbon mit dem Loch in der Mitte" erhält neue Geschmacksrichtungen, ohne sich indes je von seinem verspielten, leicht herben Charme zu entfernen.

4

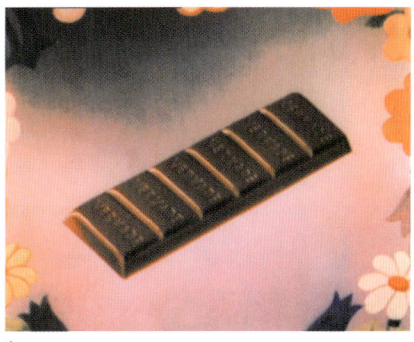

Die niederländische Confiserie Verkade vertraut ihre Werbung 1924 der Agentur De la Mar an – woran sich bis heute nichts geändert hat. Der holländische Plakatkünstler Kees Dekker entwirft 1933 dieses sehr modern wirkende, für Kekse werbende Plakat (4). Im Kino erzählt 1936 ein Zeichentrickfilm, halb Feenmärchen, halb Märchen aus tausendundeiner Nacht, überaus erfrischend von der Liebelei zwischen einer köstlichen, sehr exotisch anmutenden Kakaobohne und einem buchstäblich dahinschmelzenden Zuckerhut (6). Aus der Vereinigung von Kakao und Zucker geht ein herrlicher Schokoladenriegel hervor (5). Kurz nach Erfindung des Kinos hält dort auch die Werbung Einzug, George Méliès sei Dank. Richtig in Schwung kommt sie indes erst durch bewegte Trickbilder, im Kino wie im Fernsehen.

5

6

Die Eroberung der Frauen

Die Zigarettenwerbung wendet sich zunächst allein an das männliche Geschlecht. Dabei gab es schon Raucherinnen, als viele Männer noch zu Schnupf- und Kautabak griffen.

1

Drei große Tabakfirmen stehen sich seit mehreren Jahren gegenüber: R.J. Reynolds mit Camel, Liggett & Myers mit Chesterfield und American Tobacco mit Lucky Strike. Ihre Werbung richtet sich an Männer, da Frauen, die in der Öffentlichkeit rauchen, damals noch leicht anrüchig wirken. Zusammen mit **N.W. Ayer & Son** geht R.J. Reynolds diesem Problem 1927 geschickt aus dem Weg: das Plakat zeigt eine Frau, die das berühmte Camel-Plakat betrachtet (1). 1928 erscheinen Anzeigen in Form eleganter Szenen mit rauchenden Männern, die von immer noch nicht rauchenden Frauen umgeben sind. 1930 zeigt Camel erstmals eine Frau, die ihrem männlichen Gegenüber eine Zigarette anbietet und als Raucherin suggeriert wird (2). Der bekannte Camel-Slogan „Ich ginge meilenweit für eine Camel" wird ergänzt durch „ein(e) Miss ist so gut wie eine Meile", abgeleitet von einem Spruch beim Baseball: Einen Zentimeter vorbei (miss) ist nicht besser als einen Kilometer daneben.

2

Nach vierzehn Jahren im Schoß der American Tobacco Company von James B. Duke seit 1911 wieder unabhängig, startet Liggett & Myers 1926 seine erste Kampagne für Chesterfield-Zigaretten, die sich an ein weibliches Publikum richtet. Diesen Tabubruch verdankt man der Agentur **Newell-Emmett.** 1919 in New York gegründet, wird Newell-Emmett zu Cunningham & Walsh, um später mit N.W. Ayer & Son zu fusionieren. Der Kniff dieser Kampagne besteht darin, den bekannten Slogan „Diesen Geschmack erkenne ich sogar im Dunkeln" (3) von einem rein männlichen Kontext in ein nächtlich-romantisches Ambiente zu verlagern (4). „Hauch' mir etwas (Rauch) entgegen", fordert die junge Frau den neben ihr sitzenden Mann auf, der sich gerade eine Zigarette anzündet. Wie in der Camel-Werbung sieht man auch bei Chesterfield immer noch keine rauchende Frau. Frauen werden zudem stets gemeinsam mit Männern abgebildet und die Marken wenden sich an beide Geschlechter. Frauen machten 1923 nur fünf Prozent des amerikanischen Zigarettenmarkts aus, 1933 sind es schon 18 Prozent. Erst in den 1960er Jahren wird ein Newcomer, Philip Morris, eine spezielle Zigarettenmarke für Frauen auf den Markt bringen: Virginia Slims.

"I can tell that taste in the dark"

CHESTERFIELD

3

"Blow some my way"

Chesterfield

4

Ständige Herausforderung

Die Weiterentwicklung des Automobils konfrontiert die Industrie mit der permanenten Herausforderung der Massenfertigung zuverlässiger, innovativer und wirtschaftlicher Autos.

3

1

Henry Ford, der 1903 in Detroit Ford Motor gegründet hatte, bringt 1908 das T-Modell heraus, von dem weltweit sechs Millionen Einheiten verkauft werden. Ihm folgt 1928 das A-Modell mit Dreiganggetriebe und Farbe nach Wahl. Mit der Werbung beauftragt man die Agentur **N.W. Ayer & Son,** die wegen dieses neuen Kunden bald darauf Büros in London, Buenos Aires und São Paulo eröffnet. Die Kampagne startet mit einer von Henry Ford persönlich unterzeichneten „außerordentlich bedeutsamen Nachricht an alle Automobilbesitzer". Dort heißt es: „Sie erwerben kein Auto, sondern den fortschrittlichsten Ausdruck einer neuen Idee der modernen, wirtschaftlichen Fortbewegung" (2). Als man den Text dem zum Firmenchef avancierten Sohn des Gründers vorlegt, verlangt dieser, das Wort „vollkommen" durch „korrekt" zu ersetzen, da nichts vollkommen sei. Keine Abbildung des Autos, keine technischen Daten und keine Preisangabe in dieser ersten Anzeige, der eine zweite und dritte folgen wird, auch sie ohne Bild und Preis. Erst die vierte und letzte Anzeige enthüllt schließlich das Auto und seinen Preis (1).

2

Everything
you want or need in A Modern Automobile

FORD MOTOR COMPANY
Detroit, Michigan

4

Nachgelegt wird eine Reihe von Anzeigen, die alle dem gleichen Prinzip folgen: zum Träumen anregen. „Ein freudvoller Wagen für goldene Sommertage" (3), „Alles, was Sie von einem modernen Auto erwarten" (4). Unterdessen stellt sich Ford Motor einer weiteren Herausforderung: der Luftfahrt, die noch in den Kinderschuhen steckt. Die Tri-Motor, das neue Flugzeug von Ford, soll der Flugreise den Weg ebnen, doch zunächst einmal müssen die Vorteile dieses neuen Transportmittels vermittelt werden. N.W. Ayer & Son kreiert siebzehn Anzeigen, die zwischen 1927 und 1929 erscheinen, vom gleichen Künstler wie die für den Ford A illustriert und gemeinsam mit dem Ingenieur William B. Stout getextet werden. Mit „Schaut nach oben!" will diese Anzeige das Flugzeug als neues revolutionäres Transportmittel, nach Eisenbahn und Automobil, ins Bewusstsein rücken (5).

LIFT UP
YOUR EYES !

5

Neue Sichtweisen

In Nordamerika vollzieht die Werbung den Übergang von der realistischen Illustration zur Photographie. Unterdessen tritt der meist durch französische Künstler verkörperte Geist des Kubismus flüchtig in Erscheinung.

1

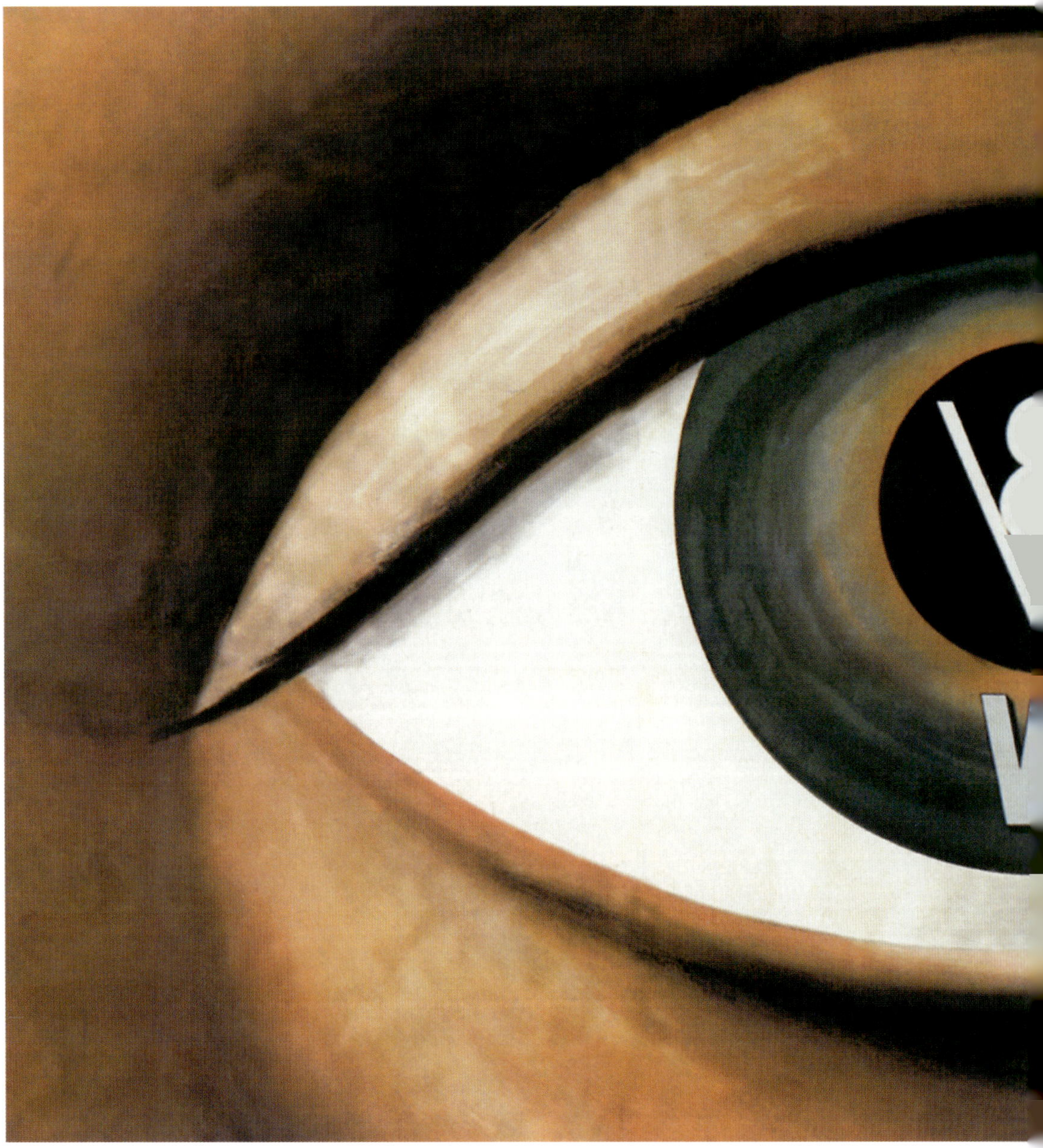

Adolphe Mouron, *1901 im ukrainischen Charkow geboren, kommt 1914 nach Frankreich und beginnt 1922 unter dem Pseudonym Cassandre als Werbezeichner. Durch die neusten Strömungen in der modernen Kunst und vor allem durch den Kubismus angeregt, entfernt er sich zunehmend vom gewohnten, leicht anekdotischen Stil der realistischen Illustrationen jener Zeit. Seine Botschaft vermittelt er auf symbolhafte Weise, anstatt das Produkt oder gar den Konsumenten darzustellen. Und er spielt mit der Typographie, die er geschickt in das Bild integriert. Eine Retrospektive seiner Plakate findet 1936 im Museum of Modern Art in New York statt, was ihm Gelegenheit bietet, sich bis 1939 dort aufzuhalten und Aufträge für Harper's Bazaar zu übernehmen.* **N.W. Ayer & Son** *beauftragt ihn 1938 mit einem Plakat für den Ford V8: „Schau' wie die Fords vorbeifahren"(2). Dieses Straßenplakat verfehlt seine Wirkung nicht und wird zu einer der bekanntesten Kreationen der Agentur (1). Wir befinden uns an einem Wendepunkt: Der realistischen oder idealisierten Illustration in der Automobilwerbung geht allmählich die Luft aus, während die Photographie langsam in Schwung kommt, um bald zu dominieren. Derweil bildet A.M. Cassandre mit seiner ganz speziellen Herangehensweise eine bemerkenswerte Ausnahme.*

2

Der Beste möge gewinnen!

Wie kann Chrysler sich gegen Ford mit seinem erfolgreichen A-Modell behaupten,
und gegen General Motors, die in sämtlichen Marktsegmenten präsent sind?
Mit einem weisen Rat an den Käufer: vorher erst informieren!

1

Für Autos wirbt man damals mit lieblichen Illustrationen, die Reisen und Alltagsflucht anklingen lassen. Mustergültig vertreten wird diese Tradition durch zwei von J.M. Cleland illustrierte Anzeigen der Agentur **MacManus** für Cadillac. Die eine stammt von 1919 (1), die andere – für den neuen V8 – von 1929 (2). Der am Vorabend der Weltwirtschaftskrise eingeführte Plymouth von Chrysler verkauft sich schlecht. Die 1931 gegründete Agentur **J. Stirling Getchell**, die 1943 von Compton übernommen werden sollte, arbeitet bereits für DeSoto, eine der Divisionen von Chrysler. Im Frühjahr 1932 präsentiert man eine gewagte Kampagne: Man will den potenziellen Käufer auffordern, den Plymouth mit dem Chevrolet Sechszylinder von General Motors und dem Achtzylinder von Ford zu vergleichen (3). Ohne Namen zu nennen, wird erläutert, dass die neue Aufhängung des Vierzylindermotors dem Plymouth eine Vibrationsfreiheit verleiht, die mit der seiner beiden Konkurrenten vergleichbar ist. Zugleich erscheint damit ein neuer journalistischer Stil in der Werbung: Schwarzweißphoto (hier Walter Percy Chrysler höchstpersönlich) und fettgedruckter Titel. Die Anzeige katapultiert Plymouth in die Riege der Großen.

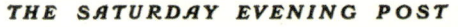

2

"Look at All Three!

BUT DON'T BUY ANY LOW-PRICED CAR UNTIL YOU'VE DRIVEN THE NEW PLYMOUTH WITH FLOATING POWER"

"It is my opinion that any new car without Patented Floating Power is obsolete."

THOUSANDS of people have been waiting expectantly until today before buying a new car. I hope that you are one of them.

Now that the new low-priced cars are here (including the new Plymouth which will be shown on Saturday) I urge you to carefully *compare* values.

This is the time for you to "shop" and buy wisely. Don't make a deposit on any automobile until you've actually had a demonstration.

It is my opinion that the automobile industry as a whole has never offered such values to the public.

In the new Plymouth we have achieved more than I had ever dared to hope for. If you had told me two years ago that such a big, powerful, beautiful automobile could be sold at the astonishing prices we will announce on Saturday . . . I'd have said it was absolutely impossible.

I have spent my life building fine cars. But no achievement in my career has given me the deep-down satisfaction

A STATEMENT BY
WALTER P. CHRYSLER

that I derive from the value you get in this 1932 Plymouth. To me, its outstanding feature is Floating Power. We already know how the public feels about this. Last summer it was news, but today it is an established engineering achievement.

It is my opinion, and I think that of leading engineering authorities, that any new car without Floating Power is obsolete. Drive a Plymouth with Patented Floating Power, and note its utter lack of vibration . . . then drive a car with old-fashioned engine mountings and you will understand what I mean. *There's absolutely no comparison.*

We have made the Plymouth a much larger automobile. It is a BIG car. We have increased its power, lengthened the wheelbase and greatly improved its beauty.

In my opinion you will find the new Plymouth the easiest riding car you have ever driven. Yet with all these improvements we have been able to lower prices.

Again let me urge you, go and see the new Plymouth with Floating Power on Saturday. Be sure to look at all THREE low-priced cars and don't buy *any* until you do. That is the way to get the most for your money.

FIRST SHOWING NEXT SATURDAY, APRIL 2nd, AT DESOTO, DODGE AND CHRYSLER DEALERS

Das Erscheinen der Photographie

Wie bereits bei den Plakaten und dann auch bei der Illustration von Zeitschriftenanzeigen geschehen, wendet sich die Werbung an die Künstler, als sie sich anschickt, Photos einzusetzen. Doch welche Art von Aufnahmen?

2

1

Die Verfechter des photographischen Realismus handhaben diese neue Technik wie vor ihnen bereits die Illustratoren: ihre Photos sind im Wesentlichen deskriptiv und gegenständlich. Sie spiegeln eine übernatürlich wahre und leicht zu entschlüsselnde Realität wider. Diese beiden eindeutig klassisch inspirierten Frauenporträts wurden 1935 von der Agentur **Leo Burnett** für *Real Silk Hosiery Mills*, einen Trikotagenhersteller in Indiana, realisiert (1), (2), der Burnett besonders lange treu blieb. Man folgt ihm, als er 1930 die Agentur Homer McKee verlässt, um zu Erwin, Wasey & Co. zu gehen. Gemeinsam mit Minnesota Valley Canning und Hoover, zwei weiteren Kunden der Agentur, bewegt man Burnett 1935 zur Gründung einer eigenen Agentur und investiert sogar die Hälfte des erforderlichen Gründungskapitals. Die besondere Beziehung zwischen *Real Silk* und Leo Burnett wird bis 1943 fortbestehen. Sie bringt einige Kleinodien hervor wie diese Anzeige für Herrensocken (3). Groucho Marx, der berühmte Filmkomödiant, erscheint darin als Vertreter von *Real Silk*. Unter dem burlesken Titel „Die Psychologie der Psocken" berichtet er mit unerschütterlichem Ernst von den Missgeschicken des von löcherigen Socken geplagten russischen Großherzogs Grouchidor Marxisockensky.

The *Psychology* of *Psocks*

by GROUCHO MARX

ADVERTISER'S NOTE—We engaged Groucho Marx to write this advertisement, reimbursing him at his regular rate. The result is a hilarious burlesque of the Realsilk Representative calling on Mr. Marx on his Hollywood set and making the sale.

This is a true story, which I have translated from the Russian, first, however, putting on a neat Russian blouse to get the "feel" of that difficult language. It concerns the sox-life of the former Grand Duke Grouchidor ("Tiger Rose") Marxisoxsky.

ONE DAY a commoner came to my castle in Hollywoodgrad. He caught the Grand Duke with a hole in his sock. Imagine catching the Grand Duke with a hole in his sock. Imagine catching anyone with a hole in his sock. I felt chagrin creeping all over me. I blushed through my tunic.

The commoner took one look at the rosy ducal toes and playfully said, "This little pig went to market; this little pig stayed home."

"Enough," I cried, "quit profaning the Grand Duke's toes and come to the point." Hastily I threw my *mantilla* over the offending members.

"Don't let the hole in the sock get your goatsky," he said. "You'd be surprised how many holes in socks, or stockings for that matter, go on under cover. In fact, I just came from the exclusive Malibu Beachsky section, where I found three leading men and an ingenue with holes in their hosiery. I helped them, and I can help you, too."

"You have moved me strangely," said the Grand Duke. "Who are you?"

"The Realsilk Man—come to bring you the glad tidings of wonderful socks—wholly without holes—and of such quality that Grand Dukes, and even people with regular jobs, are proud to sheathe their feet within them."

He started firing questions at me rapid-fire.

"Is your sox-life a happy one?"

"Can a Grand Duke do first-class duking in socks like those you now wear?"

"Do you feel at ease when you take off your shoes in company?"

By this time we were both in tears. I dried his and vice versa.

"Shako," I said at last, doffing my own with a bow, "but why are you taking so much trouble just for a poor old broken-down Grand Dukeovitch?"

"You look good for at least a dozen pairs of these non-rippable, extra quality, super-guarded toed, double-decked soled, handsomely patterned, longer-wearing famous Realsilk socks. I feel sure that I have shown you the error of your previous sox-life. Shall I put you down for two or four dozen pairs?"

Of course, a Marxisoxsky never takes the first figure offered, so I got him down to one dozen pairs before I bought. And I can truthfully say, it was the turning point in the Grand Duke's life.

Now, on the set, when the boys and girls have recess from the hurly-burly of lights, cameras, sound mixers, directors and gagmen, and have gathered together for a moment's relaxation, instead of importuning me to do my card tricks, bird calls, or ocarina solos, they say:

"Grouchidor, show us your socks," —and I'm proud to say that I do!

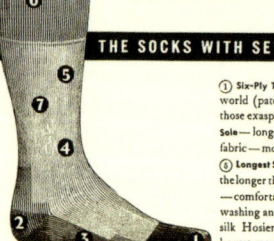

To Women: If you have read this sock ad please know that the Realsilk Representative who calls at the home also brings a complete line of women's fine hosiery and lingerie, as well as wearables for all members of the family.

THE SOCKS WITH SEVEN EXCLUSIVE FEATURES

① **Six-Ply Toe**—which is the best wearing sock toe in the world (patent pending). ② **High-Spliced Heel**—to prevent those exasperating holes where the shoe rubs. ③ **Double-Layer Sole**—longer wear. ④ **More Compact Weave**—more actual fabric—more actual wear—and better looks for the money. ⑤ **Longest Silk Leg Found in Any Socks**—the bigger the foot size, the longer the leg. ⑥ **Double-Thick Garter Bands**—non-rippable—comfortable. ⑦ **Triple-Fast Hygienic Dyes**—fast to light, washing and perspiration. Color cannot harm the feet. Realsilk Hosiery Mills, Inc., Indianapolis, U. S. A. World's largest manufacturers of silk hosiery. Branches in 250 cities.

REAL SILK
SOLD ONLY IN OFFICE AND HOME

3

4

Die Verfechter der autonomen Photokunst wenden sich gegen den Realismus. Herausragender Vertreter dieser eindringlicheren, moderneren Sichtweise ist Edward J. Steichen. Steichen ist Gründungsmitglied der 1902 von Alfred Stieglitz ins Leben gerufenen Photo-Sezession. Diese Bewegung, deren Name sich an die 1897 von Gustav Klimt mitbegründete Wiener Sezession anlehnt, veröffentlicht das einflussreiche Magazin Camera Work. Einige Jahre später wendet sich Steichen indes von den piktorialistischen Effekten ab, hin zu einem prägnanten Hell-Dunkel und engem Bildausschnitt. Damit ebnet er den Weg für die Werbephotographie als neuem und vor allem originären Ausdrucksmittel. Für Vogue und Vanity Fair arbeitend, spezialisiert sich Steichen auf Porträt und Mode und wirbt ab 1923 für Marken im Bereich Körperpflege. **N.W. Ayer & Son** wählt ihn 1935 für seinen Kunden Cannon Mills, eine 1928 in North Carolina gegründete Firma, die wegen der Qualität ihrer Haushaltstextilien aus Baumwolle und ihrer Innovationen hoch angesehen ist. Um Werbung für seine photographische Sichtweise bemüht, legt Steichen seine Arbeiten zugleich auch der Kosmetikmarke Woodbury vor. So kommt es dazu, dass in beiden Kampagnen mit Dixie Ray das gleiche Model erscheint (4). Zum Thema „Cannon Towel präsentiert" erscheint nach und nach eine ganze Reihe seiner Kompositionen (5). Dies ist zugleich die erste große Kampagne mit einem nackten Körper in der Geschichte der Werbung.

5

„Aus dem Elfenbeinpalast erfreut dich das Saitenspiel"

Ivory-Seife verkörpert seit 1879 ein mustergültiges Beispiel: Die Marke vermochte sich anzupassen, indem sie immer wieder neue Produkte schuf, ohne jemals ihre Persönlichkeit zu leugnen.

1

2

William Procter und James Gamble, zwei Schwäger aus Cincinnati (Ohio), Kerzenmacher der eine, Seifenfabrikant der andere, beschließen 1837 sich zusammenzutun. James Norris Gamble, James' Sohn, erwirbt 1878 die Rezeptur einer neuen Toilettenseife, die den Namen Procter & Gamble White Soap tragen wird. Doch dem klaren, schlichten Namen mangelt es an Persönlichkeit. Im Jahr darauf hört Williams Sohn, Harley T. Procter, einen Psalm (45,9). Ein Wort fällt ihm auf: ivory (Elfenbein). So tauft er seine Seife: weiß, fest, langlebig, luxuriös und rein wie Elfenbein. Hinzu kommen zwei Argumente, um die Überlegenheit des Produkts zu verankern. Das erste entdeckt man per Zufall: zu lange über der Flamme gelassen, bläht sich die Grundmischung auf. Sie hat nichts von ihren Eigenschaften eingebüßt, ist nun aber so leicht, dass sie nicht untergeht. Das zweite Argument ergibt sich, als Procter seine Seife in Sorge um die von der Konkurrenz geforderte Reinheit analysieren lässt: der Reinheitsgrad beträgt 99,44 Prozent, ein Spitzenwert. Die erste Anzeige erscheint 1882 in einem frommen Wochenblatt.

If you want a baby's clear, smooth skin use a baby's beauty treatment

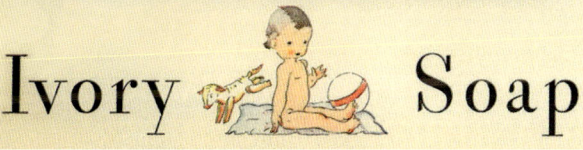

CHERISH your complexion—indeed, your complete loveliness—as gently as if you were a baby. See how gratefully your skin will respond to a baby's beauty treatment. Entrust your charm to Ivory, the soap that keeps millions of babies so adorable. Ivory is advised for babies by doctors and nurses, because its touch is as gentle as a kiss to the most sensitive skin.

Don't take risks with a less pure soap. Even when your hands are busy with housework, with dishes and cleaning, let Ivory turn every soap task into a beauty bath.

To protect or regain that baby-smooth look, use gentle Ivory . . . 99 44/100% PURE.

© 1932. P. & G. Co.

Ivory Soap

3

"THERE'S SOMETHING I READ IN YOUR FACE"

If you want a baby-clear, baby-smooth skin, use a baby's beauty treatment

IVORY SOAP

4

Procter & Gamble wendet sich erst 1923 an eine Werbeagentur: Blackman, aus der später **Compton** wird und die noch eine andere große Firmenmarke betreuen wird, die Toilettenseife Camay. Ein Plakat von Andrew Loomis aus 1927 „Ivory bewahrt den Liebreiz" (1) und eine Anzeige von Harry M. Meyers aus 1928 „Stille, beredte Hände. Sorge dafür, dass sie stets nette Dinge über dich erzählen" (2) handeln von der weiblichen Schönheit, ganz in der damals üblichen realistischen Manier. 1932 bringt man ein neues Thema, die Babyhaut: „Für reine, glatte Babyhaut nimm die Schönheitsseife für Babys" (3). Das Baby, das die Sanftheit der mütterlichen Haut bezeugt (4), wird zum Hauptsujet der Anzeige; beide benutzen die gleiche Seife (5). Inzwischen hat die Photographie die Illustration ersetzt.

"I'm sharing my soap with Mother now"

[DOCTOR'S ORDERS]

5

Es gibt nur einen Platz: Den Ersten!

Um zur führenden Waschpulvermarke zu werden, hat es Oxydol verstanden, seine Werbeaktionen wirkungsvoll miteinander zu kombinieren. Dieses Beispiel ging auch deshalb in die Geschichte der Werbung ein, weil hier die „Seifenoper" ihren Anfang nimmt.

1

2

Das Seifenpulver Oxydol wird 1914 von William Waltke eingeführt. 1927 wird die Marke von Procter & Gamble aufgekauft, die sich nicht mit Platz zwei hinter Rinso von Lever Brothers bescheiden wollen. Oxydol gilt damals noch als traditionelles Waschpulver, wie das Plakat von Marshall Reid zeigt: „Ja, gnä' Frau, nur ein wenig Oxydol" (2). 1930 wartet die 1923 in Chicago gegründete Agentur **Blackett Sample Hummert**, die sich später unter dem Namen Dancer Fitzgerald Sample mit Saatchi & Saatchi zusammenschließen wird, mit einer radikalen Relaunch-Strategie auf: modernere Rezeptur mit Granulat statt Flocken und schlichtere, doch prägnantere Schachtel. Die Anzeige erinnert an einen Cartoon, was Rinso bereits erfolgreich praktiziert. „Oxydol bekommen Sie für nur 1 Cent während dieser Aktion" (1). Die Agentur kreiert im Dezember 1933 für Procter & Gamble mit „Ma Perkins" die erste „soap opera". Und 1939 ist Oxydol die führende Waschpulvermarke für Waschmaschinen.

Die Werbung gewinnt die Herzen der Hörer

Als das Radio in den 1920er Jahren noch in den Kinderschuhen steckt, ist Rundfunk-
werbung verpönt, da sie die häusliche Intimität verletzen würde. Doch die Werbung
findet Ausdrucksmittel, um Popularität zu erringen.

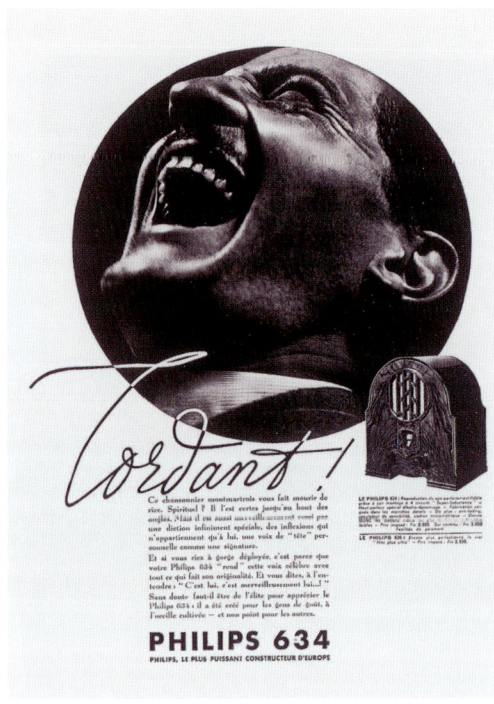

1

Fast alle großen Rundfunksender entstehen nach
dem Krieg: in Großbritannien 1922 die BBC, in
den Vereinigten Staaten 1926 NBC und 1929
CBS. Doch die Entwicklung des Mediums Radio
erfordert eine entsprechende Ausstattung der
Haushalte. Philips beginnt 1927 mit der Produktion von Rundfunkempfängern, 1932 ist die Milli-
onenmarke erreicht. Wichtiges Verkaufsargument
ist die Klangqualität: Gelächter klingt, als sei man
selbst dabei, verspricht Philips in einer Anzeige (1)
der 1923 in Paris gegründeten Agentur **Elvinger,**
die sich 1960 mit **De la Mar** zu Intermarco
zusammenschließen wird. Philips, für die in den
Niederlanden De la Mar tätig war, besaß ein
hauseigenes Werbestudio, wo Louis Christiaan
Kalff dieses Plakat für Miniwatt-Glühbirnen
kreierte (2). Das Symbol von Philips mit den
Wellen und Sternen wird erstmals auf der Verpackung dieser Glühbirnen verwendet und 1938
zum offiziellen Markenlogo.

2

3

4

Bereits 1922 kreiert N.W. Ayer & Son für seine Kunden zwei „Rundfunkgespräche" (radio talks) und im Jahr darauf für den Batteriehersteller National Carbon auch das erste Musikprogramm, „The Eveready Hour". Newell-Emmett realisiert Vergleichbares für Texaco: das „Texaco Star Theatre" überträgt ab 1930 Konzerte aus der New Yorker Metropolitan Opera. Frank Hummert tritt 1927 in die Agentur **Blackett and Sample** ein und realisiert gemeinsam mit seiner Frau Anne Ashenhurst ein Dutzend „serial dramas" (die man in „soap operas" umtauft, als Procter & Gamble sie zu seinem bevorzugten Ausdrucksmittel im Radio macht). Eine dieser Sendungen ist ein spannendes Jugendfeuilleton für Wheaties-Getreideflocken von General Mills, das von 1933 bis 1951 täglich ausgestrahlt wird. Jack, seine Hauptfigur, ist zugleich Fürsprecher einer gesunden Ernährung (3). Außerdem kreiert Hummert 1938 für Oxydol die Seifenoper „Ma Perkins", die 37 Jahre fortbestehen und später in ein TV-Feuilleton umgewandelt wird. Das Foto rechts zeigt die ausgewählten Sprecher bei Probeaufnahmen (5). Für das Mehl Gold Medal Flour von Washburn Crosby (seit 1924 mit General Mills fusioniert) lanciert Blackett and Sample schließlich eine neuartige Sendung: „Betty Crockers Küchenrezepte"(4).

5

Aus Zuhörern werden Zuschauer

Zwischen den beiden Kriegen erlebt das Radio in Europa einen immensen Aufschwung, doch hier verfügt die Werbung noch über ein weiteres Medium: das Kino. Diese neuen Medien werden von Publicis intensiv genutzt.

1

2

3

Marcel Bleustein träumt bereits 1926, gerade einmal zwanzig Jahre alt, von einer eigenen Werbeagentur. Im Jahr darauf macht er seinen Traum wahr und eröffnet Publicis in einem winzigen Appartement in 17, rue du Faubourg Montmartre in Paris. Die ersten Kunden findet er in seiner Nachbarschaft: Comptoir Cardinet, André-Schuhe, Levitan-Möbel etc. Mit zunehmender Verbreitung von Rundfunkempfängern interessieren sich immer mehr Anzeigenkunden für dieses neue Medium. Bereits 1929 benutzt Marcel Bleustein die öffentliche Sendeanlage des Eiffelturms für einen seiner Kunden. Durch den Erfolg bestärkt, steigt er in den Rundfunksektor ein, um schließlich Alleinverantwortlicher für die Werbung von fünfzehn im ganzen Land verteilten Rundfunksendern zu werden. Sein Rundfunknetz „Les Antennes de Publicis" bietet vor allem die Möglichkeit, den gleichen Beitrag über mehrere Sender auszustrahlen und so ein landesweites Publikum zu erreichen. 1935 geht er noch einen Schritt weiter und erwirbt mit Radio-Cité (2) einen eigenen Sender. Die Studios am Boulevard Haussmann produzieren informative Beiträge, Feuilletons, Unterhaltung und gemischte Programme, mehrheitlich jedoch öffentliche, unter der Schirmherrschaft der Auftraggeber stehende Übertragungen, die auf große Resonanz stoßen (4). Viele wie etwa „Le music-hall des jeunes offert par Levitan" (3) werden zu regelrechten Publikumsschlagern. Diese Sendung wird zum Sprungbrett für neue Talente des französischen Chansons wie Charles Trenet oder Edith Piaf (1).

4

Der Filmpionier Georges Méliès hatte bereits Ende des 19. Jahrhunderts die Filmwerbung erfunden. Seine „Reklameschauen" bestanden aus oftmals burlesken Kurzfilmen, die auf Fassaden projiziert wurden und mit „Aufschriften zum Lob des Produkts" endeten. Nach dem Krieg vervielfacht sich die Zahl der Filmtheater und 1924 wird eine neue Form der Plakatwerbung geboren: die „Reklamevorhänge", bemalte Werbetafeln, die Jean Mineur zunächst für die Kaufleute von Valenciennes anfertigt, später für die der gesamten Region. Nachdem er sich ein ganzes Netzwerk von Sälen geschaffen hat, gründet er 1927 die Agence générale de publicité, um seine Werbeflächen zu vermarkten. Mineur gründet 1936 die Werbefilmproduktion **Publicité et Films Jean Mineur,** zu deren Emblem 1950 ein Kerlchen (5) wird (mineur = Minderjähriger). Die drei unteren Bilder stammen aus einem Trickfilm von Lortac und Mallet, den Jean Mineur 1939 für den Radiohersteller GMR produziert hat (6). Ende der 1930er Jahre wendet sich auch Publicis dem Kino zu, und zwar gleich mit einigen eigenen Pariser Filmtheatern (7), einem Netz aus über tausend Sälen in Frankreich mit exklusiven Werberechten und einer Produktion für Werbefilme, Cinéma et Publicité. Produktion und Regiebetrieb von Jean Mineur und Publicis schließen sich 1970 zu Médiavision zusammen.

5

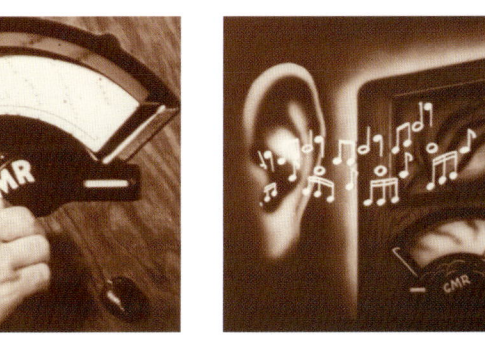

6

7

Kapitel III

1941–1960

N.W. Ayer & Son
De la Mar
D'Arcy
Elvinger
Publicis
Benton & Bowles
MacManus John & Adams
Compton
Leo Burnett
Dancer Fitzgerald Sample
Masius & Ferguson
Norton
Brose
Cunningham & Walsh
Farner

Die Moderne

London, Picadilly Circus. Coca-Cola leistet 1954 einen eigenen Beitrag zur Glitzerwelt der Leuchtreklamen.

Dies ist die Ära der ersten Male: erster Computer 1943, erster Satellit 1957, die Ära von Erfindungen, die den Alltag nachhaltig verändern: Transistor (1948), Kunststoff, Kaugummi und Nylonstrümpfe. Man will die verlorene Zeit aufholen, die einstigen Beschränkungen vergessen. Man will konsumieren und sich der neuen Ikonen der Moderne erfreuen: Kühlschrank, Waschmaschine, Elektrorasierer, Plattenspieler. Und Autos! Ständig neue Modelle. Die Europäer können sich allmählich Autos leisten, während die Amerikaner bereits über einen Zweitwagen nachdenken. Überall zählen die Automobilhersteller zu den großen Werbeinvestoren.

Die Moderne, das ist auch das Fernsehen, das 1954 in den Vereinigten Staaten zum wichtigsten Werbemedium wird. Die Fernsehindustrie wendet sich vollständig von jenem Schema ab, das zwanzig Jahre zuvor durch den Hörfunk etabliert worden war. Die großen Sender wollen die Kontrolle über den Programminhalt nämlich nicht den Agenturen überlassen. Nunmehr produzieren die großen Networks ihre eigenen Sendungen und weisen den Werbespots eine gesonderte Plattform zu.

Die Moderne, das ist nicht zuletzt auch die Präsenz der großen internationalen Marken in den meisten Märkten, eine andere Art des Einkaufens und der Ernährung. Und mit der Eröffnung von Disneyland 1955 in Kalifornien, mit dem Hollywood-Kino, den ersten Schritten der Nouvelle Vague in Frankreich und dem italienischen Kino entstehen neue Unterhaltungsformen. Die Werbetechniken werden zusehends raffinierter. Ernest Dichter gründet 1951 sein Institute for Motivational Research und 1957 wendet Roland Barthes die Semiologie auf die Konsumwelt an.

Gewiss entbehrt die Weltgeschichte in diesen zwei Jahrzehnten nicht der Dramen und Ausschreitungen. Doch in den Ländern, die einander kurz zuvor noch bekriegt hatten, werden wieder mehr Menschen geboren und diese demographische Erneuerung wird zu einem nachhaltigen wirtschaftlichen Aufschwung beitragen. Die Werbung erfährt ihre Weihen: sie beweist ihre Effizienz und begleitet Wachstum und Verankerung des Modernen. Ende der 1950er Jahre liegen Jugendlichkeit und Optimismus in der Luft. 1951 gibt Vita Alves (23) ihrem Partner den ersten Kuss in der Geschichte des brasilianischen Fernsehens und ein gewisser Elvis Presley nimmt mit 19 seine erste Platte auf. Eine weitere Revolution kündigt sich an.

Generalmobilmachung

Die Werbung hat allerorten mitgeholfen, Energien für den Krieg zu mobilisieren. Vor allem in den Vereinigten Staaten, die als Kriegsteilnehmer weit von der Front entfernt waren, trug sie entscheidend dazu bei, den patriotischen Eifer zu schüren.

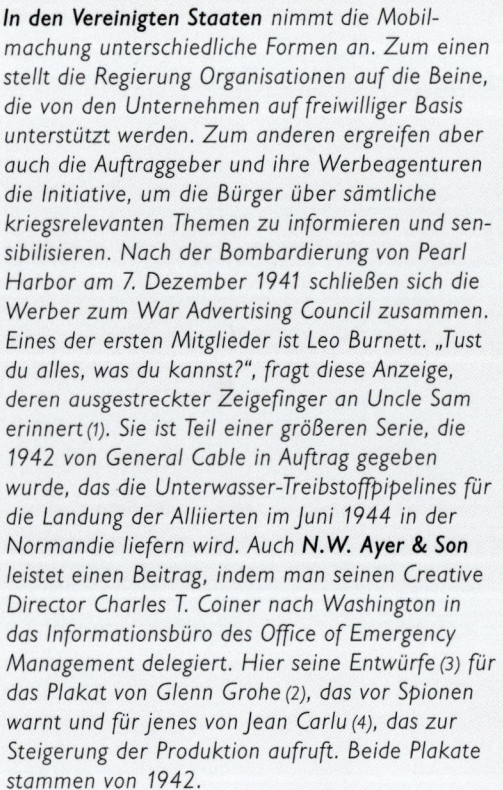

In den Vereinigten Staaten nimmt die Mobilmachung unterschiedliche Formen an. Zum einen stellt die Regierung Organisationen auf die Beine, die von den Unternehmen auf freiwilliger Basis unterstützt werden. Zum anderen ergreifen aber auch die Auftraggeber und ihre Werbeagenturen die Initiative, um die Bürger über sämtliche kriegsrelevanten Themen zu informieren und sensibilisieren. Nach der Bombardierung von Pearl Harbor am 7. Dezember 1941 schließen sich die Werber zum War Advertising Council zusammen. Eines der ersten Mitglieder ist Leo Burnett. „Tust du alles, was du kannst?", fragt diese Anzeige, deren ausgestreckter Zeigefinger an Uncle Sam erinnert (1). Sie ist Teil einer größeren Serie, die 1942 von General Cable in Auftrag gegeben wurde, das die Unterwasser-Treibstoffpipelines für die Landung der Alliierten im Juni 1944 in der Normandie liefern wird. Auch **N.W. Ayer & Son** leistet einen Beitrag, indem man seinen Creative Director Charles T. Coiner nach Washington in das Informationsbüro des Office of Emergency Management delegiert. Hier seine Entwürfe (3) für das Plakat von Glenn Grohe (2), das vor Spionen warnt und für jenes von Jean Carlu (4), das zur Steigerung der Produktion aufruft. Beide Plakate stammen von 1942.

"My girl's a WOW"

5

6

We Can Do It!

POST FEB. 15 TO FEB. 28

WAR PRODUCTION CO-ORDINATING COMMITTEE

7

Während die Männer an der Front kämpfen,
tragen die Frauen entscheidend zum Kriegsausgang
bei, indem sie die Wirtschaft am Laufen halten.
Sie sorgen vor allem für die Produktion von Kriegs-
material und Munition. Popularisiert werden sie
durch „Nieterin Rosie", Symbol der in einer Waf-
fenfabrik arbeitenden Amerikanerin, erkennbar an
ihrem vorschriftsmäßigen orangefarbenen Kopf-
tuch. Auf dem Plakat von Adolf Treidler präsentiert
ein G.I. voller Stolz ihr Photo: „Mein Mädchen ist
eine WOW", ein Spiel mit dem Ausdruck der Bewunderung und dem Kürzel für „Woman Ordnance
Worker", Munitionsarbeiterin (5). Auf dem Plakat
von Westinghouse, von J. Howard Miller für das
War Production Coordinating Committee geschaffen, erklärt sie entschlossen: „Wir schaffen es!" (7).
Auf der anderen Seite des Atlantiks und nur wenige Tage vor der Befreiung von Paris arbeitet die
Résistance mit einem Plakat von Paul Colin: die
gemarterte Rebublik schickt sich an wieder aufzu-
erstehen (6). Ein junger französischer Nachrichten-
offizier, General Koenig unterstellt und als Blanchet
auftretend, wird in Radio London wenig später
die Befreiung von Paris verkünden. In Friedens-
zeiten sollte ihm das Privileg zuteil werden, seinen
Nom de guerre dem wirklichen Namen anzufügen;
so wird aus ihm Marcel Bleustein-Blanchet.

Markenpropaganda

Die amerikanische Wirtschaft bleibt nicht stehen. Im Gegenteil, sie konzentriert sich auf das Notwendigste und läuft auf Hochtouren. Später wird der Wiederaufbau Europas nochmals Gelegenheit zur Mobilisierung der Firmen und Marken geben.

2

1

Alle großen Anzeigenkunden sind an der „Heimatfront" aktiv, indem sie gemeinsam mit ihrer Agentur Propaganda-, Aufklärungs- oder Absatzförderungskampagnen für ihre Produkte entwickeln, sofern diese etwas mit der Kriegssituation zu tun haben. Die drei folgenden Beispiele stammen von 1943. Bereits vor dem Krieg hatte sich **N.W. Ayer & Son** für die Unternehmenskommunikation der Container Corporation of America an Künstler gewandt. Die Anzeige „Geschenkpakete für Hitler!" (1) des französischen Plakatkünstlers Jean Carlu, der 1939 wegen der New Yorker Weltausstellung in die Vereinigten Staaten gekommen war, zeugt von der Stoßrichtung der Kampagne, zugleich aber auch vom aktiven Kriegsbeitrag der Verpackungsindustrie. Pop, Snap und Crackle, die drei Maskottchen von Kellogg's Rice Krispies, rufen auf, mit Zeit, Brennstoff und Arbeit hauszuhalten, um die gesamte Energie auf das dem Krieg Dienliche zu konzentrieren (2). Texaco schließlich betont die Bedeutung seiner Produkte für die Kampftruppen. In dieser Anzeige der Agentur **Newell-Emmett** beteiligt sich eine Frau namens Alice am Bau eines Flugzeugs, das ihr Mann Eddie an der Front gegen Hitler einsetzen wird (3).

From Alice…to Eddie…to Adolf!

The drill whirs in Alice's hands . . . shaping a swift new plane . . . for Eddie to fly.

In Alice's mind is the memory of Eddie looking handsome as he left to join his squadron . . . the sweet sound of his words as he talked of the home they would some day have together.

They'd have it now if it weren't for Adolf. *Alice and Eddie know why they're fighting.*

Such are the human stories that lie behind the overwhelming production of planes, ships, tanks and guns that America is now pouring forth to beat the Axis.

In our fighting industries, millions of loyal Americans have turned their peacetime skills into wartime production. Texaco resources are already producing vast quantities of vitally important 100-octane aviation gasoline . . . chemicals for war explosives . . . high quality lubricating oils for the Navy, Army and Air Corps . . . and a host of other products.

To win, we all willingly drive our cars slower to save gasoline and tires, buy war bonds and stamps, conserve our food, clothing, metal.

For this is every American's war . . . Alice's, Eddie's, yours, ours. On one point we are all resolved: *it won't be Adolf's.*

THE TEXAS COMPANY
TEXACO FIRE-CHIEF AND SKY CHIEF GASOLINES
HAVOLINE AND TEXACO MOTOR OILS

3

In the Vanguard of Invasion

In every theater of war, wherever American forces are hitting the enemy—by land, by sea or in the air—Cadillac products are usually in the vanguard of invasion.

Such famous fighter planes as the Aira-cobra, the Lightning, the P-40 and the Mus-tang—powered by Allison, America's foremost liquid-cooled aircraft engine—all carry Cadillac-built parts. *For Cadillac builds many parts for Allison.*

In land invasions, Cadillac-built tanks are often among the first to "hit the beach" in the desperate business of overcoming enemy defense positions. And these tanks—powered with Cadillac V-type, eight-cylinder engines, equipped with Hydra-Matic transmissions—are equally busy once the beachhead is won, and land fighting is in progress.

"Craftsmanship a Creed . . . Accuracy a Law" has been a Cadillac principle for more

than forty years. Thus, all the skills we have acquired throughout this long period of peace-time activity are now being devoted to one single end . . . that the finest soldiers in the world shall not lack for anything that it is within our power to produce.

Every Sunday Afternoon . . . GENERAL MOTORS SYMPHONY OF THE AIR —NBC Network

CADILLAC MOTOR CAR DIVISION 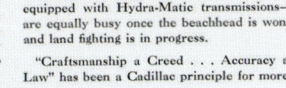 GENERAL MOTORS CORPORATION

LET'S ALL
BACK THE ATTACK
BUY WAR BONDS

4

Cadillac beauftragt *MacManus John & Adams* mit einer Kampagne über die militärischen Anwendungen seiner ziviltechnischen Kompetenz. Diese von John Vickery illustrierte Anzeige erschien am 6. Juni 1944, dem Tag der Landung der Alliierten in der Normandie, im Wall Street Journal (4). Nach dem Krieg produziert Jean Mineur fürs Kino den zweiminütigen Trickfilm „Die Welt auf der Suche nach Frieden" (5). Der 1950 für die Pariser Printemps-Kaufhäuser von dem Niederländer Joop Geesink in seinen Dolly-wood-Studios realisierte Film zeigt die Mühen einer Figur mit globusförmigem Kopf auf der Suche nach Wohlstand und Behaglichkeit, die sie vor allem zum Marshallplan führt.

5

Die Werbung wird vorzeigbar

Professionell organisiert und von öffentlichen Institutionen anerkannt,
finden die Werbeagenturen ein neues, zunehmend weltläufigeres Zuhause.
Eine teure Adresse ist sichtbares Zeichen dieses neuen Status.

1

2

3

4

N.W. Ayer & Son war eine der ersten Agenturen, die sich einen eigens für sie geschaffenen Rahmen gaben. Bereits am 1. April 1926, dem Tag des sechzigjährigen Bestehens, weiht man in Philadelphia seinen neuen Firmensitz ein, der von dem Architekten Ralph B. Bencker errichtet wurde (1), ein treffendes Beispiel für den „modernen Stil" jener Zeit. Das Gebäude enthält u.a. drei Kunstgalerien. Dieser Trend setzt sich nach dem Krieg fort. **Compton** erscheint 1954 auf der berühmten Madison Avenue in New York, wo sie von ihrem Konkurrenten und Nachbarn **Cunningham & Walsh** mit einem „Hallo Nachbar, willkommen Compton!" begrüßt wird (2). Compton erwidert: „C & W, gut gemacht!" (3), womit man einen sehr populären Slogan von Chesterfield aufgreift, den Newell-Emmett (später Cunningham & Walsh) geschaffen hatte. Nach elfjährigem Bestehen zieht Leo Burnett am 26. Oktober 1956 mit seinen sechshundertfünfzig Mitarbeitern als Hauptmieter in das nach dem Krieg in Chicago errichtete Prudential Building um (4), damals einer der höchsten Wolkenkratzer überhaupt.

5

6

Ab 1948 trägt der Marshallplan (European Recovery Program) vier Jahre lang maßgeblich zum Wiederaufbau der in der Organisation für europäische wirtschaftliche Zusammenarbeit zusammengeschlossenen Länder bei. „Aufbauen!" lautet der Titel einer Anzeige von De la Mar, die die Kunden informieren soll, dass die Werbung einen Neuanfang vollzieht und die Agentur das Kundenbudget in eine rentable Investition verwandeln wird (7). Im Dezember 1957 kündigt Publicis in der New York Times die Eröffnung seines ersten Büros in New York an (5). Ein paar Monate später bezieht man das ehemalige Hotel Astoria, von April bis Juli 1951 provisorisches Hauptquartier der Alliierten in Europa (SHAPE), in 133, avenue des Champs-Élysées (6). Der neue Sitz entspricht dem Bedarf des expandierenden Unternehmens, das in Frankreich zu den führenden Agenturen zählen wird. Und er vermittelt Prestige, das der gesamten Branche zugute kommt. Am 1. Januar 1958 treten die Römischen Verträge in Kraft: die Europäische Wirtschaftsgemeinschaft ist geboren. Die sechs Unterzeichnerstaaten Belgien, Deutschland, Frankreich, Italien, Luxemburg und Niederlande beginnen mit dem Bau des „Hauses Europa". „Markt ohne Grenzen" verkündet die deutsche Agentur Brose in der französischen Presse (8). Von Hanns W. Brose 1947, mithin zwei Jahre vor Entstehen der Bundesrepublik Deutschland, in Frankfurt/Main gegründet, hat sie in der Werbung, wie sie das deutsche Wirtschaftswunder begleitete, eine aktive Rolle gespielt. 1978 verschmilzt Brose mit Benton & Bowles.

7

Marché
sans frontières

BROSE

HANNS W. BROSE GMBH · WERBEAGENTUR GWA · FRANKFURT/M · HAMBURG · KÖLN

8

Eine wohl verdiente Pause

Im Jahr 1898 wünschte sich Asa Chandler, Präsident von Coca-Cola, die ganze
Welt solle eine Pause machen und eine Cola trinken. Auch wer in den 50ern für den
wirtschaftlichen Aufschwung schuftet, wird ein Päuschen nicht ablehnen.

1

In den Vereinigten Staaten entwirft Robert Skemp,
Schüler von Haddon Sundblom, 1950 für **D'Arcy**
dieses Plakat, das zu einer Erfrischungspause
aufruft (1). Weitere Plakate handeln vom Auto-
fahren, Einkaufen oder Abschalten. Zum gleichen
Thema, jedoch in einem weniger realistischen,
dafür moderneren Stil kreiert der Schweizer
Graphiker Herbert Leupin, der zwei Jahre in Paris
bei Paul Colin verbrachte, zwischen 1953 (2) und
1957 (3) eine Plakatserie für die Agentur **Farner,**
die 1950 von Dr. Rudolf Farner in Zürich gegründet wurde und sich 1973 mit Publicis zusammenschließen wird. Eine weitere Kampagne behandelt
ein verwandtes Thema: den kurzen Weg zu
einer gekühlten Cola überall, vor allem aber am
Arbeitsplatz dank der Getränkeautomaten. Arthur
Radebaugh, epischer Illustrator, Meister des Air-
brush und Experte für Stadtlandschaften, kreiert
1949 ein Plakat, das die Arbeiter zu einer Pause
mit eisgekühlter Cola einlädt (4). Auch der Preis
wird genannt: fünf Cent, ebensoviel wie fünfzig
Jahre zuvor, als Asa Chandler bereits 1898 die
erfrischende Pause mit einer Cola für nur fünf
Cent bewarb!

2

3

Das Ende einer Epoche

Die Zeiten, in denen Illustrationen in der Werbung vorherrschen, gehen allmählich zu Ende. Die Photographie hat sich zunehmend perfektioniert, vor allem aber stehen nun Drucktechniken zur Verfügung, die eine hochwertige Reproduktion gestatten, in Schwarzweiß wie in Farbe.

1

D'Arcy verabschiedet sich 1956 *von Coca-Cola: „Stolz reichen wir sie weiter", behaupt diese Anzeige im Wall Street Journal (1). Dies ist das Ende einer fast fünfzigjährigen Zusammenarbeit, vor allem jedoch einer bestimmten Art von Werbung. Die realistische Illustration muss der Photographie weichen. Gil Elvgren, Schüler von Haddon Sundblom, dem Schöpfer des Weihnachtsmanns, zählt zu den letzten Illustratoren, doch er arbeitet bezeichnenderweise nach Photovorlagen. Er verstand es, in seinen Zeichnungen den Forderungen der Marke nach dem sittsamen „All-American Girl" gerecht zu werden und zugleich als unangefochtener Meister des Pin-up aufzutreten. Mit diesem Plakat glorifiziert er noch einmal das amerikanische Girl (2), dessen Bild jeden G.I. begleitete, als Coca-Cola auf Bitten der US-Armee in Europa und Asien vierundsechzig Abfüllfabriken errichtete, unweit der Kampfzonen oder „Zu Hause in der Ferne", wie es in der Werbung heißen wird. Die Coke (der Spitzname taucht in den 40er Jahren auf) wird wahrhaft zu jedermanns Getränk.*

2

eshed

„Uns gefällt Ihre Art zu arbeiten!"

Mit diesen Worten beginnt die Zusammenarbeit zwischen der Kellogg Company und Leo Burnett. Nach vier Jahren wird die Agentur alle Werbekampagnen für diesen Kunden durchführen, erst in Nordamerika und dann weltweit.

1

Alles beginnt in Battle Creek (Michigan) in dem von Dr. John Harvey Kellogg geleiteten Sanatorium, denn hier entstehen die berühmten Frühstücksflocken. Der Erfolg stellt sich ein, als Will Kellogg, sein Bruder, 1906 eine Firma gründet. In den 1930er Jahren wird N.W. Ayer & Son mit der Werbung für die Rice Krispies® beauftragt, bis Kellogg 1949 Leo Burnett zwei Produkte anvertraut. Dort denkt man darüber nach, wie man das Fernsehen für besagte Rice Krispies nutzen könnte. Weil damals Kenyon & Eckhardt für diese Marke verantwortlich sind, teilt Leo Burnett der Konkurrenz seine Schlussfolgerungen mit. Diese Großzügigkeit gefällt Kellogg, das ihm bald diese Marke zuweist. Später wird **Leo Burnett** dank einer weiteren Studie, diesmal die Verpackung betreffend, zum bevorzugten Partner von Kellogg's und lanciert 1952 die Sugar Frosted Flakes (2). Von dem Kinderbuchillustrator Martin Provinsen gezeichnet, werden das Känguru Katy, das Gnu Newt und die Giraffe George von Tiger Tony® angeführt. Der Sänger Thurl Ravenscroft leiht ihm 1952 seine Stimme für das berühmte „They're Gr-r-reat!" und 1955 lädt sich Tony™ in Groucho Marx' Sendung „You bet your life" ein (1).

2

„Beginn einer neuen Verpackungsära?", fragt 1952 das Fachmagazin Tide angesichts der neuen Kellogg-Packungen. Entstanden in einer Zeit, da die Händler die Cerealienpackungen ganz oben ins Regal stellten, um sie vor Feuchtigkeit zu schützen, prangten allein der Marken- und der Produktname auf der Vorderseite. Da die Packungen nun in Augenhöhe platziert werden, hält Leo Burnett einen kleinen Rahmen (von der Größe einer Briefmarke, wie Kritiker meinten) für ausreichend, um die Marke deutlich sichtbar zu machen. Der so gewonnene Raum kann genutzt werden, um dem Verbraucher eine Botschaft zu übermitteln. Diese neue Idee setzt sich bald bei sämtlichen Kellogg-Packungen durch, beginnend mit dem Top-Artikel Kellogg's Corn Flakes®, der ebenfalls von Leo Burnett beworben wird. Mit der Illustration der Packungen betraut man schließlich Norman Rockwell, der bereits speziell für Minnesota Valley Canning gearbeitet hatte. Er kreiert eine Porträtserie von Kindern und Jugendlichen, die den Packungen wie der Marke eine starke Persönlichkeit verleihen (3), (4). Schließlich wird die Packung selbst zu einem wichtigen Thema, so etwa in dieser aus dem Jahr 1955 stammenden Anzeige von Stevan Dohanos (5), der wie Rockwell, doch mit etwas spöttischerem Blick, ebenfalls zahlreiche Titelseiten der Saturday Evening Post illustriert hat.

4

3

5

Ho! Ho! Ho!

Welch eine Ehre: Eine Werbeaktion kommt so gut an, dass der Auftraggeber sich umbenennt. Minnesota Valley Canning nimmt den Namen seiner Werbefigur an und wird zur Green Giant Company.

2

1

Auf Empfehlung von Leo Burnett, der das Unternehmen auf seinem gesamten Erfolgsweg begleitete, wird Minnesota Valley Canning 1950, knapp ein halbes Jahrhundert nach seiner Gründung, zu Green Giant (Grüner Riese). Unter diesem Namen wird es auch in New York gehandelt, wo man den Enkel des Gründers anlässlich des Börsengangs vor einer Statue des Riesen wiederfindet (1). Ein neues Verfahren gestattet es, den optimalen Zeitpunkt der Gemüseernte exakt zu bestimmen. Der Gedanke des optimalen Reifezeitpunkts, sei es am Tag oder in der Nacht, kommt in dieser Anzeige zum Ausdruck (3). In Form einer Zeichentrickfigur erntet der Grüne Riese 1961 seinen ersten Fernseherfolg. Len Dresslar, der auch dem Marlboro-Cowboy seine Stimme verleihen sollte, wird 40 Jahre lang das berühmte „Ho! Ho! Ho!" und das Lied „Good things from the garden" ertönen lassen. 1961 dringt man mit einer speziellen Gemüsezubereitung erfolgreich auf den Tiefkühlmarkt vor. Der Grüne Riese ist weiterhin dabei, diesmal mit einem schönen roten Schal, um sich der neuen Umgebung anzupassen (2).

In the Valley of the Green Giant

Why the Green Giant harvests by moonlight

There are people up in Green Giant country who will tell you they've seen the Green Giant adjust the moon so it shines down brighter on the peas he's picking in his valley.

We won't vouch for that. But we do know Green Giant® peas are picked in the moonlight if that happens to be when the fleeting moment of perfect flavor arrives.

You see, from the day the seed is put into the rich soil, these peas are watched over like babies. And whether it's day or night when they reach that one fleeting instant of perfect flavor and tenderness, they're plucked from the vine and rushed into cans without even taking time to shake off the dew.

Even people who usually don't get excited about vegetables love the good things that come from the Green Giant's garden. You get them at your grocer's. With or without moonbeams.

Green Giant *Good things from the garden*

ASPARAGUS · PEAS · PEAS WITH ONIONS · GOLDEN CORN · CORN WITH SWEET PEPPERS · WHITE CORN · BEANS

3

Brightest
idea
in this
whole
corn-lovin'
world…
Quick
Cooking!

The Green Giant quick cooks
his corn to save all the color,
flavor and freshness of
just picked ears. All you do is
raise the lid, heat and serve.
This strikes the Big Green
Man as a pretty bright idea,
too, just as long as the
brand you open is his own
Niblets corn.

P.S. Niblets is vacuum packed.
No excess liquid so you get
as many servings as in
taller liquid packed cans.

GREEN
GIANT.

Good Things from the Garden

4

„Die hellste Idee in dieser maisverliebten Welt:
schnell garend!", verkündet diese Anzeige 1962 (4).
1972 bekommt der Grüne Riese einen Gefährten
namens Little Green Sprout (kleiner grüner Spross),
der frischen Wind hineinbringen soll (5). Der
Grüne Riese weicht etwas zurück, indem er vor
allem als Silhouette oder halb verdeckt erscheint.
Gezeichnet von Milton Schaffer, der nacheinander
als Zeichner, Drehbuchautor und Produktions-
leiter zwanzig Jahre lang für die Disney-Studios
gearbeitet hatte, erscheint der kleine Spross in
einer Erbsenschote schlafend erstmals im Fernsehen (6). Tom C. Fouts, Komponist und Interpret
zahlreicher erfolgreicher Werbesongs, leiht ihm
seine Stimme.

5

6

Rot auf Rot

Wie gelangt man zu einer produktgemäßen Werbung?
Leo Burnett spricht von der „ureigenen Dramatik". Die Suche
nach dieser Wahrheit wird zur goldenen Regel der Agentur.

2

1

Das American Meat Institute in Chicago ist
der erste Anzeigenkunde von **Leo Burnett** mit
einem Budget von einer Million Dollar. Burnett
konnte sich 1940 gegen nicht weniger als acht-
undzwanzig Mitbewerber durchsetzen! Man
schlägt vor, die Präsentation in fünfzig Städten
zu wiederholen, um die Mitglieder des Dachver-
bands zu überzeugen. Hierzu reisen drei Agentur-
mitarbeiter fünf Wochen lang per Lkw durchs
Land (2). Die Kampagne beruht auf folgender
Beobachtung: Die Amerikaner sind dabei, den
Nährwert wie den Symbolgehalt des Fleischs zu
vergessen. Um dem zu begegnen, setzt man
die „ureigene Dramatik" des Produkts in Szene.
„Unter produktgemäßer Dramatik verstehe ich
ein Stück rotes Fleisch auf rotem Grund als Ausdruck der Virilität von Fleisch", erläutert Leo
Burnett. Genau dies bringt 1944 die erste Anzeige mit „Das ist Leben" zum Ausdruck (4). Um
die Wirkung zu steigern, verzichtet man erstmals
auf einen weißen Rahmen. Die Photos werden im
New Yorker Studio von Harney Isham Williams
alias „Hi" aufgenommen, seit Ende der 1920er
Jahre unangefochtener Spezialist für Aufnahmen
von Lebensmitteln (1). Der Erfolg dieser ersten
Anzeige führt bis 1947 zu einer ganzen Serie
ähnlicher Kreationen, die mit unvermindertem
Elan die einzelnen Vorteile des Nahrungsmittels
Fleisch herausstellen (3). Jeweils durch ein anderes
Fleischstück illustriert, wird ein Wort in jeder
Anzeige nahezu zwanghaft wiederholt: „Fleisch".

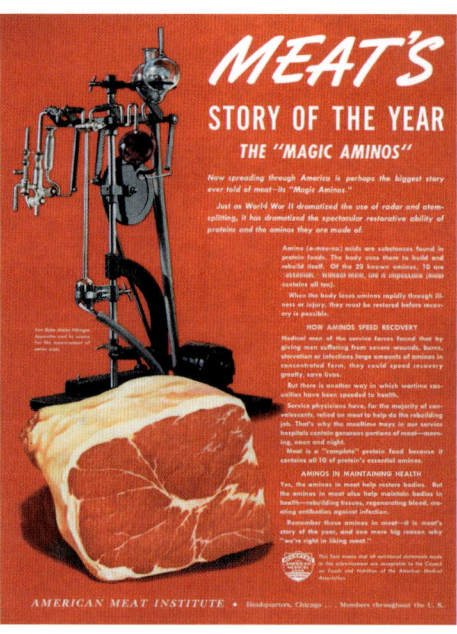

3

This is Life

Standing Rib Roast of Prime Beef
—you may not find it every time you
look for it in your store . . . but it's on
its way back!

The protein of all meat (regardless of cut or kind) is complete. It contains all of the amino acids essential to life.

Children must have them for growth. Everyone, young and old, must have them to maintain tissues, regenerate blood, resist infections, rebuild the body after injury or illness.

This Seal means that all nutritional statements made in this advertisement are acceptable to the Council on Foods and Nutrition of the American Medical Association.

This is not just a piece of meat . . . this is something a man wants to come home to . . . something that helps children to grow . . . something that makes women proud of their meals.

This is a symbol of man's desire, his will to survive. For as old as man's instinct to live is his liking for meat. And to be satisfied in its eating.

Is it any wonder that, as meat moves back to the Home Plate, we look on meat with new regard, not just for its enjoyment, but as a nutritional cornerstone of life?

AMERICAN MEAT INSTITUTE · · · Headquarters, Chicago · · · Members throughout the U.S.

4

Visueller Skandal

Was meint wohl der große französische Plakatkünstler
der Nachkriegszeit Savignac, wenn er fordert, ein gelungenes
Plakat müsse „ein visueller Skandal" sein?

Publicis erhält 1957 den Auftrag, für die Fleisch-
bouillon Maggi (seit 1947 zu Nestlé gehörend) zu
werben. Mit dem Plakatentwurf beauftragt man
Raymond Savignac, Assistenz von Cassandre bis zu
dessen Fortgang 1938 in die Vereinigten Staaten.
Savignac folgt der modernen, von Jean Carlu
stammenden Definition des Plakats als „graphi-
schem Ausdruck der Idee", bereichert um eine
an Chaplin erinnernde humorvoll-poetische Note,
die Kraft und Schlichtheit einer scheinbar naiven
schwarzen Linie und plakative Farben, die seiner
Arbeit einen „urwüchsig-derben" Charakter verleihen – mithin sämtliche Zutaten für einen
„visuellen Skandal". Dieser Stil passt gut zu Artikeln wie Zigaretten, Aperitifs und Matratzen, die
er bereits beworben hat. Nach einem nicht weiter
verfolgten Entwurf (1) entsteht 1959 das „durch-
trennte Rind" (4). J. und C. Clerfeuille realisieren
für das Kino einen Zeichentrickfilm, der Savignacs
Zeichnungen aufgreift: „Für eine gute Suppe
braucht man Karotten, Lauch, Zwiebeln und
Rindfleisch!" (3). So hält der Fleischextrakt Einzug
in die französische Küche.

4

Savignac greift das Thema des halbierten Tiers auf, zunächst für Hühnerbrühe von Maggi, dann 1964 für eine Suppe mit einer Schüssel in Hühnerform (5). Überhitzung und eine Inflation, die aus dem Ruder zu laufen droht, prägen 1963 die französische Wirtschaft. De Gaulle ernennt den 37-jährigen Valéry Giscard d'Estaing zum Finanzminister. Kern des sogleich aufgestellten Stabilisierungsprogramms sind Maßnahmen, die den Anstieg der Verbraucherpreise eindämmen sollen. Eine Anzeige, von Jean Feldman für Publicis geschaffen, fordert die Verbraucher auf, die Entwicklung der Fleischpreise genau zu verfolgen und sich für die günstigeren „Vorderviertel" zu entscheiden (2). Es gibt sogar Versuche, Finanzbeamte zur Prüfung der Etiketten in die Metzgereien zu schicken. „Folgen Sie dem Rind" wird rasch zu einem beliebten Ausdruck, der über Jahre hinweg von Humoristen und Chronisten aufgegriffen werden sollte.

5

Ja, Sie!

Anscheinend konnten Sie nicht der Versuchung widerstehen, von diesem Kuchen zu kosten … Ja, Sie! Innerhalb weniger Monate ließ diese Versuchung den Marktanteil der Pillsbury Cake Mixes um satte 40 Prozent ansteigen.

2

1

Anfang 1945 betraut Pillsbury Mills die Agentur Leo Burnett mit der Werbung für ein eher zweit-rangiges Produkt. Doch 1947 soll man eine Neue-rung präsentieren, die Tortenmischungen Pillsbury Cake Mixes. Dem Prinzip von der produkteigenen Dramatik folgend, setzt man unwiderstehliche Torten in Szene, die fast die ganze Seite einneh-men. Ablichten soll sie H.I. Williams, jener Photo-graph, mit dem man bereits die Fleischkampagne realisiert hat. Der Humor der Texte soll die Maß-losigkeit der Abbildung ausgleichen. „Wer … Ich?", heißt es in der ersten Anzeige (1), „Was, noch heute Abend?", fragt die zweite (3), „Rot, Weiß und du!", verlangt die dritte (4). Für die Einführung seines tiefgekühlten Kuchenteigs wendet sich Pillsbury 1965 nochmals an Burnett. Hierzu kreiert man die Figur Poppin' Fresh, den Pillsbury Doughboy, was zugleich Mehlkloß und Landser bedeutet (2). Ursprünglich als Zeichentrickfigur vorgesehen, erscheint Poppin' Fresh schließlich als dreidimensionale Gestalt, Hauptfigur unzähliger Anzeigen und von rund sechshundert Filmchen, in denen er als schüchterner, doch geschickter Konditor den Kindern beim Kuchenbacken hilft.

3

Red, White and You!

Yes, you're the one we mean. Add milk to a package of Pillsbury White Cake Mix (red cherries and whipped cream for filling and topping) and aren't you wonderful? Pillsbury, the best-selling cake mixes, by far. Why don't you get in on a good thing today?

Cherry filling: Combine ⅓ cup sugar, 2 tablespoons corn starch, ¼ teaspoon salt. Stir in 1 cup liquid (juice drained from No. 2 can of red sour cherries plus water). Add ¼ teaspoon red food coloring, if desired. Boil for 5 minutes, stirring constantly. Add cherries; cool. Spread between cooled, baked layers of Pillsbury White Cake Mix. Top with whipped cream.

Milk is all you add

No eggs to buy. No flavorings or extras of any kind required. These are complete mixes. Finest ingredients money can buy.

Pillsbury Cake Mixes

WHITE...CHOCOLATE FUDGE...GOLDEN YELLOW

4

Echte Kaffee-Lösung

Die Erfindung des löslichen Kaffees stellt die Werbung vor eine Herausforderung: der Öffentlichkeit vermitteln, dass löslicher Kaffee echter Kaffee ist, nur eben löslich. Zwei Marken und zwei verschiedene Herangehensweisen.

2

1

Ende des 19. Jahrhunderts entstanden, hat Maxwell House seinen Namen einem Grand Hotel in Nashville (Tennessee) entlehnt. Dem Vernehmen nach machte Theodore Roosevelt, damaliger Präsident der Vereinigten Staaten, 1907 in Nashville Halt, wo man ihm einen köstlichen Kaffee servierte. Er soll ganz begeistert ausgerufen haben, der Trank sei „gut bis zum letzten Tropfen". Bei diesem Kaffee handelte es sich um eine Mischung diverser Sorten, geschaffen von Joel Cheek. Unterstützt durch seinen Cousin Leslie und James Neal versteht er es, von diesem lobenden Urteil zu profitieren. 1928 wird die Marke von der Postum Company (der künftigen General Foods) übernommen. Auch als Benton & Bowles mit der Werbung betraut wird, bleibt der Ausdruck weiterhin in Verwendung. Auf den Pulverkaffee folgt der lösliche Kaffee. Maxwell liefert zunächst Instantkaffee an die kämpfende Truppe. Die reguläre Markteinführung geschieht 1946 (1) mit dem historischen Slogan „Gut bis zum letzten Tropfen" (3). Zum gleichen Thema realisiert die Agentur im Jahr darauf einen Werbefilm mit einem verzückten Theodore Roosevelt (2). Bei der Einführung des löslichen Kaffees stützt man sich somit auf das mit Pulverkaffee erworbene Markenrenommee.

3

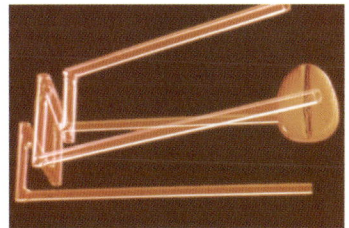
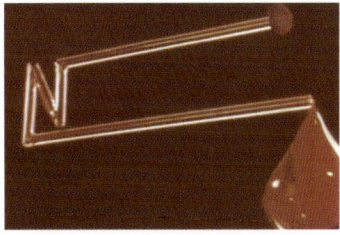

4

5

Bei Nestlé beginnt die Geschichte des löslichen Kaffees bereits 1930: Konfrontiert mit massiver Überproduktion, die das staatliche System nicht einzudämmen vermag, wendet sich Brasilien wegen eines Konservierungsverfahrens an die Schweizer Firma. Die Forschungsabteilung entwickelt daraufhin ein technologisch wie ökonomisch geeignetes Verfahren zur Herstellung von löslichem Kaffee. Da Nestlé in puncto Pulverkaffee keine Vorgeschichte besitzt, muss sich Nescafé ab 1938 eine Glaubwürdigkeit bei jenen Verbrauchern erst erarbeiten, die seit langem an Pulverkaffee und dessen Ritual des Zubereitens und Trinkens gewöhnt sind. Anfang der 1950er Jahre werden **Publicis** in Frankreich und **Farner** in der Schweiz beauftragt, das neue Produkt bekannt zu machen und zu vermitteln, dass es sich tatsächlich um Kaffee und nichts als Kaffee handelt (4). Diese Botschaft kommt 1965 in dem Kinotrickfilm „Nichts als Kaffee" (5) von Alexandre Alexeieff zum Ausdruck. Um den Verbraucher noch mehr zu überzeugen, wirbt Publicis mit Probepackungen (6) und Farner veranstaltet einen Wettbewerb (7).

6

7

Der Marlboro-Cowboy

Zwanzig Jahre vergehen mit Zögern, Rückziehern und erneuten Vorstößen, bis Marlboro und seine Agentur schließlich das heute noch so bekannte Bild des Cowboys und der weiten amerikanischen Landschaft erschaffen.

2

1

Philip Morris eröffnet 1847 in London ein Tabak-geschäft. Dreißig Jahre später erscheint Marlboro in England und 1924 auch in den Vereinigten Staaten. Die für Frauen gedachte Zigarette ver-kauft sich schlecht. Ab 1950 indes ist der Filter nicht mehr das exlusive Beiwerk der Damen-zigaretten, so dass einige Mitbewerber mit Filter-zigaretten für den Mann aufwarten. Da der Markt nun wieder maskulin ist, wird Marlboro neu positioniert, mit einem kräftigeren Aroma und einer festeren Pappschachtel, die man „flip-top box" tauft. **Leo Burnett** soll der Marke ein männ-liches Image verleihen. Zwischen 1954 und 1957 setzt man Männer in Szene, deren Tätowierungen das Maskuline akzentuieren. Noch ist der Cowboy nur eine von mehreren Figuren (1) und die Resul-tate sind bescheiden. Der Ausdruck „Marlboro country" erscheint 1963, im Jahr darauf heißt es „Come to where the flavor is, come to Marlboro country" (Komm' zum Geschmack, komm' ins Marlboroland). 1965 findet die Kampagne schließlich zu jener Form, die sie dreißig Jahre lang beibehalten wird. Der Absatz explodiert und zehn Jahre später ist Marlboro die weltweit meistverkaufte Zigarette.

3

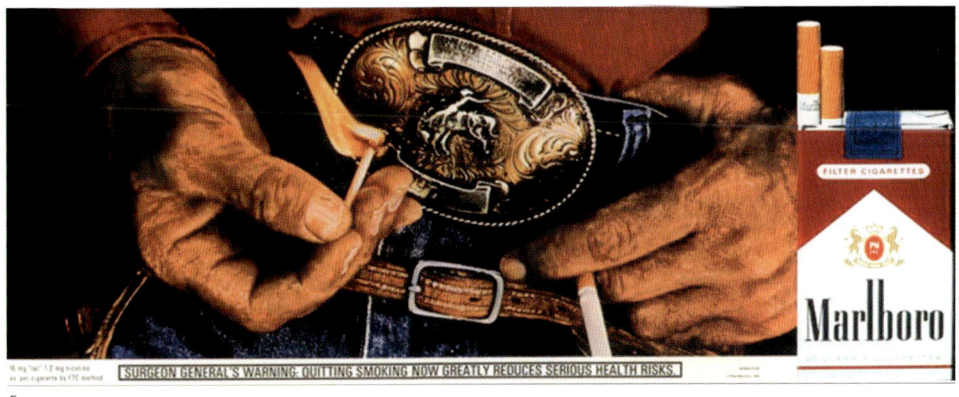

4

Der Marlboro-Cowboy ist untrennbar mit dem Bild des weitläufigen amerikanischen Westens verknüpft (4). Die Verwendung jener Melodie, die Elmer Bernstein für „The Magnificent Seven" (Die glorreichen Sieben) von John Sturges komponiert hatte, trägt in den 1960er Jahren in TV-Spots dazu bei, dieses Raumgefühl zu vermitteln. Die ersten Darstellungen des Cowboys lassen ein raues Leben mit endlosen Ritten, kurzum eine rein physische Männlichkeit anklingen (2). Viele Darsteller sind übrigens echte Cowboys. Später gibt es einige subtile Veränderungen. Der Cowboy und Abenteurer nimmt mehr Raum ein (3). Auch seine Reife rückt immer mehr in den Mittelpunkt. Nach Ansicht mancher ist diese Entwicklung das Spiegelbild einer inzwischen veränderten Definition der Männlichkeit. Andere sprechen davon, dass sich die Amerikaner seit Anfang der 1970er Jahre mit anderen Augen sehen. Jedenfalls wurde die Werbe-Ikone so stark, dass wenige Attribute ausreichten, um sie als Ganzes anklingen zu lassen (5).

5

Große Panoramen

Die Bilderwelt des Cowboys und der weitläufigen amerikanischen Landschaft ist untrennbar mit der Marke verknüpft. Zugleich ist sie so markant, dass sie auch auf die anderen Produkte des Herstellers übertragbar ist, hier etwa auf Light-Zigaretten.

Indianerland

Da die Santa Fe Railway den amerikanischen Westen bediente, lag es nahe, sich von der Indianerkultur inspirieren zu lassen. Hierzu musste man jedoch in der Lage sein, ihr Wesen mit wenigen Anzeigen zum Ausdruck zu bringen.

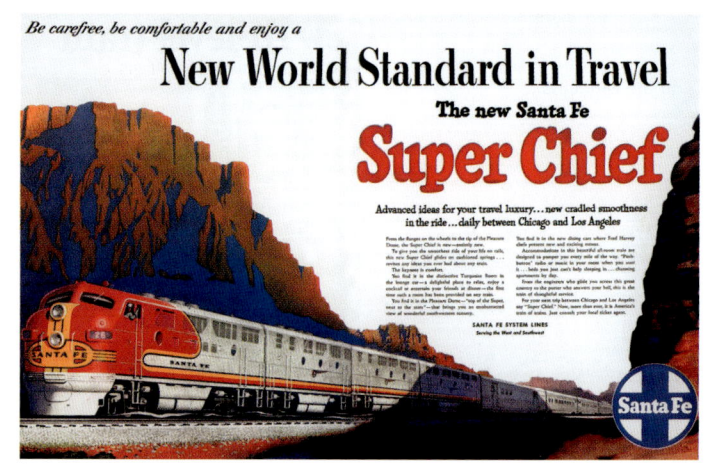

2

1

Wir befinden uns im Jahr 1942 und in ein paar Tagen müssen fünfunddreißig Agenturen ihr Interesse für die renommierte Eisenbahngesellschaft Santa Fe auf zwei Seiten dokumentieren. Eher zufällig und im letzten Moment teilnehmend, gewinnt **Leo Burnett** die Ausschreibung. Anstelle der zwei Seiten präsentiert man ein fünfzigseitiges Album im Ledereinband, so etwas wie das Tagebuch eines Pioniers, in dem ein Verantwortlicher der Agentur nach einer neununddreißigstündigen Reise von Chicago nach Los Angeles seine Gedanken telegraphisch festgehalten hat. Schon zu Beginn des Jahrhunderts gab die Eisenbahngesellschaft Atchison, Topeka & Santa Fe für ihre Kalender Gemälde in Auftrag, auf denen die Kulturen und Landschaften des amerikanischen Südwestens dargestellt waren. Burnett greift diese Tradition auf, indem man mehrere Jahre lang mit Hernando G. Villa zusammenarbeitet, der für seine Alltagsszenen vom Leben der Indianer und seine Landschaftsbilder von Arizona und New Mexiko berühmt ist und dem Unternehmen eine ausgeprägte Persönlichkeit gibt. Die mit Häuptlingen assoziierten Züge (1), (3) setzen neue Standards in Punkto Service und Komfort, die das Renommee der Santa Fe begründen (2). 1955 erzählt ein Zuñi den Reisenden als Zugbegleiter Legenden aus seiner Heimat (4).

3

AMERICA'S NEW RAILROAD

He makes exploring the old West fun!

An Indian guide rides with you on El Capitan and Super Chief

There's nothing like it in travel!

You'll meet a Zuni Indian guide on your Santa Fe trip between Chicago and California, westbound on *El Capitan* (all-chair-car streamliner) or eastbound on the *Super Chief* (extra fare, all-room streamliner).

As the train glides across New Mexico, he tells you about the legends of this romantic land.

Traveling Santa Fe is a treat for the entire family. You can roam around the train meeting interesting people, choose delicious meals from a Fred Harvey menu, watch the scenery from the domes, stretch out in reclining chairs, or enjoy the privacy of your Pullman room.

And you can't beat Santa Fe family fares for economy. For instance, a family of four traveling in Santa Fe's modern chair cars, *can save as much as $104.10* on a round trip between Chicago and California.

Why not let your railroad ticket agent or travel agent tell you about it?

Santa Fe

WHEN YOU GET THERE ... RENT A CAR

4

Schnittig wie ein Flugzeug

Bisher waren die Autos durchweg rundlich und plump. Nun bekommen sie Farbe und verändern sich alle Jahre in diesem oder jenem Detail. Vor allem aber werden sie „aerodynamisch".

1

2

Chrysler betraut N.W. Ayer & Son 1955 mit der Einführung seines neuen Plymouth. Das Modell überrascht mit seiner „aerodynamischen" Form und einem Gewicht von zwei Tonnen. Die Agentur wendet sich an den Photographen Irving Penn, dessen glänzende Karriere in der Welt der Mode gerade begonnen hatte. Seine Photos des Plymouth entsprechen dem Zeitgeist: „Der Größte ist auch der Bezauberndste!" (2). Dies sind die großen Jahre des Designers Raymond Loewy und die Gebrauchsobjekte schicken sich an, schön zu werden. Das 1956er-Modell ist noch gewagter. Die noch höheren und längeren Heckflossen erinnern an die faszinierenden Düsenflugzeuge. Im Hintergrund dieser Anzeige erkennt man etwa die aus dem Koreakrieg bekannte F86 Sabre: „Hier ist das Düsenzeitalter auf Rädern!" (1). Und ist es wohl die 707, 1954 Boeings erste Linienmaschine mit Strahltriebwerk, deren Silhouette in der Anzeige „Fahren bekommt Flügel" erscheint (3)?

The car that's going places with the Young in Heart!

Aerodynamic Plymouth '56

All-new Plymouths in 29 models. Choice of engines—new Hy-Fire V-8 or PowerFlow 6

Driving Takes Wings

Settle yourself behind the Push-Button controls of the all-new Plymouth '56.
Look proud, because every eye is turned on this big, beautiful triumph of
jet-age design. . . . Then a gentle toe-touch on the throttle! Feel that forward push
against your back . . . see how Plymouth leaves other cars behind?

That's Plymouth's magnificent new Hy-Fire V-8 . . . plus *90-90 Turbo-Torque*
getaway and PowerFlite, for top thrust at take-off . . . swift, safe passing.
Or, for maximum economy, choose the new, increased-horsepower PowerFlow 6.

Get the news: PLYMOUTH NEWS CARAVAN with John Cameron Swayze, NBC-TV, SHOWER OF STARS and "CLIMAX!" CBS-TV.

PUSH-BUTTON DRIVING

What it means to you. First on Plymouth in the low-
price 3! A touch of a button selects your driving range.
Easy as pressing a light switch. Then PowerFlite fully
automatic transmission takes over. Here's new driving ease!

3

Eine beispielhafte Unternehmenskampagne

Der berühmte Werber David Ogilvy hat sie zunächst kritisiert, doch vierzig Jahre später würdigte er sie als die beste Anzeigenkampagne eines Unternehmens. Sie vermittelt einen gewagten Blick auf das Verhältnis von Kunst und Industrie.

1

Wie seine Frau Elizabeth glaubt auch Walter P. Paepcke, Gründer der Container Corporation of America und der Aspener Begegnungen, an eine Allianz von Kunst und Industrie. Paepcke engagiert den Chefdesigner Egbert Jacobsen, ein Corporate Design zu entwerfen. Die Agentur **N.W. Ayer & Son** wird 1937 mit einer Unternehmenskampagne beauftragt. Charles T. Coiner, Art Director der Agentur, lässt von europäischen Künstlern wie A.M. Cassandre, Herbert Bayer, Toni Zepf, Jean Carlu und Gyorgy Kepes eine Serie von zwölf Schwarzweißanzeigen erstellen, um die Grundwerte der Verpackungsindustrie zu veranschaulichen: Konzentration (2), Harmonie, Verantwortung, Diversifizierung etc. Damit beginnt eine neue Form des werblichen Ausdrucks: entscheidend ist die Idee (und nicht die gegenständliche Darstellung des Produkts), ausgedrückt durch das Zusammenspiel von Illustration und Typographie. Die „United Nation Series", eine zweite Anzeigenwelle mit Werken von Henry Moore, Fernand Léger und Willem de Kooning hat die eben gegründeten Vereinten Nationen zum Thema. Die 1946 erscheinende „United States Series" würdigt die Regionen und Künstler der Vereinigten Staaten.

2

3

4

Zum zweihundertsten Geburtstag Goethes

veranstaltet Paepcke in Colorado erstmals seine
Aspener Begegnungen. Mortimer Adler, Professor
an der Universität Chicago, hält dort seinen ersten
philosophischen Vortrag zum Thema „Great Ideas
of Western Man". Diese sich über fast vierzig
Jahre erstreckende Vortragsreihe inspiriert eine
vierte und letzte Anzeigenserie, die 1950 beginnt
und mit einer Laufzeit von dreißig Jahren die
längste ist, zugleich aber auch die umstrittenste.
157 Künstler aus allen Kontinenten sind beteiligt.
Das ehemalige Bauhausmitglied Herbert Bayer
ersetzt 1956 Jacobson als Chefdesigner der Container Corporation of America und führt die Serie
mit der visuellen Interpretation eines Texts fort.
Jacobson selbst illustrierte eine Passage des Philosophen John Dewey über demokratisches Handeln (1), während sich Charles T. Coiner mit einem
Text des römischen Dichters Marcus Manilius
über die Macht des Geistes befasste (3). Der Maler
Ben Shan arbeitete über einen Ausspruch des
englischen Staatsmanns John Viscount Morley (4),
während sich der belgische Maler René Magritte
mit zwei Zeilen aus einem Gedicht von George
Santayana über die Vergangenheit auseinander-
setzte (5). Die vorangehenden Serien hatten noch
einen deutlichen Bezug zur Welt der Industrie,
doch diese stellt die Kunst resolut in den Dienst
der Aufklärung.

5

Motoren des Wachstums

Erdöl ist der Wachstumsmotor der Nachkriegszeit. Durch Pkws und Nutzfahrzeuge, Luftfahrt, Chemie und Textilindustrie bildet es das wirtschaftliche Herz des 20. Jahrhunderts.

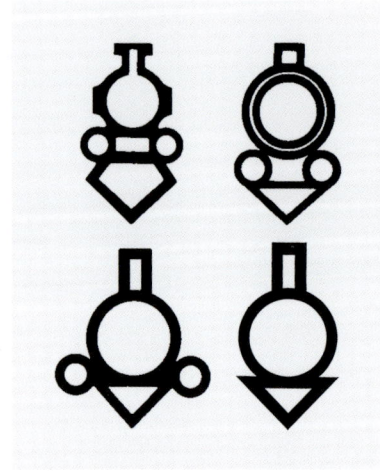

1

Berliet, Ende des 19. Jahrhunderts in Lyon gegründet, stellt 1957 auf dem Internationalen Automobilsalon von Paris mit dem T 100 „den weltgrößten Lastkraftwagen" (1) vor, der innerhalb von nur zehn Tagen von einer Million Besuchern bestaunt wird. Mit seinen über zwei Meter hohen Rädern und einem Motor mit 700 PS ist er für den Transport von Abraum vorgesehen. Nur vier Exemplare werden gebaut. Eines von ihnen, der „Tulsa", wird von **Publicis** New York auf der Erdölmesse von Tulsa (Oklahoma) präsentiert, dann auch in der internationalen Ausstellung von Chicago. Aus diesem Anlass modifiziert man das Firmenlogo, das man 1905 der American Loco-motive Company entliehen hatte, als diese Berliet-Lizenzen nutzte. Das Design der Lok mitsamt Kuhfänger wird modernisiert (2) und dann für sämtliche Fahrzeuge verwendet, 1959 in dieser Anzeige von Jean Fortin für Reisebusse (3).

2

3

4

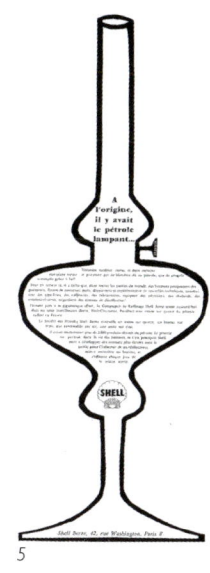

5

6

Shell Frankreich ging 1948 aus Pétroles Jupiter hervor, die wiederum 1922 durch den Zusammenschluss der Gruppe Royal Dutch-Shell und der Firma des Franzosen Alexandre Deutsch de la Meurthe, die mit Lampenöl begonnen hatte, entstanden war. 1954 vertraut Shell seine Werbung **Publicis** an, deren erste Kampagne die Rolle und Aktivitäten des Unternehmens in Wirtschaft und Gesellschaft veranschaulicht: „Öl bestimmt unser Leben" (5). Die ab 1958 folgende Imagekampagne beginnt mit einer Serie von Karikaturen zum Thema „Meine Liebe gilt Shell", hier aus der Feder von Siné (6). An diesem Thema wird man rund zehn Jahre festhalten, wie diese Anzeige für das Motoröl Shell X-100 beweist (7). Anfang der 1960er Jahre verlangen moderne Motoren nach leistungsfähigeren Kraftstoffen. Am 27. April 1967 tritt Elf in Frankreich als neuer gewichtiger Akteur auf den Plan. So rüstet man sich bereits 1965 für den verschärften Wettbewerb mit einer zunehmend aggressiveren Werbung, beispielsweise in Form dieser Anzeige von Jacques Nathan für Supershell mit Additiv ICA (4).

7

Die lächelnde Stimme

Infrastruktur und Ausstattung der amerikanischen Haushalte mit Telefonapparaten stammen von einem nahezu unangefochtenen Privatunternehmen, das sich indes wie eine öffentliche Einrichtung geriert. Damit hatte man nicht gerechnet.

Weavers of Speech

Upon the magic looms of the Bell System, tens of millions of telephone messages are daily woven into a marvelous fabric, representing the countless activities of a busy people.

Day and night, invisible hands shift the shuttles to and fro, weaving the thoughts of men and women into a pattern which, if it could be seen as a tapestry, would tell a dramatic story of our business and social life.

In its warp and woof would mingle success and failure, triumph and tragedy, joy and sorrow, sentiment and shop-talk, heart emotions and million-dollar deals.

The weavers are the 70,000 Bell operators. Out of sight of the subscribers,

these weavers of speech sit silently at the switchboards, swiftly and skillfully interlacing the cords which guide the human voice over the country in all directions.

Whether a man wants his neighbor in town, or some one in a far-away state; whether the calls come one or ten a minute, the work of the operators is ever the same—making direct, instant communication everywhere possible.

This is Bell Service. Not only is it necessary to provide the facilities for the weaving of speech, but these facilities must be vitalized with the skill and intelligence which, in the Bell System, have made Universal Service the privilege of the millions.

AMERICAN TELEPHONE AND TELEGRAPH COMPANY
AND ASSOCIATED COMPANIES

One Policy   One System   Universal Service

1

Alexander Graham Bell erfindet 1876 den „sprechenden Telegraphen". Um seine Forschungen zu finanzieren, fand er in Thomas Sanders und Gardiner Hubbard zwei Partner, mit denen er bereits 1875 American Telephone and Telegraph Co. (AT&T) gegründet hatte. Kurz darauf werden Patente angemeldet und 1877 gründen die drei Partner die Bell Telephone Company, um ihre Erfindung zu vermarkten. Dank der Patente besitzt die Firma nun bis 1894 das Telefonmonopol in den Vereinigten Staaten. Nur Bell Telephone und seine Franchise-Nehmer (über die man allmählich die Kontrolle gewinnt) dürfen ein Telefonnetz betreiben. An dieser juristisch abgesicherten Situation wird sich grundsätzlich bis 1984 nichts ändern, als nämlich Bell System in acht Firmen, die „Baby Bells", zergliedert wird. Während seines gesamten Bestehens liegt es dem Unternehmen am Herzen, seinen Kunden den bestmöglichen Service zu bieten. Es entsteht eine wahrhafte Mystik des Telefonnetzes. Die Monopolstellung rechtfertigt man mit der technischen Notwendigkeit eines Verbundnetzes und einer klaren Verantwortung: „Ein Verfahren, ein System, ein Dienstleister".

"Weavers of Speech"

To you, who each day
Take on anew your tasks
Along the lines that speech will go
Through city streets or far out
Upon some mountainside where you have blazed a trail
And kept it clear;
To you there comes from all who use the wires
A tribute for a job well done.

For these are not just still and idle strands
That stretch across a country vast and wide
But bearers
Of life's friendly words
And messages of high import
To people everywhere.

Not spectacular, your usual day,
Nor in the headlines
Except they be of fire, or storm, or flood.
Then a grateful nation
Knows the full measure of your skill and worth.
And the fine spirit of service
Which puts truth and purpose in this honored creed—
"The message must go through."

BELL TELEPHONE SYSTEM

3

N.W. Ayer & Son wird 1908 von **AT&T** mit der Unternehmenskommunikation betraut, mithin in dem Augenblick, als der Patentschutz abläuft und überall im Land Tausende unabhängiger Telefongesellschaften entstehen. Die Agentur wird über fünfzig Jahre hinweg in ihren Kampagnen die besondere Kultur ihres Kunden zum Ausdruck bringen. In den weiterhin in Schwarzweiß erscheinenden Anzeigen geht es um Professionalität, das Engagement der Mitarbeiter und den Dienst an der Gemeinschaft. Jedes Jahr bringt man neue Beispiele; nur leicht abgewandelt, erscheinen manche von ihnen mehrmals. So bringt man den Ausdruck „Weber der Sprache" erstmals 1915 (1) und 1947 erneut, allerdings anders illustriert (3). Oder man verwendet 1950 eine ganz ähnliche Illustration wie 1947, diesmal jedoch mit dem Titel „Die Stimme mit dem Lächeln" (2). Oft sind die Texte informativ, bisweilen auch poetisch wie in diesen drei Anzeigen zur Würdigung des Fräuleins vom Amt oder der Arbeiter, die die Leitungen verlegen und instand halten (4). Die Illustration dieser Anzeige trägt die Signatur von Norman Rockwell. Sie wird 1974 noch einmal verwendet, diesmal aber in Farbe (5).

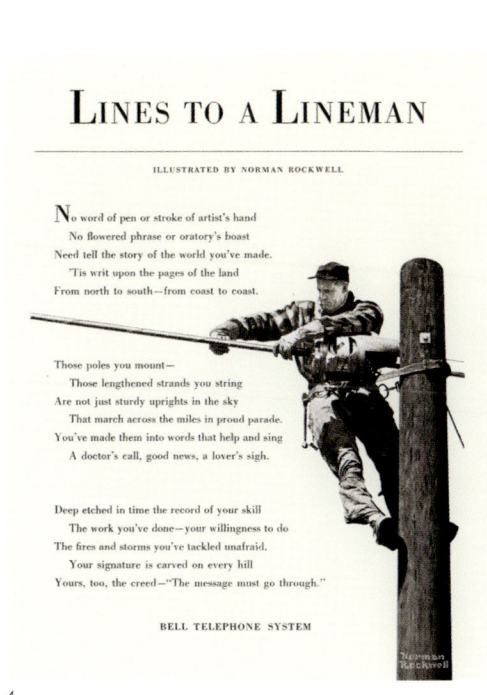

4

5

Neue Handgriffe, neue Gewohnheiten

Zahlreiche elektrische Haushaltsgeräte erleichtern den Alltag, während das Fernsehen Sozialverhalten und Familienleben nachhaltig verändert.

2

1

Philips stellt 1939 seinen ersten Elektrorasierer vor: Philishave (in den Vereinigten Staaten: Norelco) – länglich, aus braunem Bakelit und das erste Gerät mit rotierenden Klingen. In der Anzeige von **De la Mar** für die Niederlande ist 1946 vom zeitgemäßesten Geschenk für den modernen Mann die Rede (1). Von Raymond Loewy neu designt, erhält der Rasierer zehn Jahre später einen zweiten Schwingkopf und eine ovale Form. Zusammen mit einer Illustration von Jean Colin bringt **Elvinger** jenen Slogan, der den Markenerfolg in Frankreich begleitet: „Philips ist einfach sicherer!" (3). Philips schlägt seinen beiden europäischen Agenturen De la Mar und Elvinger vor, sich zumindest für die Philips-Werbung in Europa zusammenzuschließen. So entsteht 1960 Intermarco, das den raschen Aufbau eines europäischen Agenturnetzes anstrebt. Wie in den Vereinigten Staaten wird die Illustration auch in Europa allmählich durch die Photographie ersetzt, wie dieses Philips-Plakat des Photographen Paul Facchetti von 1964 zeigt (2). Die technische Entwicklung bleibt nicht stehen und zwei Jahre später besitzt der neue Philishave drei Schwingköpfe.

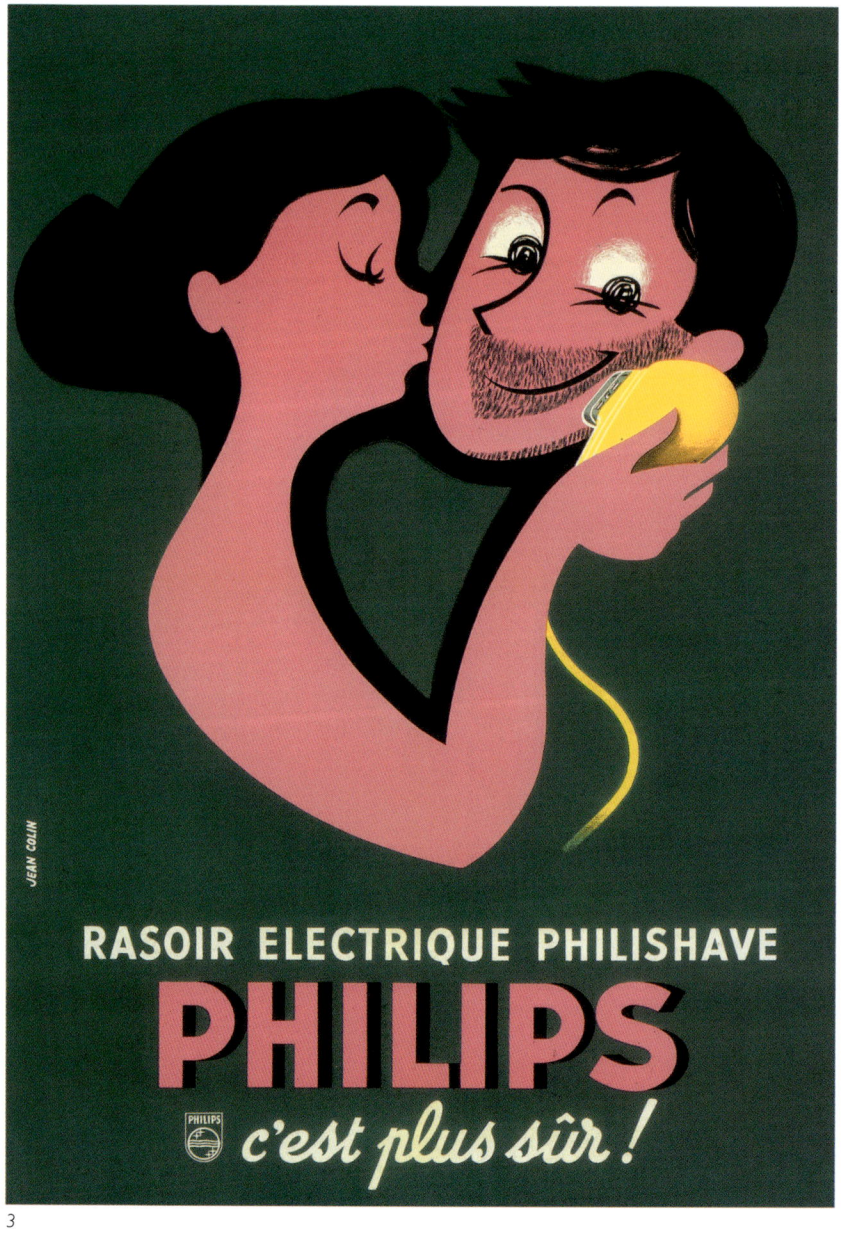

3

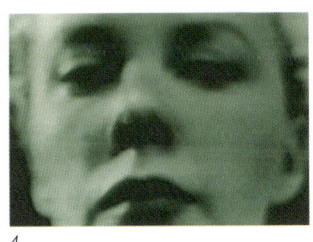

4

5

Geleng, Schöpfer diverser Filmplakate, *realisiert 1958 im Auftrag von Elvinger dieses Plakat für Fernseher von Philips* (5). *Nach dem Vorbild dessen, was in den Vereinigten Staaten fünfundzwanzig Jahre zuvor beim Radio geschehen war, entstehen von den Marken gesponserte Sendungen: die „soap operas". Zwei Beispiele von* **Benton & Bowles:** *„Mama", eine Serie von Maxwell House Coffee, wird von 1949 bis 1957 ausgestrahlt* (6). *Sie handelt von der aus Norwegen eingewanderten Familie Hansen. Jede Folge endet damit, dass die ganze Familie gemeinsam eine Tasse Maxwell-Kaffee trinkt. „Search for Tomorrow" wird 1951 für Procter & Gamble kreiert* (4). *Jede der fünfzehnminütigen Episoden wird durch einen Werbespot für den Haushaltsreiniger Spic & Span unterbrochen.*

6

Ein bissfestes Verkaufsargument

Duell der beiden Giganten Colgate-Palmolive und Procter & Gamble.
Ihre Kampagnen für Zahncreme veranschaulichen, jede auf ihre Weise,
die berühmte „unique selling proposition" von Rosser Reeves.

1

2

3

Es gilt jenes stichhaltige Argument zu finden, das ein Produkt von den Mitbewerbern abhebt. Die Theorie der „unique selling proposition" (USP), auf Deutsch: Alleinstellungsmerkmal, entwickelte Rosser Reeves 1961 in einer Schrift über den Realismus in der Werbung, die ihn in der gesamten Branche berühmt machen sollte. Bis 1940 Mitarbeiter von **Benton & Bowles,** wendet Reeves seine Theorie auf Zahncreme aus der Tube an, die Colgate 1908 eingeführt hatte: Verkaufsargument ist die Bekämpfung von Mundgeruch. In dieser Anzeige von 1940 wird ein Bewerber dank seines guten Atems eingestellt: „Liebling, ich hab' den Job!" (1). Ab 1958 verdankt es die Hauptfigur Geneviève Cluny (2) in einer Serie von Kinospots von **Publicis** ihrem frischen Atem, dass sie jeder Situation gewachsen ist. Voller Bewunderung fragt man sie: „Weiße Zähne, frischer Atem?" Darauf sie mit breitem Lächeln: „Super-Zahncreme Colgate!" (3).

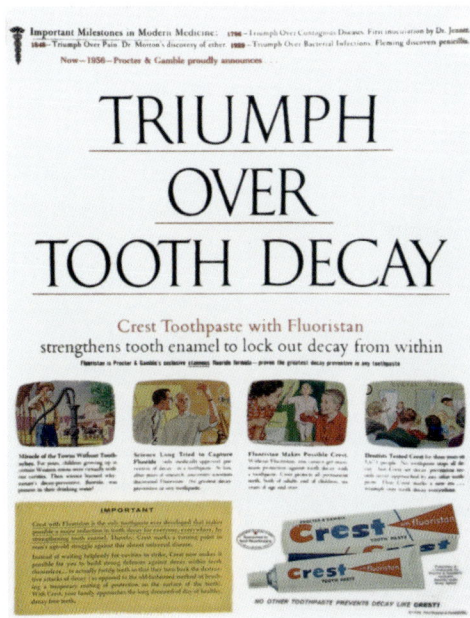

4

5

In den **1950er Jahren** lanciert Procter & Gamble eine neue Zahncreme: Crest. Doch hier geht es nicht um frischen Atmen wie bei Colgate. Das Alleinstellungsmerkmal besteht aus einem neuen Versprechen: Schutz vor Karies. Die Einführungskampagne wirbt 1956 mit dem Titel „Sieg über Karies dank Crest, der Zahncreme mit Fluoristan" (4). Komplettiert wird die Anzeige durch ausführliche illustrierte Erläuterungen. Doch der Erfolg lässt auf sich warten. Anscheinend ist der Nutzen für den Verbraucher nicht deutlich genug erkennbar. **Benton & Bowles** setzt nun auf die Pinselführung von Norman Rockwell. Dieser kreiert eine Galerie mit den Porträts von Kindern und Jugendlichen, die mit einer frohen Botschaft vom Zahnarztbesuch zurückkehren: „Schau' Mutti, keine Löcher!" (5), (6). Das Verkaufsargument wird nachdrücklich präsentiert, doch dies reicht immer noch nicht. Erst 1960 gelingt es Crest, Colgate die Führung streitig zu machen, indem man die Unterstützung des Verbandes amerikanischer Dentisten erlangt. Procter & Gamble hatte nämlich bereits 1954 ein Forschungsprogramm gestartet, um dem Dentistenverband den hinreichenden Beweis für die Wirksamkeit der fluorierten Zahncreme erbringen zu können. Crest hatte 1958 einen Marktanteil von knapp neun Prozent. 1962 lag er bei über 30 Prozent. Auch nach Jahrzehnten beschert dieses Argument Procter & Gamble weiterhin gute Zahlen.

6

Maßgeschneiderter Stil

Wirkungskraft und Erfolg von Publicis verdanken sich dem immer wieder unter Beweis gestellten Bestreben, für jeden Kunden eine spezifische Persönlichkeit zu konzipieren und nicht den Stil der Agentur in den Vordergrund zu stellen.

1

2

Die Zusammenarbeit der 1896 von Albert Lévy im Elsass gegründeten **Schuhfabrik Chaussures André** mit Publicis beginnt 1932. Es ist der blutjunge Marcel Bleustein selbst, der sich jenen Slogan vom versierten Schuhmacher ausdenkt, den heute noch jeder Franzose aufsagen kann: „André, le chausseur sachant chausser" (André, der Schuster, der das Schuhwerk beherrscht) (1). Nach dem Krieg wendet man sich erneut an Publicis und 1952 kreiert Raymond Savignac dieses Plakat (3). Rund zehn Jahre später etabliert sich André in den neu entstehenden Einkaufszentren und Verbrauchermärkten und entwickelt ein innovatives Franchise-System. Neben Unternehmen wie Levitan-Möbel, die Publicis bereits vor dem Krieg ihr Vertrauen geschenkt hatten, kann die Agentur neue Marken für sich gewinnen. Zu den neuen Anzeigenkunden zählen lokale Firmen, aber auch große internationale Marken wie Nestlé, Shell oder Colgate-Palmolive. Dieses diversifizierte, ausgewogene Portfolio bildet das Fundament eines Erfolgs, der Publicis schließlich zur führenden französischen Werbeagentur macht. Savignacs Plakat aufgreifend, bringt diese Anzeige von 1952 die Ambitionen zum Ausdruck: „Werbung ist Sache von Publicis" (2). Signiert hat sie ein junger, aufmüpfiger Zeichner, dem eine große Zukunft bevorsteht: Siné, der eben erst seine ersten Zeichnungen in der Zeitung France-Dimanche veröffentlicht hat.

3

6

4

5

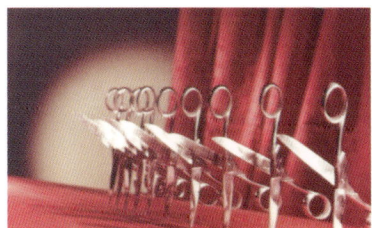

7

Van Cleef & Arpels, ein Pariser Juweliergeschäft in bester Lage, arbeitet ab 1954 mit Publicis zusammen, die diesen Slogan kreiert: „Manche Adressen sind lieb und teuer" (5). An diese Adresse wendet sich Marcel Bleustein-Blanchet auch 1966 mit seinem Wunsch nach einem Präsent für seine dienstältesten Mitarbeiter. In Anspielung auf das Tierkreiszeichen von Bleustein-Blanchet entsteht ein von vierzehn Sonnenstrahlen umfasster Löwenkopf, ein Motiv, das sich als Logo von Publicis durchsetzen wird. Dass die Agentur auch der Modewelt verbunden ist, zeigen diese beiden Anzeigen, die eine 1954 von Paulin für die Kürschnerei Brunswick: „Le fourreur qui fait fureur" (4), die andere 1955 von René Gruau für Jacques Fath, die von dem ein Jahr zuvor verstorbenen Modeschöpfer gegründete Marke (8). Hinzu kommen drei Kinotrickfilme: einer 1956 von Étienne Raïk, Schülerin von Alexeïeff, für Singer (6) und zwei 1957 und 1958 für Damenmoden Weill, bereits seit 1947 Kunde von Publicis: „Un vêtement Weill vous va" (Die Kleidung von Weill steht Ihnen) (7).

8

Unterschätzen Sie nicht die Macht der Frauen!

Die Bedeutung der Frau in der Nachkriegsgesellschaft kommt im Konsum wie in den Printmedien zum Ausdruck. Zugleich ist aber auch der Moment gekommen, da Frauen zunehmend größeres politisches Gewicht erlangen.

Ende 1949 betraut *Procter & Gamble* die Agentur **Leo Burnett** in den Vereinigten Staaten mit der Unternehmenskommunikation. In den beiden auflagenstarken, landesweit erscheinenden Magazinen Time und Life plant man eine Kampagne zum Thema „Innovation", um die Bemühungen des Unternehmens zu verdeutlichen, seine Kunden zufrieden zu stellen. Der Titel ist provokant: „Sollten Männer den Abwasch erledigen?" (3). Diese Kampagne wird jedoch nie das Tageslicht erblicken. 1953 wird die Agentur erstmals mit Produktwerbung (für die Seife Lava) betraut. In Deutschland beauftragt Henkel 1952 die Agentur **Brose** mit einem Plakat für das Feinwaschmittel Fewa: „Hausarbeit in halber Zeit" (2). Damit kehrt zugleich die Werbe-Ikone der Marke zurück: Waschfrau Johanna. Zu einem ganz anderen Thema realisiert der Advertising Council 1953 eine von der American Heritage Foundation finanzierte Kampagne, die die weibliche Wahlbeteiligung bei den US-Präsidentschaftswahlen zu erhöhen sucht. Leo Burnett beteiligt sich mit einer Anzeige, die daran erinnert, dass Frauen seit 1919 wahlberechtigt sind (1).

SHOULD MEN WASH DISHES?

A few things we have learned in 115 years of pleasing women

We don't want you men to think we are going to put ourselves in the middle on this question. We only know that nobody hates washing dishes more than men, women and children.

But *somebody* has to wash the dishes. And on you, probably an apron doesn't look so terrible.

Somebody also has to keep the drawers full of clean shirts and socks. *Somebody* has to keep the finger marks off the woodwork and scrub the dirt off Johnny's knees.

Guess who?

Procter & Gamble has been built on helping your wife whittle down the size of jobs like these. We at P&G try to help her by bringing her new and improved products that save her a minute here and an operation there. (Five new woman-pleasing products in the last five years— 14 basic improvements in others.)

But she's always eager for more help and we try to give it to her through our policy of "Progress through constantly trying to please."

If your wife wants moondust, we'll try to make it for her first. If we don't please her, we know our competitors will.

PROCTER & GAMBLE

IVORY SOAP · IVORY FLAKES · IVORY SNOW · DREFT
TIDE · DUZ · OXYDOL · CHEER · JOY · SPIC AND SPAN
LAVA · CAMAY · DRENE · PRELL · SHASTA · LILT · CRISCO

Progress Through Constantly Trying To Please

3

Never Underestimate the Power of a Woman!

Nor the Power of the Magazine Women believe in!

Authorities agree that more women cast votes than men this month — but then *every* month women alone vote more circulation to this one magazine than men and women combined bring to any other audited magazine.

LADIES' HOME **JOURNAL**

Largest audited circulation of ANY magazine

4

Never Underestimate the Power of a Woman!

The following of Ladies' Home Journal is tremendous, too.
More women buy the Journal, issue after issue, than any other magazine

LADIES' HOME **JOURNAL**
THE MAGAZINE WOMEN BELIEVE IN

5

Das Ladies' Home Journal wurde 1888 von Cyrus H.K. Curtis und seiner Frau Luisa Knapp ausgehend von einer Beilage zu Tribune & Farmer geschaffen. Francis W. Ayer unterstützt das Unternehmen in entscheidendem Maß und als nach dem Zweiten Weltkrieg die Konkurrenz durch das Fernsehen schmerzlich zu spüren ist, startet die Agentur **N.W. Ayer & Son** eine lange Kampagne. Hier zwei Anzeigen aus dem Jahr 1952: „Unterschätzen Sie nicht die Macht einer Frau! Und auch nicht die Macht der Zeitschrift, an die Frauen glauben!" (4), (5). In Frankreich leiden die Tageszeitungen derweil unter der Konkurrenz durch die Zeitschriften (audiovisuelle Medien werden erst in den 1960er Jahren zu ernsthaften Konkurrenten). **Publicis,** die bereits in der Kinowerbung engagiert war, wirbt 1952 mit diesem Plakat von Savignac für die Tageszeitung Le Figaro (6).

6

Kapitel IV

1961–1980

N.W. Ayer & Son
D'Arcy
Publicis
Benton & Bowles
MacManus John & Adams
Compton
Leo Burnett
Dancer Fitzgerald Sample
Norton
Cunningham & Walsh
Masius Wynn Williams
Oscar
BCP
Salles
FCA!
McCormick, Richards
Saatchi & Saatchi
Burrell
Intermarco Farner
Lürzer, Conrad

Generation Werbung

Tokyo, Ginza. Seit Ende der 1970er Jahre geben sich alle großen Marken in diesem Viertel, einem der teuersten Pflaster weltweit, ein Stelldichein.

Alles hatte sehr schwungvoll begonnen. Am 12. April 1961 kreiste Jurij Gagarin um den blauen Planeten und acht Jahre darauf betrat Neil Armstrong mit einem kleinen Hüpfer den Mond. Auf der Erde, genauer gesagt in Woodstock, schmetterten Tausende junger Männer und Frauen die Refrains von Joan Baez und Bob Dylan. Selbstverständlich war da auch jene Mauer, die man in der Nacht auf den 13. August 1961 hastig errichtet hatte und die eine Stadt, ein Volk und zwei Welten voneinander trennte. Und es gab die Roten Garden im von der Kulturrevolution gebeutelten China. Und jenen Krieg da unten, der für eine ganze Generation junger Amerikaner direkt in die Apokalypse führte. Bereits 1961 sprach John K. Galbraith von der Überflussgesellschaft, deren Kaufkraft sich in zehn Jahren verdoppelt hatte, mit einer jährlichen Wachstumsrate von fünf Prozent in Europa! Mit technischen Fortschritten, die das Leben ständig noch leichter machen – und schneller, wie der 1964 in Dienst gestellte japanische Hochgeschwindigkeitszug Shinkansen. Überall Autobahnen, Düsenflugzeuge, Telefon, HiFi, Freizeit …

Eine zunächst kaum bekannte Expertengruppe, der Club of Rome, spricht 1971 mahnend von den Grenzen des Wachstums. Sakrileg! Doch die Mahnung kommt nicht von ungefähr und am 15. August setzt Nixon die Konvertibilität des Dollars aus. Ironie angesichts dieser so energievollen Epoche: Die erste Ölkrise führt 1973 nach dem Jom-Kippur-Krieg innerhalb von drei Monaten zur Vervierfachung des Rohölpreises, der sich 1979 im Rahmen der zweiten Krise im Gefolge der iranischen Revolution nochmals verdreifachen wird.

Doch diese Ära ist, mehr als jede andere, die der Jugend. Die geburtenreichen Nachkriegsjahrgänge haben diese Zeit nachhaltig geprägt. Diese Generation war bisweilen exzessiv nonkonformistisch, zügellos hedonistisch und individualistisch. Sie hat die bürgerliche Lebensweise so radikal in Frage gestellt wie noch niemand zuvor: Empfängnisverhütung, freie Liebe und Verhältnis zwischen den Geschlechtern wurden öffentlich debattiert.

Zugleich ist dies eine Generation, die mit dem Fernsehen aufgewachsen ist. Über die Welt der Bilder weiß sie instinktiv alles: wie man sie herstellt und wie man sie entschlüsselt, wie man sie einsetzt und wie man sie umstürzt.

Dies ist die Generation Werbung.

Popkultur

Muss man sie als Folge einer Schwindel erregenden Entwicklung der Kommunikation ansehen? Oder als Ergebnis der Überflussgesellschaft? Die Gesellschaft setzt sich jedenfalls fasziniert in Szene und betreibt Nabelschau.

1

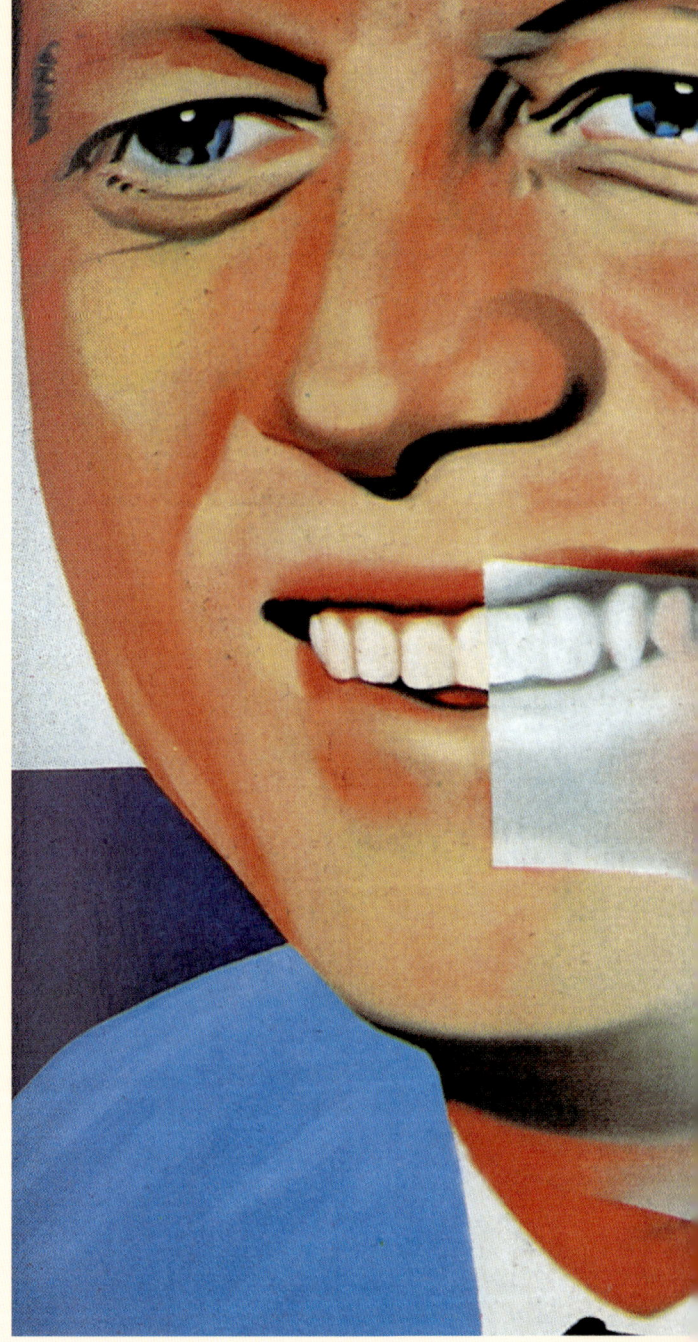

2

Der Begriff Pop Art stammt angeblich von dem Kritiker **Lawrence Alloway,** der damit einige 1956 in London präsentierte Kunstwerke bezeichnete. Die durch die Independent Group nach England gelangte Bewegung erlebt Anfang der 1960er Jahre ihre Blütezeit in den Vereinigten Staaten. Die Grenzen zwischen bildender Kunst und den Ikonen des Alltags lösen sich auf: Massenkonsumgüter, Autos, Filmstars, Politiker, alle werden sie dargestellt. Da sie sich von den Codes der Massenkommunikation leiten lässt, scheint die Pop Art häufig zugleich darin zu schwelgen. Dabei ist aber auch Spott niemals fern: „Sie nehmen die Welt derart ernst, dass sie darüber lachen", vermerkt 1958 der Kritiker G.R. Swenson. Die Bewegung findet zahlreiche Anhänger wie Roy Lichtenstein, der Comic-strips kopiert und Claes Oldenburg, der mit Alltagsgegenständen spielt. James Rosenquist begann seine Karriere in Minneapolis als Plakatmaler für General Outdoor Advertising. Er kombiniert Anzeigen mit Photos aus Zeitschriften (1), die er auf monumentale Weise neu interpretiert, wie hier mit „President Elect", realisiert für die Präsidentschaftskampagne von John F. Kennedy 1960 (2). Doch dann dies: Nüchtern wie eine Todesanzeige diese Nachricht an einem Freitag im November 1963: Jackie Kennedy ist Witwe und Amerika ist verwaist (3).

3

Business Art

Andy Warhol verkündet in „The Philosophy of Andy Warhol" seine Ambition, ein „business artist" zu werden.

1

Das Verfahren der photographischen Reproduktion gestattet Warhol, seine Bilder ebenso zu vervielfachen, wie die Massenkonsumgesellschaft unzählige identische Objekte produziert, „210 Coca-Cola Bottles", 1962 (2), und für identische Verbraucher, „The American Man – Watson Powell", 1964 (1). „Das Tolle an Amerika ist", schreibt Warhol, „dass dieses Land eine Tradition geschaffen hat, wo die Reichsten das gleiche konsumieren wie die Ärmsten. Im Fernsehen erblicken Sie Coca-Cola und Sie wissen, dass der Präsident Cola trinkt, dass Liz Taylor Cola trinkt und – siehe da! – dass auch Sie Cola trinken. Eine Cola ist eine Cola und nicht mal mit aller Knete dieser Welt hätten Sie eine bessere Cola als der Obdachlose auf der Parkbank. All diese Colas sind gleich und gleich gut. Liz Taylor weiß es, der Präsident weiß es, der Penner weiß es und Sie wissen es auch."

2

Widerspruch

„Make love, not war" – auch wenn die Generation viel gegen den Krieg demonstriert hat, blieb sie unglücklicherweise nicht verschont. Was den Rest ihres Programms angeht, hat sie sich nach besten Kräften bemüht, es in die Tat umzusetzen.

2

Poster and photograph by Richard Avedon

who has a better right to oppose the war?

1

Nach dem Rückzug Frankreichs im Juli 1954 führen Eisenhower, Kennedy und schließlich Johnson die Vereinigten Staaten in den Krieg nach Vietnam, wo 1968 rund 550.000 US-Soldaten stationiert sind. Am 27. Januar 1973 unterzeichnet Nixon in Paris den ausgehandelten Waffenstillstandsvertrag. Der Krieg stürzt die USA in eine beispiellose moralische Krise. Die Studenten werden aktiv, etwa im Rahmen des „Student Mobilization Committee to End the War in Vietnam", für das der Photograph Richard Avedon 1969 dieses Plakat kreiert (1), das sich deutlich von jenen Modesujets abhebt, die er für Harper's Bazaar oder Vogue abgelichtet hatte. Im April 1971 findet in Yale eine Großversammlung von Intellektuellen und Werbern statt. Im Nachgang entsteht das „Committee to Unsell the War" (Komitee zum „Ent-Verkaufen" des Kriegs), für das Steve Horn das Plakat „Ich will raus" kreiert (3). Während der Ereignisse vom Mai '68 in Paris realisieren die Künstler und Studenten des Atelier Populaire des Beaux-Arts eine Plakatserie mit berühmt gewordenen Slogans wie „Verbieten verboten" oder „Schönheit liegt auf der Straße" (2).

I WANT OUT

3

Manche sozialen Bewegungen erlebten eine dramatische Wendung, sei es die Bürgerrechtsbewegung der Schwarzen durch die Ermordung von Martin Luther King im April 1968 oder die Niederschlagung des Prager Frühlings im August des gleichen Jahres. Auch die Frauen kämpfen für ihre Rechte: Frauenrechtlerinnen parodieren auf diesem Plakat die damals sehr populäre Werbung für Zigaretten der Marke Virginia Slims: „Du hast es weit gebracht, Schätzchen". Leichtfüßiger zeigt sich das Broadway-Musical „Hair", das im April 1968 mit seiner Nacktheit, Subkultur und dem hippiemäßigen „flower-power" für einen Skandal sorgt. Das 1958 in Großbritannien anlässlich des ersten Ostermarschs gegen atomare Rüstung geschaffene Emblem wird rasch von den Anhängern der Friedensbewegung und Gewaltlosigkeit aufgegriffen (6). 1969 erläutert **MacManus John & Adams** in einer der Eigenwerbung dienenden Anzeige, was es heißt, Amerikaner zu sein, mit allen Schattenseiten: „Ich bin in Vietnam gestorben. Doch ich bin auf dem Mond spazieren gegangen." (5). Abschließend heißt es: „Ich schäme mich. Und doch bin ich stolz. Ich bin Amerikaner."

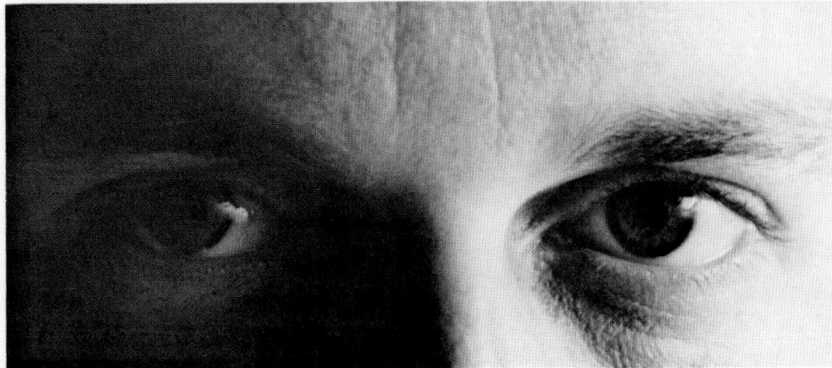

I have died in Viet Nam. But I have walked the face of the moon.

I have befouled the waters and tainted the air of a magnificent land. But I have made it safe from disease.

I have flown through the sky faster than the sun. But I have idled in streets made ugly with traffic.

I have littered the land with garbage. But I have built upon it a hundred million homes.

I have divided schools with my prejudice. But I have sent armies to unite them.

I have beat down my enemies with clubs. But I have built courtrooms to keep them free.

I have built a bomb to destroy the world. But I have used it to light a light.

I have outraged my brothers in the alleys of the ghettos. But I have transplanted a human heart.

I have scribbled out filth and pornography. But I have elevated the philosophy of man.

I have watched children starve from my golden towers. But I have fed half of the earth.

I was raised in a grotesque slum. But I am surfeited by the silver spoon of opulence.

I live in the greatest country in the world in the greatest time in history. But I scorn the ground I stand upon.

I am ashamed. But I am proud. I am an American.

MacManus. John & Adams Inc., Advertising: Bloomfield Hills. Michigan • New York • Chicago • Los Angeles • Twin Cities • Toronto • Zurich • London

5

You've come a long way, baby.

4

6

Die Werber zeigen sich

Werbung ist mittlerweile eine etablierte Branche und ein attraktives, prestigeträchtiges Metier. Allerorten verwandelt sich der Werber in eine öffentliche Person.

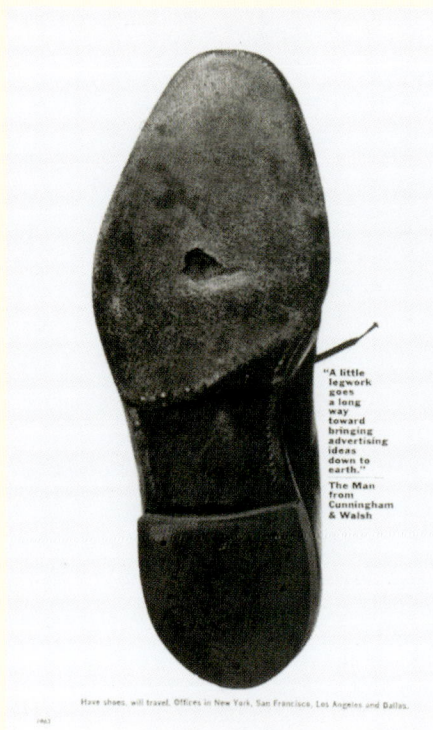

1

2

Newell-Emmett, 1919 in New York gegründet, wird 1950 zu **Cunningham & Walsh** und schließlich 1986 von N.W. Ayer & Son übernommen. Diese humorvolle Anzeige von 1963 handelt von den vielen Kilometern, die der „Mann von Cunningham & Walsh" im Dienste seiner Kunden gelaufen ist (1). Für ein Photo aus den 1960er Jahren sind fast alle fünfhundertachtzig Mitarbeiter von **Publicis** in 133, avenue des Champs-Élysées versammelt (2). Sie sind jung (Durchschnittsalter: 32) und gebildet (jeder Vierte besitzt einen Hochschulabschluss). Marcel Bleustein-Blanchet versucht Studenten zu gewinnen; am 10. Februar 1959 referiert er an der Sorbonne über das Thema „Von der Reklame zur Werbung". 1965 firmiert Publicis als zweitgrößte französische Agentur nach Havas, doch vor Dupuy und Elvinger. Weltweit steht sie auf Platz 50 und besitzt 1967 Büros in New York, London, Mailand, Barcelona, Frankfurt und Brüssel sowie Regionalvertretungen in acht großen französischen Provinzstädten. In puncto Werbebudgets steht Frankreich weltweit auf Rang 10, weit hinter den Vereinigten Staaten, Großbritannien und Deutschland.

3

4

Chicago, 5. August 1960: *die achthundertfünf-
undsiebzig Mitarbeiter von* **Leo Burnett** *feiern den
fünfundzwanzigsten Geburtstag der Agentur* (4).
*Um ihren Gründer haben sie sich in Form eines
Apfels gruppiert, dem Symbol der damals sechst-
größten Werbeagentur der Vereinigten Staaten.*
Benton & Bowles, *die einen ausgezeichneten Ruf
im Marketingdenken genießt, präsentiert Ende
der 1960er Jahre in der New York Times und
dem Wall Street Journal ihre neue Vision von
Kreativität: „Kreativ ist nur, was sich verkauft"* (5).
*In der britischen Sunday Times erscheint am
13. September 1970 eine Anzeige. Sie stammt
von einer eben erst in der britischen Werbeland-
schaft aufgetauchten Agentur und enthält ein
Glaubensbekenntnis, das dem ihrer amerikanischen Konkurrentin ähnelt. „Warum ich glaube,
dass die Zeit für eine neue Form der Werbung
reif ist".* **Saatchi & Saatchi,** *und um diese handelt
es sich, sollte in weniger als zehn Jahren zur führenden britischen Agentur aufsteigen, um 1982
weltweit zu den Top Ten zu zählen. Hier abgebildet
ist das New Yorker Team mit einem Transparent
und der Devise „Nichts ist unmöglich"* (3).

5

It's not creative unless it sells.

If anything came out of the so-called creative revolution of the 60's and the recessions of the early 70's, it was a clearer understanding of what advertising is and what it isn't.

By the time those years were over, many advertisers and their agencies had been painfully reminded that advertising was not an art form but a serious business tool. And that "creative" advertising really was advertising that created sales and not just attention.

You might say creativity grew up in those years. And one would think that the mistakes made then would never again be repeated.

Yet here we are, a short time later, and like war and politics, advertising seems to be repeating itself. You need only look at television or pick up a magazine to see the frivolities and ambiguities that are passing as creative selling.

It seems such a pity that many advertisers are still learning—the hard way—what some of us have always known:

Not an entertainment medium.

During those crazy 60's, the ambience of television rubbed off on the advertising message and more and more advertising tried to become as entertaining as the programming in which it appeared—very often at the expense of the selling idea.

One can still see a rash of imitative commercials

following the advent of popular new television programs and feature films. Extravagant productions
featuring everything but a concept are still
prevalent. Movie stars and athletes continue to serve
as substitutes for selling ideas.

Awards for what.

Awards for creativity conferred by juries of advertising people often have nothing to do with
advertising that sells. Certainly, in recent years, the
importance of advertising awards has diminished.
Their value seems to have decreased in direct propor-
tion to the proliferation of festivals. At the same
time, many began to question the worth of honors
bestowed out of context of sales results.

But as long as advertising will continue to be
written by people, people will continue to give each
other awards. And that isn't all bad. George Burns
once said of Al Jolson, "It was easy enough to
make him happy. You just had to cheer him for breakfast, applaud wildly for lunch, and give him a
standing ovation for dinner."

You don't have to be loved.

Criticism of an advertising campaign has little
bearing on selling effectiveness. There are many
examples of advertising which are disliked by the very
people who are reacting to the message.

By the same token, much advertising that is

beloved by the critics and consumers alike fizzles badly.

This is not to suggest that advertising need be
grating or irritating or hated to be effective. Wouldn't
it be great if we could always write advertising
that would win awards, that people would love and
talk about, and that would sell the product, too?

But, alas, this magic combination is very elu-
sive. And remember, the main objective is not to win
awards, nor to get people to love your advertising,
but to get them to act upon it. In the process of
meeting that objective, you may not endear yourself
to some consumers but you may become very
popular with your stockholders.

Watch out for distraction.

A selling idea runs a very real risk of being
swamped by its execution. It's a cliché of the advertising business, but how many times does someone
describe a commercial to you almost verbatim and
then fail to remember the product? Humor is most
often involved. A good joke, a funny piece of action,
a great punch line—all can undermine the strongest
selling idea. And yet humor, judiciously used, can
uplift a piece of advertising, increasing its chances
of being remembered while actually enhancing the
selling idea. A good test: Is the humor relevant to
the message?

Explore the alternatives.

There is no sure way to sell anything. There
are many ways to approach the sale of a product—
strategically and executionally. Some ways are better than others and you really don't know for sure
which is best until you copy test and market test.

The time is long past when an ad agency can
deliver a single advertising campaign to a client
without examining and presenting alternatives.
Every client has the right to take part in the selection process that an agency goes through in leading
up to a creative recommendation.

And the most creative campaign is the one that
ultimately proves itself in the market.

Don't overshoot the audience.

A lot of words have been written and spoken
about advertising catering to the lowest intelligence
level of its prospects. That of course is as untrue as it
would be unwise.

But equally ridiculous is advertising that wafts

over the head of the prospect. We still see and hear
commercials and ads that are so cleverly obtuse
that they reflect no more than the private narrow
world of their creators. For every potential customer
who reacts to such "sophisticated" advertising, there
are countless others who just don't get it.

There is no "soft sell."

The one factor that did more to end the creative revolution and topple the "creative crazies"
from power was the recession of 1970. It was a very
sobering experience for many high-flying businesses
and advertising agencies.

Creative philosophies seemed to change over-
night. "These are hard times that call for hard sell"
became the watchword.

But the truth of the matter is: All times are
hard times and all times call for hard sell. Hard sell
meaning the presentation of a cogent, persuasive
idea, stripped of any distracting or irrelevant elements, that will convince people to buy a product.
Is there any other kind?

There can be no doubt that advertising today
must be more intrusive, more imaginative, more
innovative than it has ever been. In a business
riddled with sameness and clutter, there is a great
virtue in being "creative."

Yet, if ever a word was subject to misinterpre-
tation and confusion, it is the word "creative."
To some it means advertising that wins awards.
To others it is advertising that makes people laugh.
And there are those who think to be creative,
advertising must be talked about at cocktail parties
and joked about by comedians.

But "creative" can also mean dramatically
showing how a product fulfills a consumer need or
desire. Or it can be something as simple as
casting the appropriate person for a brand. A unique
demonstration of product superiority can be
creative. So, of course, can a memorable jingle.

There are probably as many opinions of what
is creative as there are people who conceive and
judge advertising.

But no matter what your interpretation of the
word, one thing is irrefutable:

It's not creative unless it sells.

That, in six words, is the philosophy that guides
Benton & Bowles.

If you're a major advertiser in need of truly creative advertising,
please call or write to Jack Bowen, President, Benton & Bowles, Inc., 909 Third Avenue,
New York, New York 10022, (212) 758-6200.

Benton & Bowles

New York, Chicago, Los Angeles, and other major cities worldwide.

Babyboom

Konsequenz des explosionsartigen Bevölkerungswachstums:
In Frankreich wie anderswo auch entstehen Unternehmen,
die den Erwartungen der Mütter und ihrer Kinder auf moderne
Art gerecht zu werden suchen.

1

Jean-Marie Mazard, *ein junger Industrieller*
aus Limoges, wagt sich 1947 als Erster in Europa
an die Fertigung von Umstandsmode. In einer
Vierzimmerwohnung in Paris eröffnet er sein
erstes Geschäft. Prénatal ist geboren und wird
sehr gut wachsen und gedeihen. Die Werbung
übernimmt Publicis, die ihre Aktivitäten eben erst
wiederaufgenommen hat. Bescheidener Anfang:
Zunächst muss man sich mit kleinformatigen
Anzeigen begnügen, dann erscheint jedes Jahr ein
Katalog, der die Marke bald landesweit bekannt
macht. Zehn Jahre später ist Prénatal in über
hundert französischen Geschäften vertreten.
1950 kreiert der Graphiker Paul Colin diese sym-
bolhaft-poetische Darstellung der Schwangeren (1).
Der Photograph Jeanloup Sieff realisiert 1962
eine ganze Serie von Anzeigen in Schwarzweiß
für die eigens von dem großen Modeschöpfer
Pierre Cardin entworfene Kollektion (2). In Europa
wie Nordamerika sind deutlich mehr Geburten
zu verzeichnen, allerdings nicht dauerhaft, denn
recht bald beginnen die Frauen später zu heiraten
und weniger Kinder zu haben.

Pierre Cardin connaît bien
la femme, Prénatal connaît bien
les futures mamans. Il était normal
qu'ils se rencontrent, qu'ils
s'entendent et qu'ils donnent
le jour à une collection de
modèles tous plus jolis, plus
féminins les uns que les autres.

PRÉNATAL

2

Ermutigt durch seine Frau Clementine, erfindet der Schweizer Henri Nestlé die Säuglingsmilch und gründet 1867 Nestlé. Nestlé übernimmt 1973 die Marke Guigoz und erscheint im Jahr darauf mit der Babynahrung Ptipo. Die Präsentation findet in Paris statt, auf der ersten Ebene des Eiffelturms, und Publicis ist für die Werbung zuständig. Angekündigt wird das Ereignis durch einen Karikaturisten mit dem überaus passendem Namen Jean Effel (3), der zeitgleich das Bilderbuch „Die Entstehung der Welt" veröffentlicht. 1978 kreiert Publicis außerdem das Symbol der Marke, den kleinen blauen Bären, den man später für alle Kindernahrungsmittel verwendet (4). 1985 erscheint ein Werbespot des Spielfilmregisseurs Claude Miller mit einem Baby, das die Produkte verkostet, um einem vollständig erschienenen Verwaltungsrat zu diktieren: „Bei Nestlé ist das Baby Präsident" (5). Einige Jahre später schließt François Reichenbach seinen als Auftragsarbeit entstandenen Dokumentarfilm über Nestlé, indem er die berühmten Worte dem damals amtierenden Präsidenten in den Mund legt, um zum Ausdruck zu bringen, dass es für das gesamte Unternehmen und seine Produkte nur einen Richter gibt: den Verbraucher.

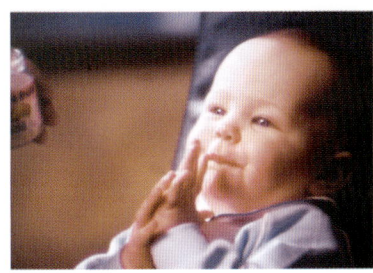

5

3

4

„Ein Löffel für Mama …!"

Behagliche Wärme, Mutterliebe und Nahrhaftigkeit symbolisierend, steht die Suppe für traditionelle Werte, wie sie hier von Campbell perfekt zum Ausdruck gebracht werden.

2

Camden (New Jersey) 1869: *Der Obst- und Gemüsehändler Joseph A. Campbell und der Kühlgerätefabrikant Abraham Anderson schließen sich zusammen, um die spätere Campbell Soup Company zu gründen. 1897 produziert man die ersten Dosensuppen. Angeregt durch die Farben des örtlichen Sportvereins, entscheidet man sich im Jahr darauf für Rot und Weiß, ergänzt durch die auf der Pariser Weltausstellung 1900 erhaltene Goldmedaille. 1953 beauftragt das Unternehmen die Agentur Leo Burnett, für die Marke zu werben. 1960 realisiert man eine Kampagne zum Thema „Qualität", wonach nur die besten Zutaten verwendet werden und jede einzelne Dose zugleich auch den guten Ruf des Unternehmens enthält (1). Über mehrere Jahre hinweg erscheint in dem Wochenblatt Life jeden Monat eine Anzeige mit der Aussage, dass gutes Gelingen beste Zutaten und besondere Sorgfalt bei der Zubereitung voraussetzt. Die Kampagne von 1963 zeigt Köche bei der Auswahl der besten Gemüse: „Warum unsere Suppen so gut aussehen wie sie schmecken? Weil wir stets auf die Farbe achten, von der Saat bis zur Suppe" (2) oder die Gemüseernte: „Genießen Sie den frischen Geschmack der Campbell-Tomaten. Unsere Großen Roten '67 sind geerntet" (3).*

1

"To make the best, begin with the best—then cook with extra care."

Enjoy the fresh taste of the Campbell Tomato.
Our Big Red Ones are in for '67.

It took fast work and close timing to get the 1967 crop of Campbell Tomatoes to our kitchens.

But the real flavor-story began three years ago when seeds were selected for this harvest. Much of that time was spent in research and selection and increasing the seed yield from which each year's crop is grown.

Some of these ancestor-proud tomatoes can brag on family lines that go back thirty years or more. Each separate strain brings its own heritage of taste, shape, color, and flavor.

We call these our "fast" tomatoes. Because we start picking them wet with dew, hustle them to our plant to make sure you get every nuance of vine-fresh, just-picked flavor.

These tomatoes have to be right. The Campbell Chefs use tomatoes just the way you would yourself for Tomato, Tomato Rice, or Bisque of Tomato Soup.

Our 1967 crop is now on the shelves of your favorite food store. You'll find the deep, rich, fresh-picked flavor of the Campbell Tomato in our soups, tomato juice, and V-8 Cocktail Vegetable Juice.

3

4

5

„*Warenhäuser sind so ähnlich wie Museen*" –
womit Andy Warhol meinte, dass es die banalsten
Waren des täglichen Verbrauchs verdienten, abgebildet zu werden. Im März 1962 entdeckt der
Kunstkritiker David Bourdon in Warhols Atelier
Dutzende von Leinwänden mit der Suppendose
von Campbell. Dargestellt sind sämtliche damals
angebotenen Sorten, mal sind die Dosen unversehrt, mal verbeult, offen oder geschlossen, mit
zerrissenen Etiketten … Anlässlich einer Warhol-
Ausstellung 1966 im Bostoner Institute of Contem-
porary Art erscheint eine Einkaufstasche, die in
einen Supermarkt, aber auch in ein Museum gehören könnte (4). Warhol entschied sich vielleicht
deshalb unter anderem für Campbell-Dosen, um
einen künstlerischen Ausdruck zu suchen, weil
diese Suppen das Wesen des „Amerikanischen"
darstellten. Campbell-Suppen waren preiswerter,
da stärker konzentriert und boten ganzen
Generationen von Hausfrauen die Möglichkeit,
die Familie mit wenig Geld satt zu bekommen,
wodurch die Marke zum Symbol für die Tugenden
der idealen amerikanischen Familie wurde. Die
gleiche Stoßrichtung verfolgt Howard Zieffs
Werbespot von 1965 (5): Ein kleiner Junge kehrt
mit einer Topfpflanze für seine Mutter von der
Schule heim. Als ihm die Mutter öffnet, entgleitet
ihm der Blumentopf und zerbricht. Doch zum
Glück weiß die Mutter ihn zu trösten: mit der
guten Campbell-Suppe! Als sich seine Miene
beim Essen wieder aufheitert, hat die Mutter zu
seiner Freude bereits passenden Ersatz gefunden.

Mal süß, mal salzig

Die Franzosen trinken keine Milch, nein, sie essen sie.
Mal süß in Form von Joghurts oder Milchdesserts, mal
salzig in Gestalt der unzähligen Käsesorten, auf die sie
so versessen sind.

2

1

Die 1969 gegründete Molkereigenossenschaft
Nova wendet sich im Jahr darauf an Publicis.
Die Franzosen verzehren inzwischen erheblich
mehr Milchprodukte, doch die Konkurrenz ist hart
und die Milchpreise sinken. Um sich zu positionieren, entwickelt die Genossenschaft Produkte
mit hohem Mehrwert und neuartige Milcherzeug-
nisse. Vieles spricht also für das Unternehmen,
nicht aber sein Name, denn Nova erinnert an ein
kaltes, unbelebtes Gestirn, was kaum zu dieser
Art von Produkten passt. Die Agentur beschließt,
das Markenimage völlig neu zu definieren, gestützt
auf die drei Stärken des Unternehmens: die
Qualität der Produkte (1) mit ihrem urwüchsigen
Geschmack, die Vielfalt der phantasievollen Koch-
rezepte (2) und ständig neue Gewinnspiele auf den
Packungen. Als neuen Imageträger kreiert man
die Figur Mamie Nova (3). Unter Beibehaltung des
ursprünglichen Logos entwickelt sich die Marke
Nova hin zu Mamie Nova, eine 1974 von dem
Amerikaner John Alcorn gezeichnete Figur, deren
Namen das Unternehmen einige Jahre später
annehmen wird.

3

Ein Kleinunternehmer namens Boursin aus Croisy-sur-Eure (Normandie) kreiert einen mit Koblauch und Kräutern abgerundeten Streichkäse, der 1964 durch Publicis eingeführt wird. Hierzu erfindet man eine neue funktionelle Verpackung, die zwei Ziele verfolgt. Erstens soll das industriell erzeugte Produkt das Image eines echten Landkäses erhalten: „Du pain, du vin, du Boursin. C'est divin" (Brot, Wein und Boursin – das ist göttlich!) (5), photographiert von Michel Certain. Und zweitens soll den Verbraucher ein unstillbarer Appetit befallen, immer wenn er den Käse erblickt oder nur daran denkt. Am 1. Oktober 1968 hält das Werbefernsehen Einzug in die französischen Haushalte (erst nach zwei Jahren war die zunächst nur für allgemeine landwirtschaftliche Erzeugnisse erteilte Genehmigung auf Markenprodukte ausgeweitet worden). Boursin ist ab dem ersten Tag präsent mit einem Spot, in dem der bekannte Schauspieler Jacques Duby auftritt (4). Mitten in der Nacht aufgewacht, überkommt ihn ein Heißhunger auf Boursin. Wie betäubt eilt er zum Kühlschrank, ständig „Boursin … Boursin … Boursin!" stammelnd.

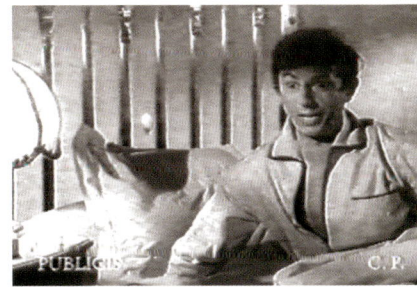

4

du pain, du vin, du boursin   c'est divin

5

Zum Wohle!

In der Marke findet die Massenproduktion das Mittel, um die Produktqualität zu garantieren. Man könnte denken, dass Wasser und Wein so urwüchsig sind, dass sie darauf nicht angewiesen seien. Nicht ganz …

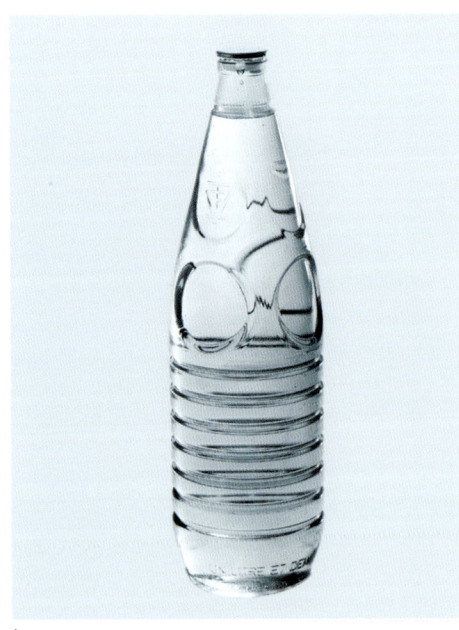

1

Der republikanische Anwalt Louis Bouloumié erhält 1855 die Genehmigung zur Nutzung der Thermalquelle Gérémoy, dem späteren Vittel. Damit die Kurgäste die Behandlung zu Hause fortsetzen können, wird das Vittel-Wasser ab 1875 in Flaschen aus Steingut mit Porzellanverschluss und ab 1898 in Glasflaschen verkauft. 1968 kreiert Publicis die erste Flasche aus PVC (Polyvinylchlorid), mit einem Inhalt von anderthalb Litern (1). Das Design respektiert die Form der gläsernen Vorläufers, doch dank der Querrippen ist die Flasche nun stapelbar. Neben den Nachfahren des Gründers wird Nestlé 1969 Miteigentümer von Vittel (1978 bringt man ein Spray auf den Markt, 1984 die ersten Hautpflegemittel). Im Gegensatz zu Vittel handelt es sich bei Schweppes um ein „künstliches" Mineralwasser: Der Genfer Juwelier Jacob Schweppe fand nämlich 1783 ein Verfahren, um Kohlendioxid in Wasser aufzulösen, womit der erste „soft drink" geboren war. Angeregt durch die Gewohnheiten der in Indien lebenden Briten wird 1870 ein „Indian Tonic" eingeführt, für das **Intermarco-Elvinger** in den 1970er Jahren dieses von Jean Hoffner photographierte Plakat kreiert (2), nachdem sich Schweppes 1969 mit Cadbury zusammengeschlossen hatte.

2

4

3

Zur gleichen Zeit wirbt Publicis auch für alkoholische Getränke, beispielsweise für den Wermut Noilly Prat. Kreiert wurde er 1813 im südfranzösischen Marseillan von Joseph Noilly und seinem Schwiegersohn Claudius Prat. Zutaten sind der fruchtig-leichte Weißwein des Languedoc sowie Pflanzen und Kräuter aus der ganzen Welt. Der Aperitif benötigt indes ein moderneres Image: Pascalini malt eine Illustration direkt auf die Flasche und das Photo wird 1968 in einer Anzeige verwendet (3). Der Champagner wurde Ende des 17. Jahrhunderts in der Abtei Hautvillers (Champagne) durch einen Mönch namens Dom Pérignon entwickelt. Die 1858 gegründete Kellerei Eugène Mercier verwendet für ihre Champagner Blauen Spätburgunder und Schwarzriesling. Der aus der Region Douro stammende Portwein entstand ebenfalls Ende des 17. Jahrhunderts. Sandeman wurde 1790 durch den Kaufmann George Sandeman in London gegründet, der 1805 als Erster seine Fässer mit einem persönlichen Brandzeichen versah – womit der Begriff der Marke (engl.: brand) geboren war. Das Image von Mercier musste aufgewertet (4) und das von Sandemann lebendiger werden (5). Beide Anzeigen wurden 1970 von dem Photographen Philippe Quidor gestaltet.

5

Sein Vorname war Joe

Die Werbung der großen Marken beruht auf einfachen Elementen –
eine Form, eine Farbe, ein Name, ein Stil –, die für den Verbraucher
von hohem Wiedererkennungswert sind.

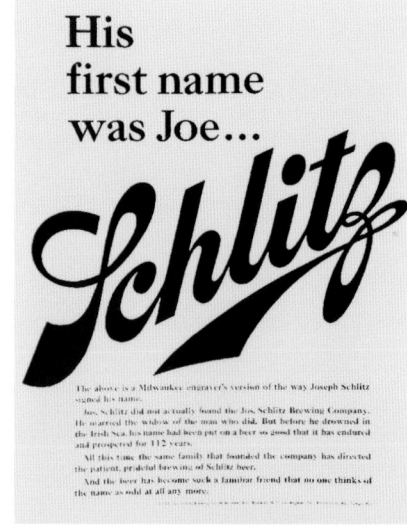

2

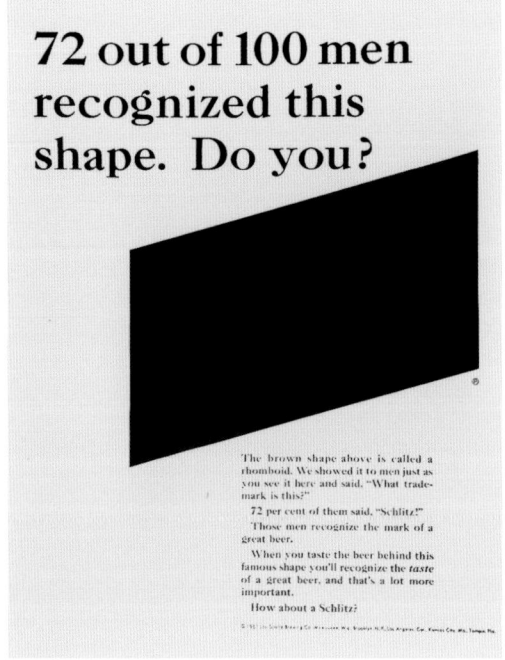

1

Die Jos. Schlitz Brewing Co. betraut Leo Burnett
1961 mit ihrer Werbung. Der Markt hatte in den
letzten fünf Jahren um fünf Prozent zugelegt,
doch der Absatz bei Schlitz war um sieben Prozent
gesunken. Schlitz ist gewiss ein bekannter Name,
der für den Biertrinker jedoch nicht mehr viel
bedeutet. So erinnert man sich an den alten Slogan
„Das Bier, das Milwaukee berühmt machte". Das
Produkt besitzt Stärken, die es herauszustellen
gilt. Zunächst einmal muss dafür gesorgt werden,
dass der Name Wärme und Emotionen verkörpert.
Klingt er bizarr? Ganz bestimmt, doch das macht
man sich zunutze. Burnett greift die Geschichte
des Firmengründers auf, jenes Mannes, der die
Tradition des ersten Mannes seiner Frau gewissen-
haft fortsetzte: „Sein Vorname war Joe …" (2).
Auch das Etikett ist etwas merkwürdig, doch jeder
erkennt es wieder. Das wird man publik machen:
„72 von 100 Männern erkennen diese Form. Sie
auch?" (1). Die Flasche mag heute banal erscheinen,
doch das war sie nicht immer. So erinnert man
daran, dass Schlitz sein Bier als Erster in braune
Glasflaschen füllte, um durch den Lichtschutz
den Geschmack zu bewahren, was heute alle
Welt nachahmt: „Die braune Flasche. Warum
schmeckte das Bier nun besser?" (3).

3

real gusto
in a great light beer

If the beer you're drinking now leaves you with a vague feeling that there's something missing, try the beer brewed specifically for the head of the house—Schlitz!

Schlitz knows that a great beer begins with character. Schlitz brings that character to lighthearted life with just the kiss of the hops.

So Schlitz gives you the gusto a man wants in a great light beer. Schlitz tastes bright, sits light. Settle on Schlitz, the Beer that made Milwaukee Famous—simply because it tastes so good.

The Beer that made Milwaukee Famous

© 1962 Jos. Schlitz Brewing Co., Milwaukee, Wis., Brooklyn, N.Y., Los Angeles, Cal., Kansas City, Mo., Tampa, Fla.

4

Außer dem Bekanntheitsgrad gilt es auch das Verlangen zu steigern. Das Wort „gusto" erinnert an die Lateinamerikaner mit ihrer Vitalität, Bewegungsfreude und lockeren Geselligkeit: „Echter gusto in einem prima Leichtbier" (4). Zwischen 1961 und 1965 verzeichnet Schlitz ein Absatzplus von 24 Prozent, während der Markt nur um 13 Prozent zulegt. Nicht genug für die führende Marke Budweiser, die noch rascher gewachsen ist. Leo Burnett kreiert 1966 eine neue Kampagne, die Schlitz als das einzig wahre Bier präsentiert und damit implizit die gesamte Konkurrenz abkanzelt: „Wenn kein Schlitz mehr da ist, gibt's kein Bier mehr" (5). Innerhalb von vier Jahren kann Schlitz seinen Absatz um 62 Prozent steigern, bei einem Marktwachstum von nur 16 Prozent. Vor allem aber kann man sich der größten Attraktivität rühmen, denn die meisten Verbraucher, die die Biermarke wechseln, landen bei Schlitz.

5

Sie haben es weit gebracht

In der Frauenbewegung gab es Strömungen, deren Worte und Taten provozieren konnten. Und es gab diese Kampagne für Virginia Slims, die den Status der Frau ebenfalls zum Thema machte. Doch auf ihre Weise.

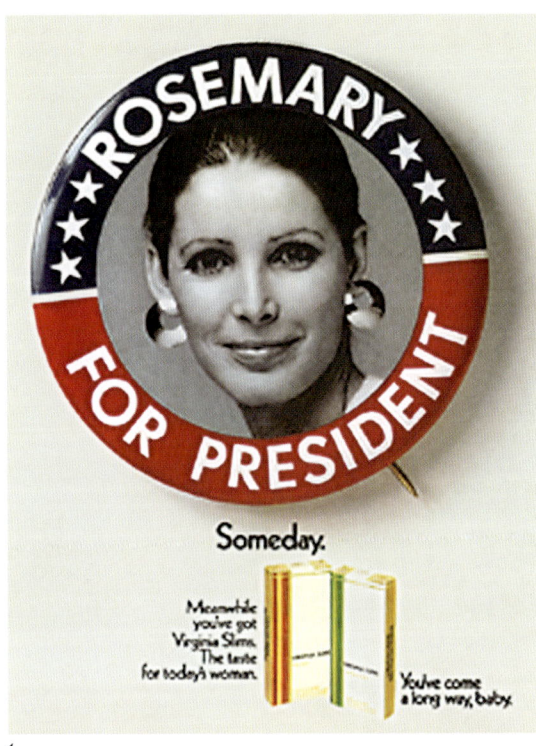

ROSEMARY
FOR PRESIDENT
Someday.
Meanwhile you've got Virginia Slims. The taste for today's woman.
You've come a long way, baby.
1

Ende der 1960er Jahre *sind mehr als ein Drittel der Zigarettenraucher Frauen. Nachdem Philip Morris seine ursprünglich für Raucherinnen gedachte Marke Marlboro mit einem maskulinen Image versehen hatte, beschließt man 1968 gemeinsam mit* **Leo Burnett** *die Einführung einer neuen Zigarette für die Frau. Der Tabak stammt aus Virginia und die Zigarette ist besonders schlank, also: Virginia Slims. Die Kampagne nimmt auf humorvolle Weise Bezug auf den verbesserten Status der Frau. Auf einem Plakat hat sich eine Frau im Nationaldenkmal Mount Rushmore zwischen vier Präsidenten der Vereinigten Staaten – G. Washington, T. Jefferson, T. Roosevelt und A. Lincoln – geschmuggelt. Der Text verkündet eine unstrittige Wahrheit: „Virginia Slims erinnert daran, dass die Gründerväter ohne Gründermütter keine Gründerväter gewesen wären" (2). 1908 verbietet der Sullivan-Erlass den Frauen in New York das Rauchen in der Öffentlichkeit. 1968 indes haben sich die Zeiten geändert, wie es der Slogan zum Ausdruck bringt: „Du hast es weit gebracht, Schätzchen". Und in einer Anzeige wird suggeriert, dass es Frauen noch weiter bringen können, vielleicht gar bis zur Präsidentschaftskandidatur (1).*

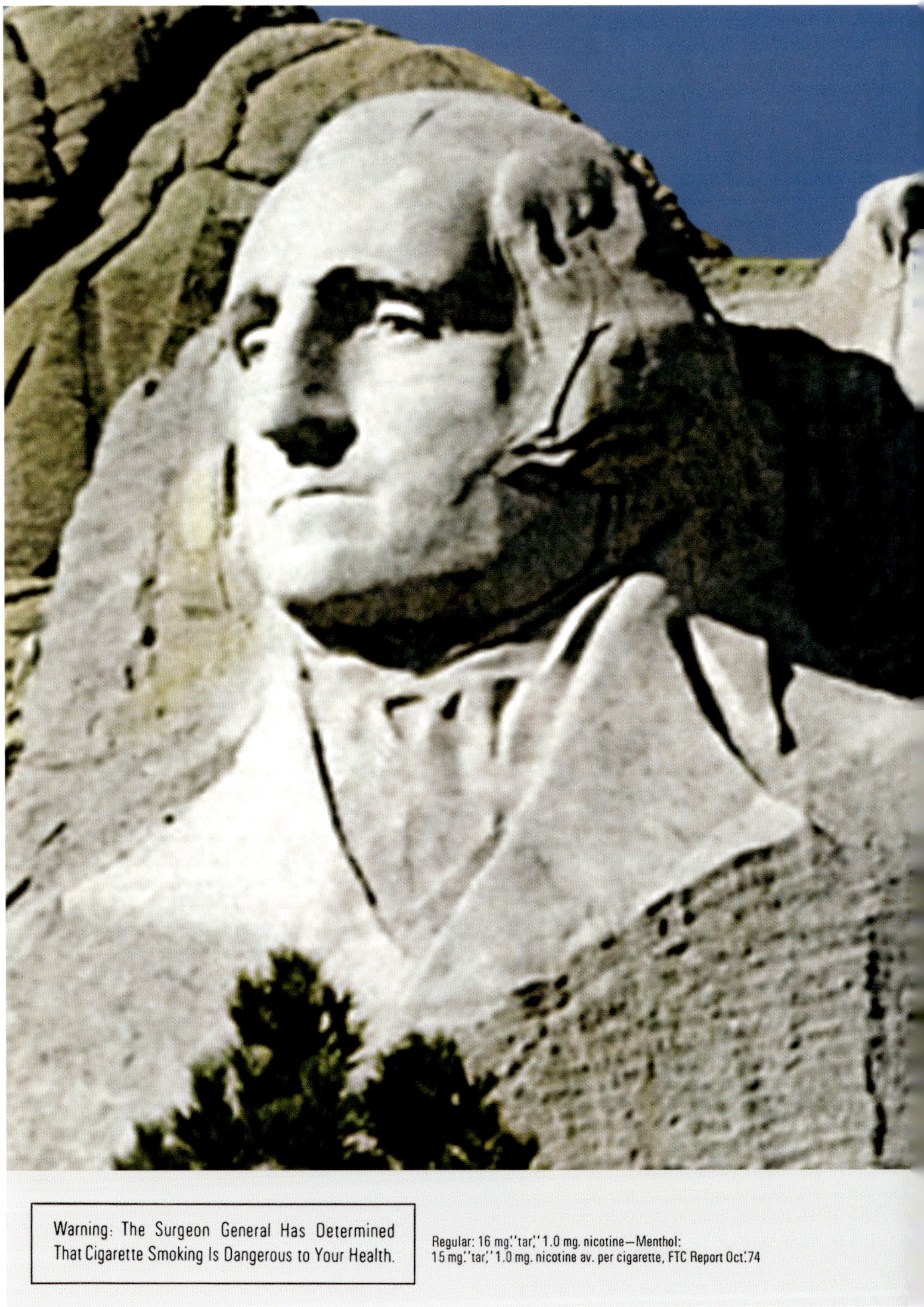
Warning: The Surgeon General Has Determined That Cigarette Smoking Is Dangerous to Your Health.
Regular: 16 mg."tar," 1.0 mg. nicotine—Menthol: 15 mg."tar," 1.0 mg. nicotine av. per cigarette, FTC Report Oct.'74
2

Virginia Slims reminds you that Founding
Fathers couldn't have been Founding Fathers
without Founding Mothers.
YOU'VE COME A LONG WAY, BABY.

Chronik der Giganten

Die französischen Firmen nähern sich der Unternehmens- und Finanzkommunikation mit einer gewissen Zaghaftigkeit – anders in Amerika, wo man die Techniken der Markenwerbung einsetzt.

1

Ende 1957 eröffnet Publicis eine Sonderabteilung im Bereich Wirtschaftskommunikation: „Information industrielle" (1). Neben traditionellen Werbeanzeigen entstehen nun auch Anzeigen, die sich wie gewöhnliche Zeitungsmeldungen präsentieren (Advertorials) und Artikel, Umfragen, Reportagen, Marktstudien oder Meinungsprofile enthalten. Von den redaktionellen Seiten unterscheiden sie sich allein durch Erwähnung des Begriffs „Information industrielle" (4). Im Dezember 1968 wird Saint-Gobain von BSN ein feindliches Übernahmeangebot unterbreitet: „Öffentliches Angebot von BSN an die 200.000 Aktionäre von Saint-Gobain" (2). Derartige Vorgänge hatte es in Frankreich bereits gegeben, doch sie waren bis 1967 nie feindlicher Natur. Der jetzige Übernahmeversuch sollte weit reichende Folgen haben. BSN entstand 1966 durch Fusion von Glaces de Boussois und Souchon-Neuvesel, während die Ursprünge von Saint-Gobain in die Zeit von Ludwig XIV. zurückreichen. Die Stärken von BSN liegen vor allem beim Hohlglas, während Saint-Gobain beim Flachglas führend ist, das hauptsächlich im Automobil- und Bausektor Verwendung findet. Saint-Gobain, dessen Aktien im Besitz zahlreicher Kleinanleger sind, bittet Publicis, diese zu überzeugen, nicht zu verkaufen: „Sagen Sie nein" (3). Publicis entwickelt zahlreiche Aktivitäten, darunter auch eine Aktion „offene Tür" und eine Informationsveranstaltung für die Aktionäre. Die feindliche Übernahme scheitert, und zwar mit gravierenden Folgen: BSN wendet sich vom Glas ab, etabliert sich im Bereich Agrofood und wird 1994 zu Danone. Saint-Gobain verbündet sich mit dem Metallurgieunternehmen Pont-à-Mousson und wird zu einem internationalen Mischkonzern. Aus den einst noch kaum bekannten und wenig geliebten Übernahmeangeboten wird in den 1980er Jahren ein gängiges Expansionsinstrument.

2

3

4

United States Steel Corporation *wurde 1901 in Pittsburgh von den größten Namen der amerikanischen Wirtschaft gegründet: J.P. Morgan, Andrew Carnegie, Charles Schwab und Elbert H. Gary, der dessen erster Präsident wurde. Während sich zunächst die Eisenbahn und dann das Auto verbreitete, war U. S. Steel einer der Hauptpfeiler der Wirtschaftsmacht USA. Eine seiner Divisionen, American Bridge, präsentierte sich in den 1970er Jahren in dieser Anzeige von* **Compton** *als Erbauer von berühmten Wolkenkratzern und Brücken: „Können ist eine unserer Stärken"(5). Um 1980 vollzieht U. S. Steel drastische Veränderungen, um dem internationalen Wettbewerb gewachsen zu sein. Zweites Standbein wird der Energiesektor, zunächst durch Übernahme der Marathon Oil Company und Anfang 1986 auch der Texas Oil & Gas Corp. Diese Anzeige zeugt vom unbändigen Willen aller Beteiligten: „Damit der amerikanische Traum Wirklichkeit wird"(6).*

5

6

Eine unendlich wertvolle Zutat

Der gute Ruf des Herstellers, das ist doch jene unendlich wertvolle Zutat, die den Unterschied zwischen den Produkten ausmacht. Gewiss, doch auch die Forschung vermag einen durchaus spürbaren Mehrwert zu erbringen.

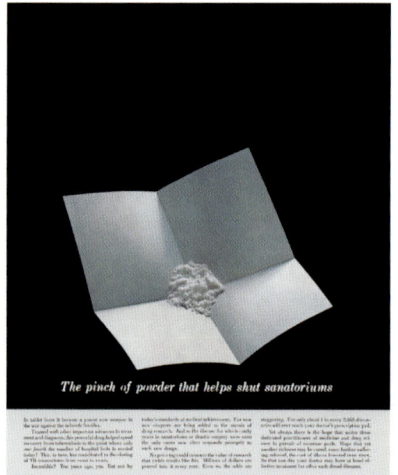

The pinch of powder that helps shut sanatoriums

2

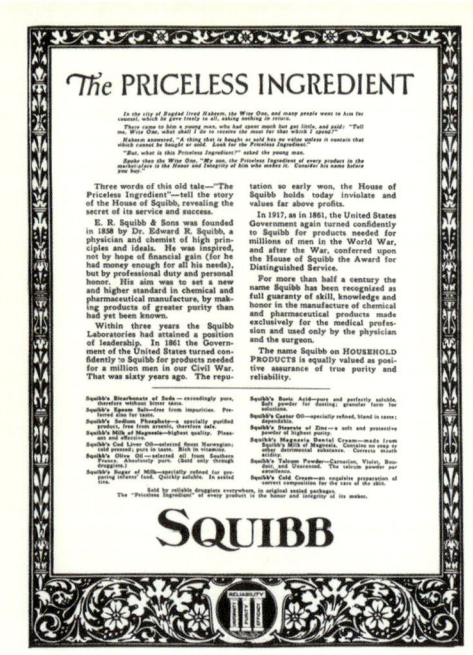

1

Die folgende Szene spielt in Bagdad und beginnt wie ein Märchen aus dem Orient: „Wie kann ich mit meinem Geld den besten Profit erzielen?", fragt ein junger Mann den weisen Alten. – „Um beim Kauf oder Verkauf einen Wert zu haben", antwortet er ihm, „muss jede Ware etwas enthalten, das sich nicht kaufen oder verkaufen lässt. Suche jene Zutat, die keinen Preis hat!" – „Was ist denn diese Zutat ohne Preis?" – „Die Ehre und Integrität des Herstellers!" Diese 1921 von **N.W. Ayer & Son** kreierte Anzeige fasst die entscheidende Rolle der Marke vorbildlich zusammen (1). Seit 1858 arbeitete Edward Robinson Squibb in seinem Labor daran, möglichst sichere und reine Arzneimittel herzustellen. Sechs Jahre nach seinem Tod, die Söhne hatten die Firma bereits verkauft, verabschiedete der US-Kongress 1906 tatsächlich den „Pure Food and Drug Act" (Gesetz über die Reinheit von Nahrungs- und Arzneimitteln). Dieses ethische Denken („Ehre und Integrität des Herstellers") bleibt eine Grundüberzeugung des Unternehmens, das 1989 mit Bristol-Myers, 1898 als Labor gegründet, fusioniert. Das riesige, 1997 in New Jersey errichtete Forschungszentrum zeugt davon, wie wichtig Innovationen in dieser Branche sind.

This tiny crystal means someone will live

The tiny crystal weighs only 25 millionths of an ounce. Yet it is so powerful that it provides enough doses to control pernicious anemia in a patient for about two years.

It is vitamin B$_{12}$.

It was developed through the efforts and faith of American drug company scientists. After almost ten years of continuous experimentation and seemingly insurmountable obstacles.

And their work was sustained by a philosophy characteristic of the drug industry: a principle that says research must go on even though it will result in a drug which helps only those who suffer from a comparatively rare disease.

Pernicious anemia is incurable but it can be controlled. Not too long ago 6000 Americans died of it every year. Today, minute doses of vitamin B$_{12}$, prescribed by a physician, restore the sufferer to an active life at moderate cost.

This is the value of modern drugs—protecting health and reducing the cost of illness.

This advertisement is sponsored by a group of prescription drug manufacturers*, members of the Pharmaceutical Manufacturers Association, whose aim is to create through research continually better medicines.

3

May good health keep me independent

Today's child has a stronger grip on life

5

N.W. Ayer & Son wird 1962 von der eben erst entstandenen Pharmaceutical Manufacturers Association angesprochen. Die aus neun Labors bestehende Vereinigung wendet sich in der nationalen Presse an die Öffentlichkeit und erreicht zwei von drei Familien. Im Rahmen des dreijährigen „Pharmaceutical Industry Advertising Program" sensibilisiert man die Öffentlichkeit für die Bedeutung der Forschung und die Höhe der von den Verbandsmitgliedern investierten Summen. Die unterschiedlichen Facetten des Programms werden durch dreißig Anzeigen veranschaulicht, hier beispielsweise der Kampf gegen die Tuberkulose: „Diese Prise hilft Sanatorien zu schließen" (2), gegen Perniziöse Anämie: „Dieser winzige Kristall bedeutet, dass jemand leben wird" (3), gegen Altersgebrechen: „Damit ich gesund und unabhängig bleibe" (4), gegen Lungenentzündung: „Heutige Kinder haben das Leben fester im Griff" (5) und gegen Infektionen: „Diese Kapsel kostet 2.500.000 Dollar" (6). Heute umfasst die später in Pharmaceutical Research and Manufacturers of America (PhRMA) umbenannte Vereinigung nahezu die gesamte pharmazeutische Industrie der Vereinigten Staaten. In vielen Ländern existieren ähnliche Verbände vor allem der Arzneimittelhersteller. Sie spielen eine wesentliche Rolle in der Gesundheitspolitik und im Bereich des Arzneimittelurheberrechts.

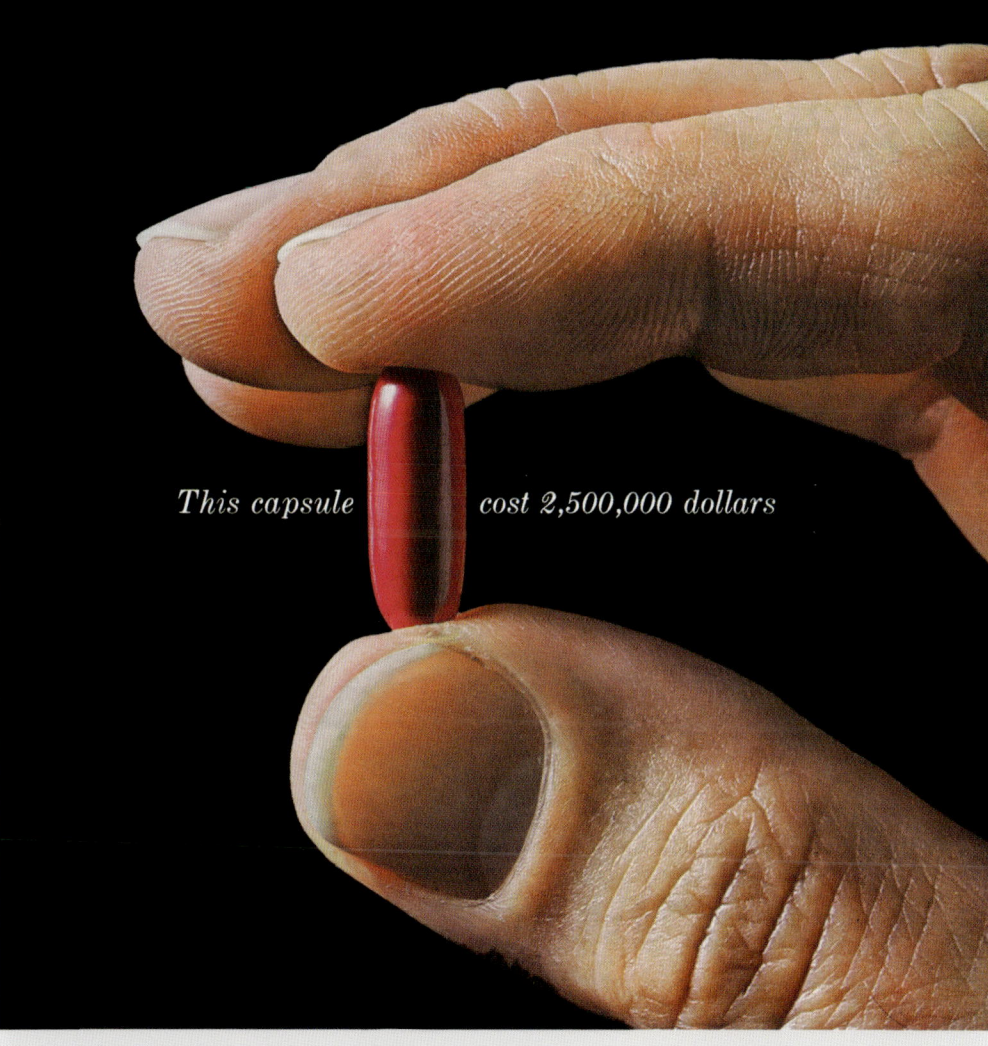

This capsule cost 2,500,000 dollars

6

Unterwegs

Noch kann man aus dem Vollen schöpfen, denn die erste Ölkrise ist noch Jahrzehnte entfernt. In der frühen Nachkriegszeit werden die Autobahnkreuze zu Kathedralen der florierenden Wirtschaft und Schauplatz für den Weltschmerz eines Jack Kerouac.

2

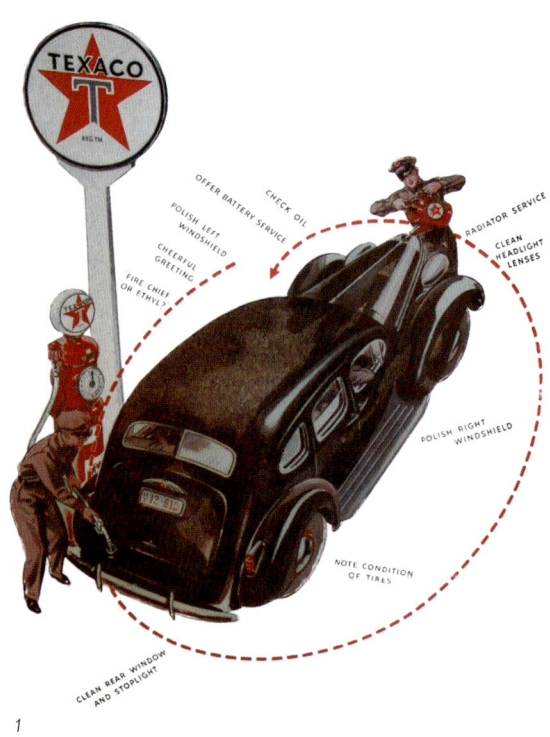

1

Up ahead: more desert. Can you make the next gasoline stop? Here you realize how important gasoline mileage can be. Add more miles to every gallon with Sky Chief—because of Texaco's extra steps to quality. Fact: Texaco buys tons of a rare chemical at $9 a pound—to use in refining Sky Chief. Result: Texaco blends in more extra-mileage components. Extras like this make Sky Chief the nearest thing yet to a perfect gasoline. It pays you to say Sky Chief.

Trust your car to the man who wears the star

3

Die erste Bohrung nach Erdöl findet 1859 in Pennsylvania statt. Durch Aufkauf kleiner lokaler Firmen gelingt es der 1868 von John D. Rockefeller gegründeten Standard Oil rasch, Förderung, Transport, Verarbeitung und US-Vertrieb weitgehend zu kontrollieren. Aus 15.000 Tankstellen im Jahr 1920 werden zehn Jahre später 120.000. 1911 ordnet der oberste Gerichtshof die Zerschlagung des Trusts an, wie dies 1984 auch mit Bell System geschehen wird. So entstehen diverse Mineralölunternehmen, die teilweise unter ihrem alten Namen aus der Zeit vor der Übernahme durch Standard Oil auftreten. Darunter auch die 1866 gegründete Atlantic Refining Company (die spätere Arco), die 1952 eine große, von **N.W. Ayer & Co.** konzipierte Plakatkampagne durchführt: „Atlantic. Hält Ihr Auto am Laufen"(2). Die 1902 gegründete Texas Company fusioniert 1936 mit der kalifornischen Standard Oil Company zur California Texas Oil Co. oder kurz Caltex. Die 1959 in Texaco umbenannte Texas Company kooperiert zunächst mit **Dancer Fitzgerald Sample** (1) und ab 1961 mit **Benton & Bowles**. Nun entsteht ein Slogan, der das Markenlogo einbezieht und sich einprägt: „Vertrauen Sie Ihren Wagen dem Mann mit dem Stern an" (3), photographiert von Jay Maisel.

4

In **Frankreich ist Publicis** weiter damit beschäftigt,
für Shell ein sehr emotionales Image aufzubauen.
Ihren Ausdruck findet diese Strategie zunächst
durch „C'est Shell que j'aime" (Shell liebe ich).
Hier erkennt man einen Hang zu Slogans mit ein-
prägsamem Klang, der an „C'est elle que j'aime"
(Jene, die ich liebe) erinnert. Da die Marke eine
immense Bekanntheit genießt, kann sich der Slogan als leicht zu lösendes Bilderrätsel präsentieren, allein mit einem Herzen als Symbol der Liebe
und einer Muschel, dem Markenlogo (4). Im Laufe
der Zeit wurde dieses 1904 entstandene Emblem
häufiger modernisiert. Die hier abgebildete siebte
Version stammt von dem Designer Raymond
Loewy, der mit einem damals selten anzutreffenden Wagemut meinte, dass der Name der Marke
mit der Muschel so bekannt sei, dass man ihn
nicht erwähnen müsse. **Norton,** die 1947 im brasilianischen São Paulo gegründete und seit 1996
zu Publicis gehörende Agentur kreiert 1976 unter
der Regie von Carlos Manga den ersten Spot für
Tropical-Reifen (5). Eingeführt wurde diese Marke
1975 durch J. Macêdo, einen Industrieverbund aus
dem brasilianischen Nordeste, der fünfunddreißig
Jahre lang mit Norton zusammenarbeitete.

5

Supercar und Projekt 115

Die Partnerschaft zwischen Renault und Publicis besteht
inzwischen seit mehr als vierzig Jahren. Von Frankreich aus
hat sie sich in den 1970er Jahren auf Europa und später
auf den gesamten Globus ausgeweitet.

1

2

Gemeinsam mit seinem Bruder Marcel gründet
der französische Ingenieur Louis Renault 1898
Renault-Frères. In den 1960er Jahren ist Renault
der weltweit achtgrößte Autohersteller. Die Werbung für sämtliche Modelle vertraut man 1963
Publicis an. Der 1972 eingeführte R5 wirkt leicht
verschroben mit seiner Heckklappe, die das Laden
sperriger Güter erleichtert, zugleich sind die Kon-
turen elegant und man fährt bequem. Lanciert
wird der Wagen als vermenschlichte Comicfigur
„Supercar". Entgegen den Gepflogenheiten der
Automobilwerbung werden keine technischen An-
gaben gemacht. Plakate und Spots zeigen ein ver-
spieltes Auto in der Stadt (1) wie auf dem Land (2).
Als die Produktion dann in den 1980er Jahren eingestellt wird, gibt man den Abschied mit einem
passenden „Adieu, grausame Welt!" bekannt (3).

3

Projekt 115 ist der Codename für den R16, der 1965 auf den Markt kommen wird. Die Werbung für dieses hochwertige Modell bringt das Firmenimage von Renault zum Ausdruck: Der Generalstab ist vollständig erschienen, um für das Projekt 115 grünes Licht zu geben (4). Das Modell steht für die von Renault endgültig getroffene Entscheidung zugunsten des Vorderradantriebs und enthält diverse Verbesserungen: „16 Patente für diese revolutionäre Karosserie" (5). Hauptwagnis ist indes das Grundkonzept des Wagens: Die Limousine besitzt eine „fünfte Tür" und eine umklappbare Rückbank, was die Amerikaner veranlasst, von einer „erstrangigen Alternative zum Kombi" zu sprechen. Kennzeichen der Fließheckkonstruktion ist jeweils ein Raum für den Motor und einer für Personen und Gepäck. Augenmerk auf Fahrkomfort und wandlungsfähiges Interieur werden fortan zu einem Merkmal aller Modelle von Renault, wie dies von 1985 bis 2000 durch den Slogan „Autos zum Leben" vermittelt wird.

feu vert pour le projet "115"

Projet "115", c'était le nom de code de la future Renault 16. Et ces chercheurs, ces "cerveaux" de la Régie Renault avaient mission de lui donner la vie.

Point de départ: sondages et études de marché donnant un portrait-robot de la voiture: 5 places grand standing - confort supérieur - performances brillantes sécurité exceptionnelle et un intérieur totalement repensé, rompant avec les conceptions actuelles démodées.

A partir de là, feu vert... Des mois durant, seuls ont cherché, imagine, calculé. Jusqu'à l'heure décisive du choix.

Alors, il se passa une chose exceptionnelle: parmi ces maquettes que toutes répondaient aux exigences du cahier des charges, l'unanimité se fit sur un modèle: parce que le coup de foudre existe, même chez des techniciens. C'est le jour J... La Renault 16 est née.

RENAULT
c'est Renault qu'il vous faut

4

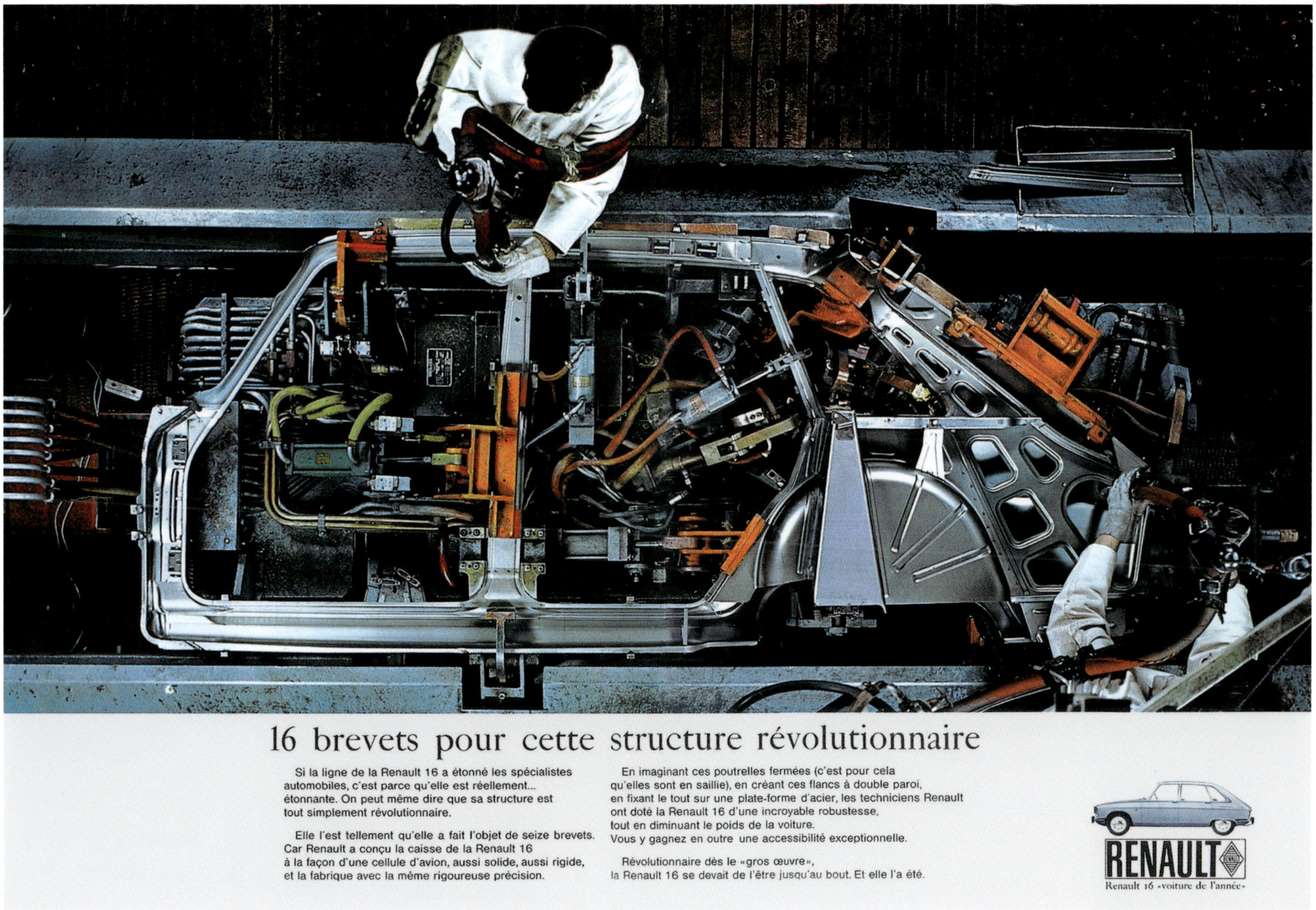

16 brevets pour cette structure révolutionnaire

Si la ligne de la Renault 16 a étonné les spécialistes automobiles, c'est parce qu'elle est réellement... étonnante. On peut même dire que sa structure est tout simplement révolutionnaire.

Elle l'est tellement qu'elle a fait l'objet de seize brevets. Car Renault a conçu la caisse de la Renault 16 à la façon d'une cellule d'avion, aussi solide, aussi rigide, et la fabrique avec la même rigoureuse précision.

En imaginant ces poutrelles fermées (c'est pour cela qu'elles sont en saillie), en créant ces flancs à double paroi, en fixant le tout sur une plate-forme d'acier, les techniciens Renault ont doté la Renault 16 d'une incroyable robustesse, tout en diminuant le poids de la voiture. Vous y gagnez en outre une accessibilité exceptionnelle.

Révolutionnaire dès le «gros œuvre», la Renault 16 se devait de l'être jusqu'au bout. Et elle l'a été.

RENAULT
Renault 16 «voiture de l'année»

5

Man hätte ihn auch „Volkswagen" nennen können

Der gute Ruf von Renault basiert auf seinen Volumenmodellen.
Obgleich dieses sympathische Image den kommerziellen Erfolg garantiert,
sollte es einer deutlichen Veränderung bedürfen.

1

Innerhalb von acht Jahren werden drei Millionen
R5 verkauft. 1980, nach der zweiten Ölkrise, ist
niedriger Verbrauch (1) nicht minder gefragt wie
Vielseitigkeit – der Fünftürer ist seit einiger Zeit
auf dem Markt (2). Durch Gullivers Reisen inspiriert, konzipiert Publicis gemeinsam mit dem
Photographen Jean Larivière eine Anzeigenkampagne. Der Verkaufsschlager R5 soll im Oktober
1985 durch den Supercinq ersetzt werden. Zuvor
hatte Renault begonnen, in Europa weiter zu
expandieren. Seit langem in Belgien und Spanien
präsent, startet man eine Großoffensive in den
meisten anderen wichtigen europäischen Märkten.
Um den durch erhöhte Produktivität erzielten
Preisrückgang zu veranschaulichen, berechnete
der Wirtschaftswissenschaftler Jean Fourastié den
Preis von Renaults Volumenmodellen in Arbeits-
stunden eines ungelernten Arbeiters: 1950 „kos-
tete" ein solches Modell mehr als 3.000 Stunden,
während der Twingo 1998 nur mehr 887 Stunden
„kostet". Eigentlich hätte man den R5 auch „Volkswagen" nennen können, wie jenes Wägelchen,
das Bill Bernbach unsterblich gemacht hat.

2

Die Überflieger

Eine der ersten nordamerikanischen Fluglinien durchlebte das Jahrhundert zusammen mit nur drei Werbeagenturen. Diese Kontinuität und ein solides Fundament gestatteten einen deutlichen Imagegewinn.

1

United Airlines entsteht 1926 durch den Zusammenschluss von vier kleinen Flugkurier-diensten. So ergibt sich eine durchgehende Ver-bindung von New York über Chicago und Salt Lake City bis San Francisco. Als erste Flugge-sellschaft teilt United 1930 seinen Flügen eine Stewar-dess zu. Ab 1936 serviert man an Bord auch eine warme Mahlzeit. Die 1939 mit der Werbung betraute Agentur **N.W. Ayer & Son** entwickelt eine Markenpersönlichkeit ausgehend von dem Begriff „extra care": sämtliche Aktivitäten erfolgen mit besonderer Sorgfalt. Veranschaulicht wird dieser Gedanke zunächst durch die Servicequalität, 1957 auch durch die gebotene Sicherheit. In der Tat profitieren die Maschinen von einer großen Neuheit, denn sie haben ein Wetterradar an Bord und können die Unwetterzonen umfliegen. Ab 1965 für die Kommunikation verantwortlich, hält **Leo Burnett** Service und Sicherheit weiter im Auge. Ausgehend von dem berühmten Radar in der Flugzeugnase, das Sicherheit und Komfort erhöht, kreiert man den Slogan „Fliegen Sie durch die freundlichen Himmel von United", der bald auf sämtliche Aspekte angewandt wird – Kompetenz des Flugpersonals (1), Servicequalität oder Netz-dichte: „Nur er (der Weihnachtsmann) fliegt noch mehr Orte an als wir" (2).

He's the only one who flies more places than we do.

When it comes to air travel, Santa Claus is Mr. Big. United Air Lines is second.

We say, "If you can't beat him, join him."

So while he's busy flying presents to people, we help out by flying people to people.

Students coming home for the holidays.

Servicemen on Christmas leave.

Children and grandchildren. Uncles and aunts. Cousins by the dozens.

And so, Merry Christmas to all, and to all a good flight.

2

3

Geschäftsreisende – damals fast ausschließlich Männer – bilden eine wichtige Klientel der Fluggesellschaften und müssen unbedingt gebunden werden. United versteht es, seine Aufmerksamkeit gegenüber den Stammkunden zum Ausdruck zu bringen (4). 1967 macht man ihnen ein bislang einmaliges Angebot: Wenn sie in Begleitung ihrer Frau fliegen, zahlen sie für das zweite Flugticket viel weniger. Die Idee ist hervorragend, denn nun können Menschen, die sonst nie das Flugzeug benutzt hätten, die Freuden einer Flugreise kennen lernen. Aus diesem Anlass entsteht auch der erste TV-Spot für eine Fluggesellschaft, in Form eines singenden Balletts: „Nimm mich mit, wenn du mich liebst!" (3) – eine Anleihe bei dem 1959 am Broadway gespielten Musical „Take me along!", das sich wiederum an „Ah! Wilderness!" inspirierte, einem Theaterstück des Literaturnobelpreisträgers Eugene O'Neill aus dem Jahr 1933. Wieder daheim erhalten die Gattinnen ein Dankesschreiben von United: Sie hätten ja nun selbst die Kompetenz und den guten Service der Fluglinie ihres Gatten erleben können, wie ihn „Das ehemalige Fräulein Schussel" (5) humorvoll illustriert.

The former Miss Butterfingers.

Two months ago Sheri Woodruff couldn't even balance a cup of coffee.

But she was friendly, intelligent, and attractive. And wanted more than anything else to be a great stewardess.

So we put her to the test. (We take only one out of thirty applicants.) Five and a half weeks at United's Stewardess School.

We taught Sheri how to serve a gourmet dinner, how to soothe a first-flyer, how to apply everything from make-up to first-aid. Along with courses like aviation principles and geography.

Today she can warm a baby's formula with one hand and pour four cups of coffee with the other.

But more than that.

She's still the same Sheri Woodruff. Friendly, intelligent, attractive. And wants more than anything else to be a great stewardess.

She is.

5

Schweigen ist Silber, Reden ist Gold

Eine Bank kann Umwege beschreiten, indem sie versucht, mithilfe von Bildern und Metaphern zu betören. Oder sie wendet sich unverblümt einem Tabu zu, über das niemand zu reden wagt.

THE CHASE MANHATTAN BANK
PRESENTS
A NEW SYMBOL
OF GREATER USEFULNESS
THE CHASE MANHATTAN BANK

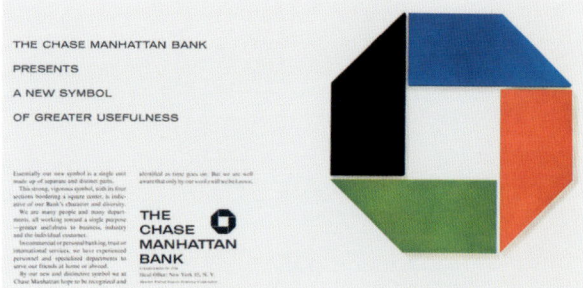

2

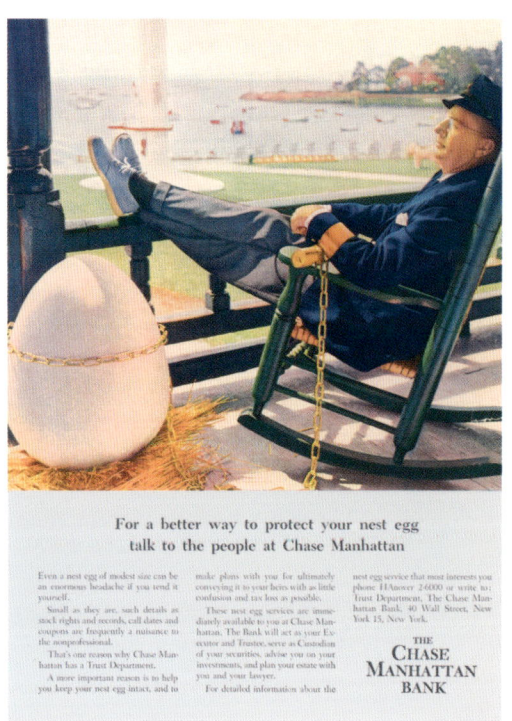

For a better way to protect your nest egg
talk to the people at Chase Manhattan
THE CHASE MANHATTAN BANK

1

__Die Chase Manhattan Bank__ ging 1955 aus dem Zusammenschluss der 1877 gegründeten und 1933 von Rockefeller übernommenen Chase National Bank mit der seit 1840 aktiven The Bank of the Manhattan Company hervor. Chermayeff & Geismar, ein 1960 in New York eröffnetes Designbüro, kreiert 1961 das Logo der neuen Bankgesellschaft: „Die Chase Manhattan Bank präsentiert ein neues Symbol des vermehrten Nutzens" (2). Die Chase besitzt bereits einen guten Ruf als Geschäftsbank, nun aber will sie ihren Kundenstamm erweitern. Hierzu kreiert __Compton__ eine Kampagne, die auf der Doppeldeutigkeit des Begriffs „nest egg" beruht (Nestei oder Erspartes), wie in dieser Anzeige von 1956: „Wenn Sie Ihr Nestei/Erspartes besser beschützen wollen, dann sprechen Sie doch mit den Leuten von der Chase Manhattan" (1). Die seit den 1960er Jahren von Mark Shaw photographierte Kampagne macht einen Slogan berühmt: „Sie haben einen Freund bei der Chase Manhattan" (3). In zahlreichen Anzeigen erscheinen wechselnde Personen an ein Ei gekettet. 1996 wird die Chase von der Chemical Bank of New York übernommen, die im Jahr 2000 auch J.P. Morgan erwirbt.

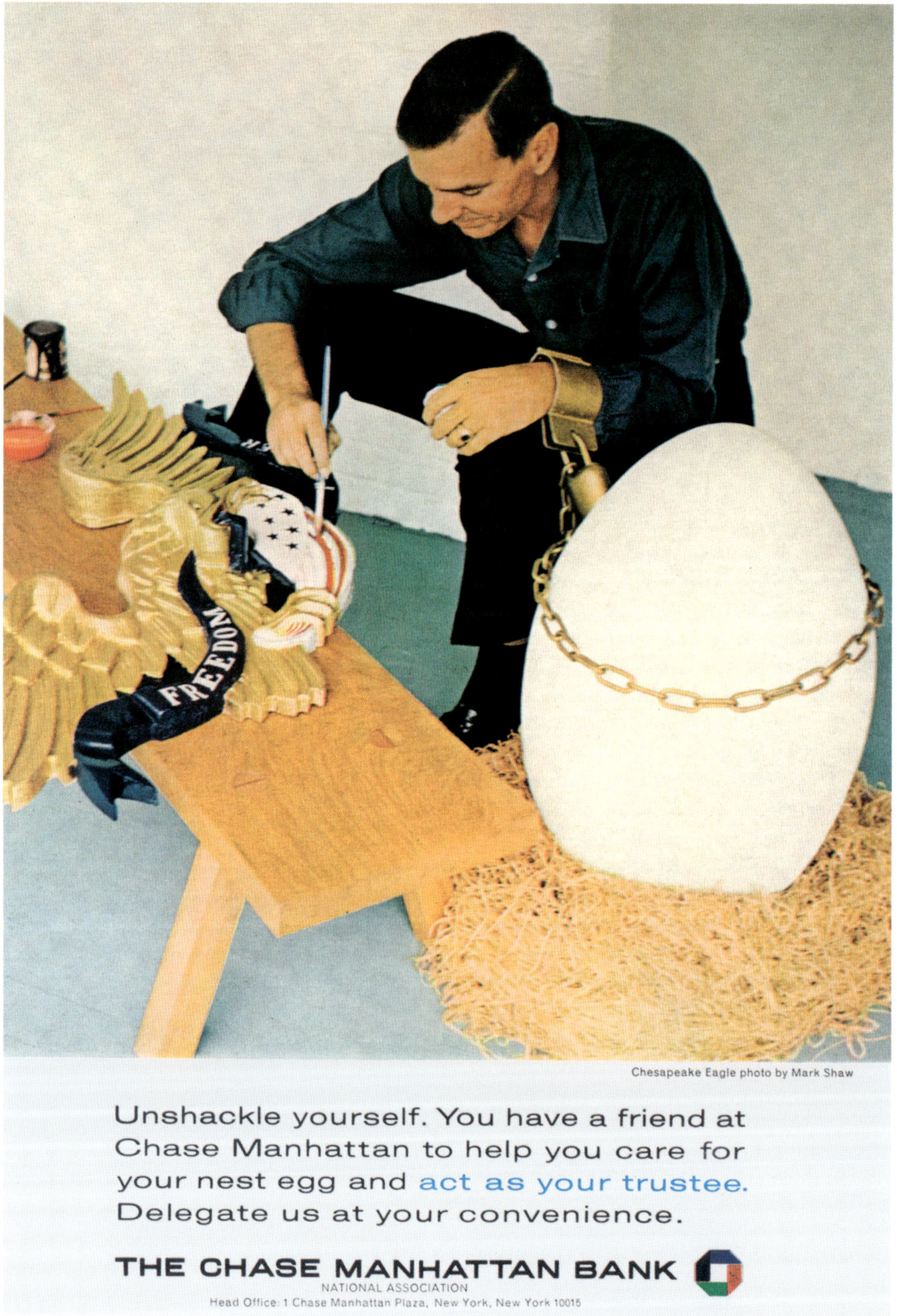

FREEDOM
Chesapeake Eagle photo by Mark Shaw
Unshackle yourself. You have a friend at Chase Manhattan to help you care for your nest egg and act as your trustee. Delegate us at your convenience.
THE CHASE MANHATTAN BANK
NATIONAL ASSOCIATION
Head Office: 1 Chase Manhattan Plaza, New York, New York 10015

3

Die Banque Nationale de Paris (BNP) entsteht 1966 durch Fusion des 1848 gegründeten Comptoir National d'Escompte de Paris mit der 1932 aus der Banque Nationale de Crédit hervorgegangenen Banque Nationale pour le Commerce et l'Industrie. Als **Publicis** 1972 mit der Werbung beauftragt wird, ist die Bank breiten Kreisen noch kaum bekannt. Zunächst entwirft man ein neues Logo: das „B" für „Bank" orientiert sich an bekannten städtischen Schildern wie dem „P" für Parkplatz oder dem „M" für die Pariser Métro. Zugleich als Schild für die Filialen vorgesehen, erinnert das Punktgitter an einzelne Münzen. In der Presse, auf Wänden, im Radio wie im Fernsehen erscheint im Frühjahr 1973 ein von Jean-François Bauret abgelichteter, verschmitzt lächelnder Mann, der den Franzosen gesteht „Ehrlich gesagt: Ihr Geld interessiert mich" (4). Die Kampagne wendet sich an Privatleute, die noch nicht auf die Dienste einer Bank zurückgreifen und unterstreicht den beidseitigen Nutzen. Der Filmregisseur Constantin Costa-Gavras realisiert einen Spot, in dem der gleiche Mann auftritt (5). Später spricht man die Jugend an und dann auch Frauen: „Was/wer zählt, bin ich" (6).

Telefon (ver)bindet

Bei der Werbung von Bell System stand lange Zeit das eigene Personal im Vordergrund. Nun beginnt man den emotionalen und praktischen Nutzen des Telefons herauszustellen.

2

1

Von 1908 bis 1994 für Bell System tätig, kreiert N.W. Ayer & Son 1966 diese Signatur: „Ein Ferngespräch ist fast so gut wie selbst da zu sein" (1). Die 1974 vom US-Justizministerium eingeleiteten kartellrechtlichen Maßnahmen führen 1982 zu einer Verurteilung und 1984 zur effektiven Zerschlagung des Konzerns. Trotz dieses jahrelang über Bell Systems schwebenden Damoklesschwerts wirbt man weiter. Das Logo, die berühmte Glocke, wird 1969 leicht überarbeitet und ab 1978 lautet der Slogan „Ergreifend und berührend", wie in dieser im Jahr darauf erschienenen Anzeige, die mit „Hallo" und „Halo" im Sinn von Lichthof oder Heiligenschein spielt (3). Ein TV-Spot bringt 1980 noch mehr Emotionen ins Spiel: Eine Frau teilt ihrem Mann mit, dass ihr Sohn angerufen habe. Er wird unruhig, doch sie beruhigt ihn. Warum hat er dann aber angerufen? Darauf sie schluchzend: Er wollte nur sagen, dass er seine Mutter lieb hat (2). Ende 1978 gibt es in den Vereinigten Staaten 133 Millionen Telefonanschlüsse. Nachdem das ganze Land entsprechend ausgestattet ist, entsteht eine neue Herausforderung: Ferngespräche. Diesem Sektor wird sich AT&T ab 1984 ganz widmen, nachdem man beschlossen hat, sich von sämtlichen regionalen Telefongesellschaften zu trennen.

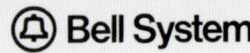

3

Das erste Telefonbuch erschien 1878 und enthielt lediglich fünfzig Namen – ohne Nummer, denn es gab ja das Fräulein vom Amt, das die Verbindung herstellte. Reuben H. Donnelley, der die ersten Taschenbücher druckt, 1910 auch die Encyclopaedia Britannica und wenig später das Time Magazin, spezialisiert sich sehr bald auf Telefonbücher. In den 1920er Jahren ist er der wichtigste Handelsvertreter von Bell System. Seine Yellow Pages und der Verkauf von Werbeflächen in dem Branchenverzeichnis sind nach dem Krieg ein einträgliches Geschäft. R.H. Donnelley wird 1961 zur Tochtergesellschaft von Dun & Bradstreet und beginnt in den 1980er Jahren international zu expandieren. Yellow Pages wendet sich an die Agentur **Cunningham & Walsh**, die 1962 einen Slogan kreiert, der berühmt werden sollte: „Laufen Sie doch mit den Fingern!"(4). Zahlreiche Gestalten verleihen diesem Rat einen bildhaften Ausdruck, darunter sogar der Weihnachtsmann(5)! Henry Syverson, Cartoonist des New-Yorker, interpretiert dies in einem Plakat für Pacific Telephone auf seine Weise: „Rasch einen Picknickplatz finden in den Yellow Pages"(6). Das Bild von den beiden Fingern, die die gelben Seiten suchend durchblättern, verwendet man 1975 auch in einem TV-Spot. Doch warum sind die Seiten eigentlich gelb? Angeblich hatte der Drucker kein weißes Papier mehr.

4

Let your fingers do the walking! Any gift worth giving is easy to find when you...shop the Yellow Pages way!

5

find Picnic Grounds fast in the YELLOW PAGES

6

IBM, Made in Britain

Es gibt Augenblicke, da die Werbung auf Kunstgriffe verzichten und ihr Anliegen geradeheraus aussprechen muss. Das gilt auch für diese Informationskampagne von IBM, die sich Vorurteilen und irrationalen Ängsten entgegenstemmt.

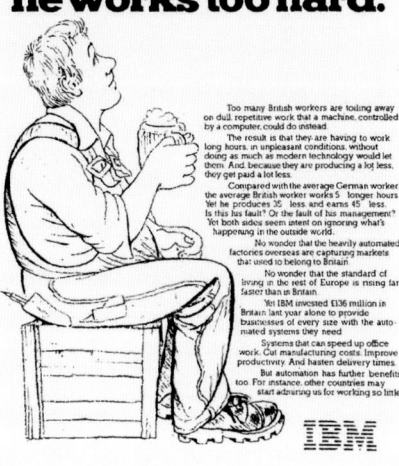

The trouble with the British worker is he works too hard.

Too many British workers are toiling away on dull repetitive work that a machine, controlled by a computer, could do instead.

The result is that they are having to work long hours, in unpleasant conditions, without doing as much as modern technology would let them. And because they are producing a lot less, they get paid a lot less.

Compared with the average German worker, the average British worker works 5 longer hours. Yet he produces 35 less and earns 45 less. Is this his fault? Or the fault of his management? Yet both sides seem intent on ignoring what's happening in the world.

No wonder that the heavily automated factories overseas are capturing markets that used to belong to Britain.

No wonder that the standard of living in the rest of Europe is rising far faster than in Britain.

Yet IBM invested £136 million in Britain last year alone to provide businesses of every size with the automated systems they need.

Systems that can speed up office work. Cut manufacturing costs. Improve productivity. And hasten delivery times.

But automation has further benefits too. For instance, other countries may start admiring us for working so little.

IBM

1

Das Prestigeunternehmen *International Business Machines alias IBM geht 1924 aus der Computing-Tabulating-Recording Company (CTR) hervor, deren Ursprünge bis 1886 zurückreichen. IBM setzt rasch Standards auf dem Gebiet der Datenverarbeitung, zunächst mit Lochkarten und im Zweiten Weltkrieg aufgrund militärischer Notwendigkeiten mit den ersten Rechnern. Ende der 1950er Jahre hält die Elektronik Einzug (der Transistor wurde 1947 in den Labors von Bell erfunden), was die Rechenleistung beträchtlich steigert und den Platzbedarf entsprechend reduziert. Dennoch bleiben die Rechner schrankartige Gebilde, die allein von Spezialisten bedient werden können. Nach einem Fehlschlag im Jahr 1975 erblickt 1981 IBMs erster Personal Computer das Licht der Welt, ausgestattet mit einem Mikroprozessor von Intel und einem Betriebssystem von Microsoft, zwei heute weltbekannten Firmen. Auf dem Markt der Homecomputer werden Macintosh (der Apple II erscheint 1977), IBM und seine Klone heftig miteinander konkurrieren. IBM bringt 1961 mit der Selectric die erste Kugelkopf-Schreibmaschine (sämtliche Zeichen sind auf einer Kugel von der Größe eines Golfballs angeordnet). Zahlreiche weitere Geräte wie Photokopierer oder Diktiergeräte werden folgen und die Büroarbeit revolutionieren.*

Two men were watching a mechanical excavator on a building site.

There are two ways to regard technological development. As a threat. Or as a promise.

Every invention from the wheel to the steam engine created the same dilemma.

"If it wasn't for that machine," said one, **"twelve men with shovels could be doing that job."**

But it's only by exploiting the promise of each that man has managed to improve his lot.

Computer technology has given man more time to create, and released him from the day-to-day tasks that limit his self-fulfilment.

We ourselves are very heavy users of this technology, ranging from golf-ball typewriters to ink-jet printers to small and large computers, so we're more aware than most of that age-old dilemma: threat or promise.

"Yes," replied the other, "and if it wasn't for your twelve shovels, two hundred men with teaspoons could be doing that job."

Yet during 27 years in the UK our workforce has increased from six to 15,000. And during those 27 years not a single person has been laid off, not a single day has been lost through strikes.

Throughout Britain, electronic technology has shortened queues. Streamlined efficiency. Boosted exports.

And kept British products competitive in an international market.

To treat technology as a threat would halt progress. As a promise, it makes tomorrow look a lot brighter.

IBM

IBM United Kingdom Limited P.O. Box 41. North Harbour. Portsmouth PO6 3AU

2

How patriotic is it to buy a computer from IBM?

Or an electric typewriter? Or a photocopier? A dictation system? Or even a typewriter ribbon?

There's only one way to answer questions like these. Not with persuasively worded opinions but with cold, hard facts.

Last year alone, our capital investment in Britain amounted to £90 million. We've increased our staff from six when we started in 1951, to 15,000 British people working in Britain and for Britain.

They're working at Hursley, in IBM's biggest research and development laboratory in Europe.

At Greenock and Havant, manufacturing machines that help keep British products competitive in an international market and at the same time building our exports.

Every year we're increasing our investment in laboratories, plants, offices and training centres, in developing know-how and expertise.

The fact that we've already invested over £490 million should speak volumes about our commitment to Britain.

And a lot more about our faith in Britain's future.

IBM

IBM United Kingdom Limited, P.O. Box 41, North Harbour, Portsmouth PO6 3AU.

3

*IBM gründet 1951 eine Niederlassung in Groß-britannien und kooperiert seit 1970 mit **Saatchi & Saatchi**. Ab 1973 geht es der englischen Wirtschaft so schlecht, dass man 1976 sogar einen Kredit beim Internationalen Währungsfonds beantragt. Arbeitslosenquote und Preise steigen und die Un-zufriedenheit der Menschen erreicht 1978 ihren Höhepunkt. Vor diesem Hintergrund entstanden diese Anzeigen. IBM soll als ausländisches Unter-nehmen akzeptiert werden: „Wie patriotisch ist es, einen Computer von IBM zu kaufen?" (3). Und dies, obwohl die neue Technologie angeblich Ar-beitsplätze vernichtet: „Zwei Männer beobachten einen Bagger auf einer Baustelle. ‚Wenn der nicht wäre', so der eine, ‚dann könnten das zwölf Mann mit Schaufeln erledigen'. ‚Ja', erwidert der andere, ‚und wenn es deine zwölf Schaufeln nicht gäbe, könnten zweihundert Mann den Job mit Teelöffeln ausführen'." (2), „Erfahren Sie mehr über compu-terisiertes Broking. Senden Sie uns diesen Coupon, bevor es jemand anders tut" (4). Gesundes Selbst-vertrauen ist gefragt: „Das Problem mit den briti-schen Arbeitern ist, dass sie zu schwer arbeiten" (1).* 4

Find out more about computerised broking. Send off the coupon before someone else does.

Die sechzehn Kinder der Mrs. Crookston

Man könnte meinen, das Thema „Zuverlässigkeit" sei bereits damals in der Werbung ein alter Hut gewesen. Dann aber hätte man die Erwartungen der Verbraucher an ein Haushaltsgerät gründlich verkannt – und die Kreativität der Agentur Leo Burnett.

2

1

*Maytag produziert landwirtschaftliche Maschinen (1902 als weltweit führender Hersteller von Dreschmaschinen), bis man sich auf Haushaltsgeräte verlegt (die erste Waschmaschine entsteht 1907). Zwanzig Jahre später besitzt jeder fünfte US-Haushalt eine Waschmaschine von Maytag. 1948 gibt es die ersten Waschautomaten und 1955 sucht Maytag eine neue Werbeagentur. Sechsundsechzig werden angeschrieben, sechzig antworten, sechs kommen in die engere Auswahl, drei werden eingeladen und nur eine gewählt: **Leo Burnett**. Die Agentur erarbeitet eine prägnante Markenpersönlichkeit, indem sie sich auf den guten Ruf stützt, wie er sich in zahlreichen Briefen zufriedener Kundinnen äußert. Diese Belege für die Zuverlässigkeit der Waschmaschinen finden dank ihrer aufrichtigen Schlichtheit ein großes Echo, wie durch diese Anzeige von 1961: „1932 geheiratet. 1933 eine Maytag bekommen. Ehe und Maytag funktionieren"(1), „Wir hatten elf gute Gründe, eine Maytag zu kaufen"(2) oder „Mrs. Ray Crookston hat diese Maytag-Anzeige für uns entworfen. Sie ist Mutter von 15 Kindern (nein, 16, denn es gibt Nachwuchs und wir dürfen Ihnen mitteilen, dass Mutter, Kind und Maytag wohlauf sind)"(3).*

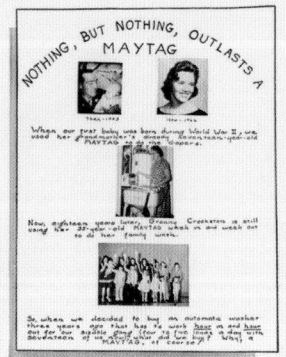

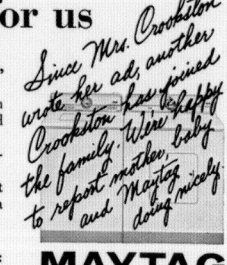

3

One Maytag and 1,088 babies later…

Is there anyone in this world more demanding than a diapered baby? Who else insists on fresh laundry every couple of hours?

Now, if one baby is a problem, what about 1,088 of them? That's the number of babies born in Danforth Memorial Hospital in Texas City, Texas, in the last two years. And the simple truth is, that a single Maytag Automatic Washer served their diaper, wrapper, shirt and towel needs every day for this entire period.

That's a total of 15,552 loads. The average family would not require this much work from their automatic in 50 years.

What's the point? Just this: The woman who needs a washer that must work every day needs a Maytag. For this is the one that is all by itself in its reputation for year-in, year-out dependability.

P.S. The hospital's Maytag is still on the job, each day setting a new record for performance.

Today's Maytag gives you dependability with these spankin'-new features:

Automatic Bleach Dispenser ends bleach mistakes.
Lint-Filter Agitator eliminates lint problems.
Safety lid stops action quickly when opened.
Automatic Water Level Control saves gallons of water.
Zinc-coated steel cabinet to protect against rust.

MAYTAG the _dependable_ automatics

4

5

Die Langlebigkeit der Maytag wird auch hier veranschaulicht: „Eine Maytag und 1088 Babys später …" (4). Im Text heißt es, dass „eine einzige Maschine ausreiche, um zwei Jahre lang die Windeln sämtlicher 1088 Säuglinge des Danforth Memorial Hospital von Texas City zu waschen. Ein derartiges Pensum würde in einer Durchschnittsfamilie nicht einmal in fünfzig Jahren anfallen." An diesem Thema hält man auch fest, als Leo Burnett 1967 in seinem ersten TV-Spot für Maytag den einsamen alten Kundendiensttechniker erfindet, der nichts zu tun hat, weil eine Maytag niemals kaputt geht. Er vertreibt sich die Zeit mit Zeitungslektüre und isst allein an seinem Schreibtisch. Eines Tages schläft er ein, und aus dem Off ertönt eine Stimme, die ein neues Modell mit Trockner anpreist. Das Wort „neues" reißt ihn aus dem Schlaf und er ruft: „Neu? Perfekt!", nur um wieder einzunicken (5): „Je mehr sich bei Maytag verändert, umso mehr bleibt alles beim Alten" (6). Nachdem er den Umgang mit Reklamationen geübt hat, die indes nie eintreffen, legt er sich einen Hund namens Newton zu (benannt nach jener Stadt, in der Maytag 1893 gegründet wurde). Die in den USA nacheinander von den Komikern Jesse White, Gordon Jump und Hardy Rawls interpretierte Figur wird zur lebenden Legende und ist fester Bestandteil der amerikanischen Populärkultur.

6

The more things at Maytag change, the more they stay the same.

Handfeste Argumente

Die Demonstration der Leistungsfähigkeit oder der besonderen Qualität eines Produkts ist eine spezielle Form der Werbung, von der die Hersteller von Toilettenartikeln und Waschmitteln in den 1970er Jahren rege Gebrauch machen.

1

2

Das Toilettenpapier der 1957 von Procter & Gamble übernommenen Marke Charmin fühlt sich sehr weich an. Um einen Tisch versammelt, auf dem sich Charmin-Packungen stapeln, sucht das Team von **Benton & Bowles** 1964 danach, wie man diese Qualität vermitteln könne. Automatisch greift jeder dann und wann nach einem Paket, betastet es und legt es wieder zurück, bis einer genug hat und ruft: „Hört auf mit dem Rumdrücken!" Die Kampagne ist geboren. George Whipple, den Namen der Kunstfigur, findet man in den eigenen Reihen, denn dies ist der Name des PR-Chefs. Mr. Whipple, der von Dick Wilson verkörperte Abteilungsleiter, beobachtet seine Kunden, die trotz seiner schriftlichen Mahnung das Paket betasten möchten: „Bitte das Charmin nicht drücken" (1). Doch auch er selbst kann sich kaum beherrschen, denn Charmin ist einfach so schön weich (2)! Der erste Spot entsteht in Flushing (Queens, New York). Innerhalb von 21 Jahren sollten 504 weitere Spots dieser Art folgen. Bereits 1970 nähert sich die Marke dem ersten Platz; 1978 ist unser Held nach Präsident Nixon und dem Fernsehprediger Billy Graham die bekannteste Persönlichkeit in den Vereinigten Staaten.

3

Die Toilettenseife Camay, 1926 von Procter &
Gamble eingeführt, erlebt 1969 dank einer
verbesserten Rezeptur und vermehrter Schaum-
bildung einen zweiten Frühling. Die seit 1954 für
die Marke zuständige Agentur **Leo Burnett** dreht
drei Werbespots, um dies herauszustellen. Ober-
flächlich respektieren diese Spots den gängigen
Realismus der klassischen Produktdemonstration,
doch sie entführen den Betrachter in ein Reich
der Phantasie, stets nach dem gleichen Schema,
etwa so: Der Verkäufer und seine Kundin werden
durch die neue Camay unwiderstehlich zueinander
hingezogen. Um ihr die Schaumkraft der Seife zu
beweisen, ergreift er ihre Hände, wobei seine
Hände, oh Wunder, bereits von dem kostbaren
Schaum bedeckt sind. Ganz versunken in seine
Demonstration, die sie aufmerksam verfolgt,
streichelt er ihre Hände, während die ersten Takte
der Ouvertüre von Tschaikowskijs Romeo und
Julia ertönen. Der erste Spot zeigt einen jungen
Forscher, der seine Entdeckung voller Begeisterung
einer Kollegin mitteilt. Der zweite Spot spielt in
einem Supermarkt (3). Der Dritte handelt von Mr.
Rogers, dem älteren Inhaber eines Krämerladens,
der einer treuen Kundin, Mrs. Becker, auch sie
nicht mehr die Jüngste anbietet, die neue Camay
auszuprobieren: „Doppelt so schaumig, doppelt so
cremig. Man muss es einfach selbst erleben" (4).
Regie führte bei beiden Filmen Robert Sallin.

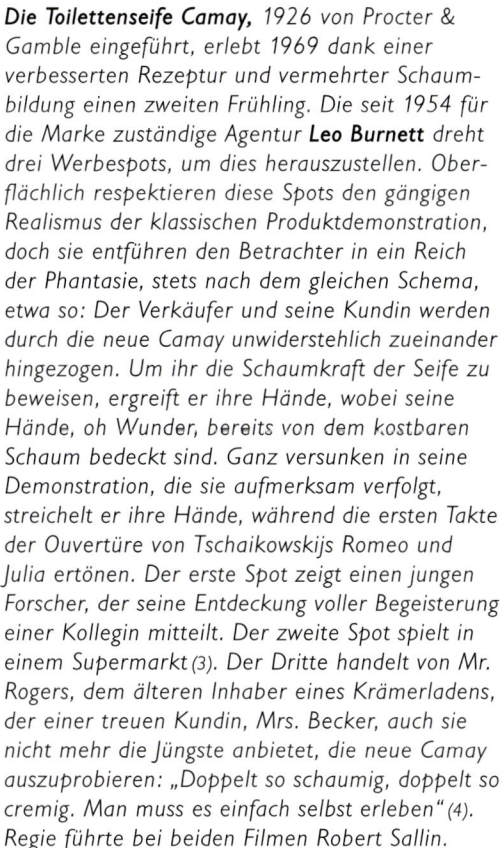

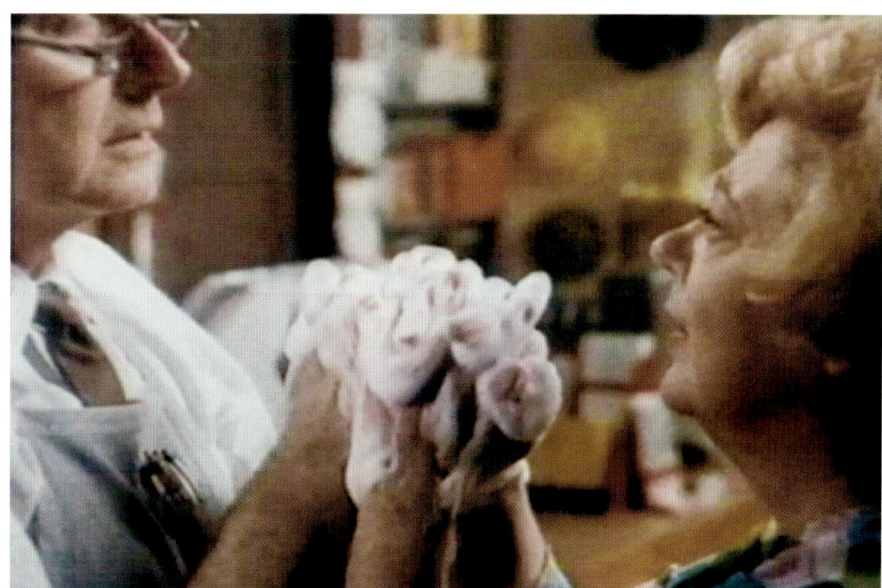

4

Die Farbe des Lächelns

Im Fachhandel, Direktverkauf oder per Post vertriebene Kosmetika, seien es Traditions- oder Handelsmarken, verleihen den Frauen ein farbenfrohes Lächeln.

2

1

In den 1960er- und 1970er Jahren erzielt Avon mit seinem Netzwerk aus privaten „Beraterinnen" in den Vereinigten Staaten und in rund hundert weiteren Ländern große Erfolge. **N.W. Ayer & Son** begleitet das Wachstum 1978 mit dieser Kampagne: „Avon, dir verdanke ich mein Lächeln" (1). In Deutschland wendet sich Margaret Astor, eine Marke der Coty-Gruppe, an die 1975 in Frankfurt gegründet Agentur **Lürzer, Conrad**, die sich 1980 mit Leo Burnett zusammenschließen wird. Die Kampagne von 1978 rückt das Rot der Nägel und der Lippen in den Vordergrund: „Der Favorit des Monats: Red Champagne" (2). Weitere Farben werden folgen: Green Panther, Havana Harvest oder Barbados Brown. In den 1880er Jahren behauptete Madame Ayer, Gründerin von Harriet Hubbard Ayer, sie verdanke das Rezept für die Schönheitscreme der Salondame Madame de Récamier einem französischen Apotheker. Die 1966 gegründete Agentur **FCA!**, die 1993 zu Publicis stoßen wird, kreiert zusammen mit dem amerikanischen Photographen Bill King einige Anzeigen (3).

3

4

6

5

7

Nach dem Tod seines Vaters, eines Apothekers aus Nottingham, übernimmt Jesse Boot gemeinsam mit seiner Mutter im Jahr 1860 die kleine Heilkräuterhandlung. Dank einer sehr aggressiven Vertriebspolitik sollte daraus rasch ein wahres Imperium entstehen. Mit 1.400 Geschäften ist Boots the Chemist in Großbritannien heute die größte Drogeriekette. Ihre Kosmetikmarke Boots N°7 entstand 1935. Sie wendet sich an junge Frauen, die moderne Farbtöne zu erschwinglichen Preisen wollen. Die Produktlinie wurde des öfteren modernisiert, mit jeweils anderer Werbeaussage und Verpackung, vor allem aber mit Produkten, die immer wieder dem Zeitgeist angepasst wurden. Die Agentur **McCormick, Richards,** seit 1978 Teil des europäischen Netzwerks von Publicis, realisiert beispielsweise diese Kampagne für Hautpflegeprodukte (6), (7) und eine weitere für den Bereich Make-up: „Das wechselnde Gesicht der Mode" (4), (5) mit der Nahaufnahme einer jungen Frau, die beim Schminken Grimassen zieht (8).

8

Wissenschaft der Schönheit

Der Erfolg von L'Oréal verdankt sich der Fähigkeit, Forschung und Gespür für die Erwartungen der Frauen zu vereinen. Im Grunde verkauft man nämlich keine Produkte, sondern Schönheit und Wohlbefinden.

1

Eugène Schueller, ein junger französischer Chemiker, erfindet 1907 das schonende Haarfärbemittel Auréole, aus dem der Name L'Oréal hervorgehen sollte, inzwischen einer der Hauptakteure in der internationalen Kosmetikindustrie. Anfang der 1960er Jahre versprachen die ersten Haarfestiger einen perfekten Sitz der Damenfrisur, der es nun indes an Elastizität mangelte; außerdem ließ sich der Festiger schlecht ausbürsten. L'Oréal ändert die Zusammensetzung seines Haarfestigers Elnett, der sich nun bemerkenswert leicht ausbürsten lässt. Die Agentur **Oscar,** die sich 1980 Publicis anschließen wird, konzentriert sich 1963 in ihren Anzeigen auf die goldene Farbe der Spraydose und die Geste des Bürstens, unterstrichen durch die Blondine im Gegenlicht: „Der einzige Haarfestiger, der sich spielend leicht ausbürsten lässt" (1). Der Gedanke der Frisur mit Spannkraft wird 1971 in einem Spot aufgegriffen (2).

2

Lebensweise und Mentalität erfahren während
der Wirtschaftswunderjahre manche tief greifende
Veränderung. Besonders gilt dies für den zunehmenden Hedonismus. Beispiel Körperpflege:
Sauberkeit allein reicht nicht mehr aus, nein,
die Pflege des eigenen Körpers soll auch Freude
bereiten. In diesem Kontext treten Anfang der
1960er Jahre die ersten Schaumbäder in Erscheinung. 1963 kreiert L'Oréal O.BA.O. Die Einführungskampagne soll **Publicis** übernehmen. Hierzu
ersinnt man eine erlesene, exotische Bilderwelt,
erinnernd an jenes erotisch-raffinierte Universum,
das man im Westen gern mit der japanischen
Geisha-Tradition verbindet. Der Klang des Namens
fügt sich in dieses Bild, ebenso die Verpackung:
ein blauer, harmonisch geschwungener Flakon.
Folgerichtig lanciert man das Produkt als „das
Schaumbad à la japonaise" (3). Die an altjapani-
sche Kunst erinnernden Illustrationen stammen
von Alain Le Foll. Hier ein Beispiel in Form eines
Entwurfs mit technischen Randnotizen (4). Die
später für die Marke verantwortliche Agentur
FCA! findet mit Spots, die unter anderem von
Helmut Newton gedreht wurden, einen markanten,
originellen Ausdruck für die Sinnlichkeit von
O.BA.O: das Erscheinen der Frau hinter einem
halb geöffneten Paravent, akzentuiert durch
traditionelle Musik („Sakura-sakura").

3

4

Parität

Eine nackte Frau, ein nackter Mann. Die Frau erschien 1962, der Mann 1967.
Dies war nicht die erste Nackte, wohl aber der erste hüllenlose Mann. Gewagt war
indes nicht die Gegenwart des nackten Körpers, vielmehr das Fehlen des Produkts.

ROSY

1

Zwei Kampagnen von Publicis, *in denen das Produkt fehlt. Die Erste gilt der Dessousmarke Rosy, 1936 von dem Strumpffabrikanten Léon Josephson gegründet, den die Agentur 1947 als Kunde gewinnen kann. Ausgangspunkt ist ein Gedanke des englischen Dichters John Ruskin, wonach die ideale Frau keine Rosen auf dem Weg findet, sondern sie selbst erblühen lässt. Publicis erfindet das Symbol von der Frau mit Rose. Hervorragend zum Ausdruck gebracht wird dies 1963 in dem Photo von Jeanloup Sieff (1): anstatt das Produkt zu zeigen, werden Kaufmotive suggeriert wie Wohlbehagen, Eleganz, Verführungskraft. Das zwei Jahre zuvor auch in Frankreich erschienene Buch „Strategy of Desire" von Ernest Dichter hatte Früchte getragen. Ganz anders das zweite Beispiel: Als Selimaille die Agentur Publicis 1967 mit der Präsentation seiner Herrenunterwäsche betraut, hat man sich den Namen eines weißen Slips mit an das Judo erinnerndem „schwarzen Gurt" schützen lassen. Als die Anzeige mit dem Slip eben erscheinen soll, wird dessen Präsentation gerichtlich untersagt, da ein Mitbewerber bereits zuvor das Dessin eines Slips mit einem farblich kontrastierenden Bund angemeldet hat. Was nun? Eigentlich wollte man die erste „kleidsame Unterwäsche" für den Mann präsentieren. Nun kann man nur mehr das Model zeigen, den Griechen Frank Protopapa, angezogen (2) oder unbekleidet (3). Damit hatte der Photograph Jean-François Bauret das erste Werbephoto eines nackten Mannes geschaffen.*

2

3

Selimaille

„Tatatata ta ta!"

Seit 1970 kennt ganz Frankreich diese sechs Noten, denen die Strumpfmarke Dim ihren Erfolg verdankt – eine Melodie, die man durch unterschiedliche Arrangements an neue Moden und Produkte anpassen wird.

Gm
Cm7
F7
B♭maj.7
E♭maj.7
Cm7
Cm6
D7-5
Gm

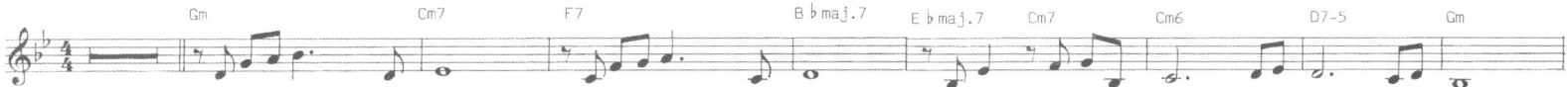

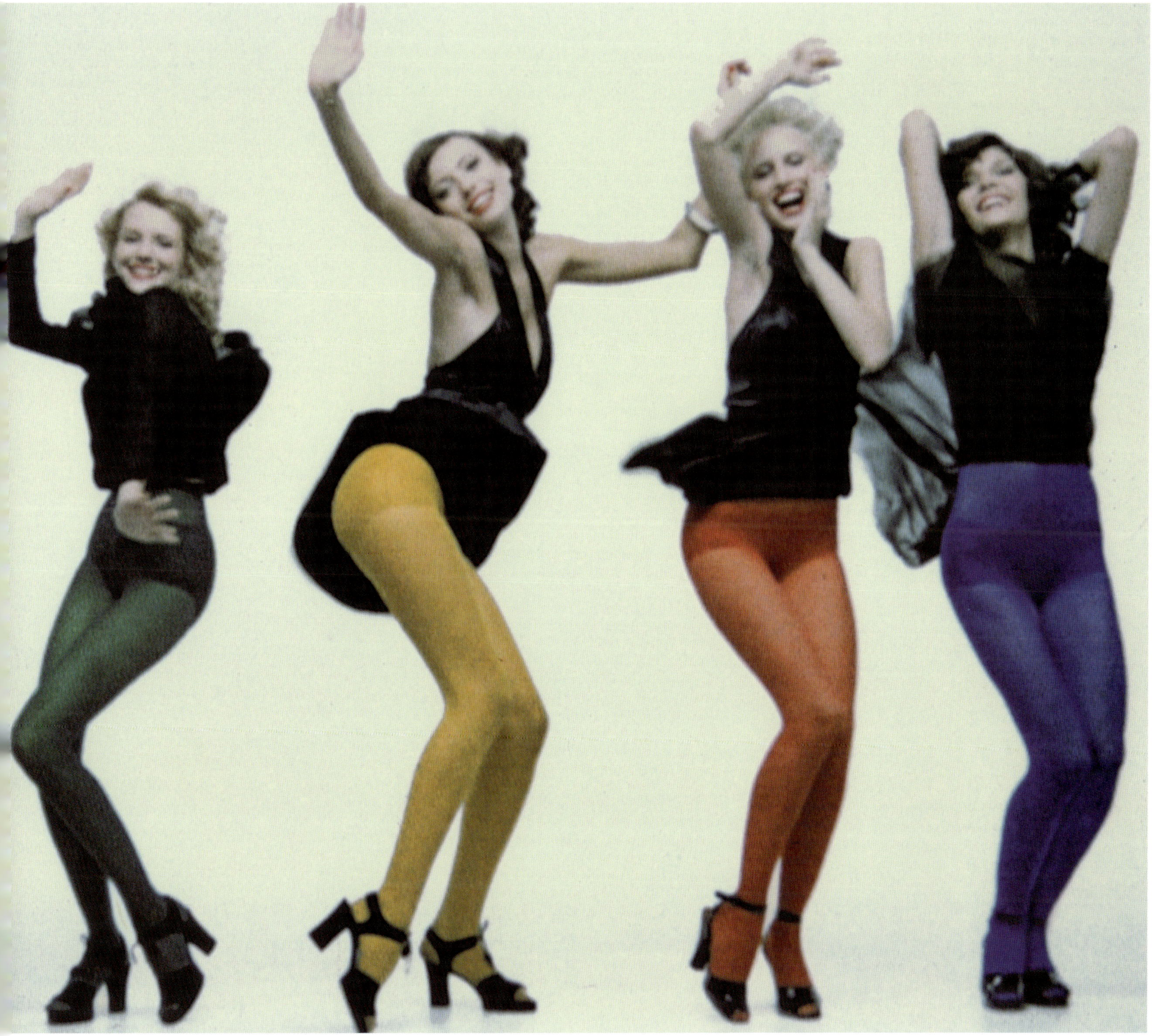

Das kann sich sehen lassen

Seit der Erfindung von Nylon (1938) und Lycra® (1959) durch DuPont vereinen moderne Dessous auf einzigartige Weise eine überaus komplexe Fertigungstechnik mit dem intimsten Ausdruck des weiblichen Selbstbewusstseins.

2

1

Die Strümpfe der Marke Les Bas Dimanche werden von der 1953 durch Bernard Giberstein gegründeten französischen Firma Bégy vertrieben, die ihre Werbung 1963 der Agentur **Publicis** anvertraut. Dort rät man ihr sogleich zu einem einfacheren Namen: Dimanche wird zu Dim. Es hagelt Innovationen: nahtlose Strümpfe, Einzelstrümpfe, ungefaltete Strümpfe, die in einem Würfel verpackt sind. Mit dem Minirock kommt die Strumpfhose. Dim beweist, dass sich ein Modeartikel massenhaft verkaufen lässt. Seine Produkte sind überall leicht erhältlich, zugleich aber von unvermindert hoher Attraktivität, da sie durch die Werbung fest in der aktuellen Mode und Lebensweise verankert werden. Anders als die Mitbewerber, die allein Frauenbeine präsentieren, zeigt Dim eine natürliche, fröhlich-kecke Frau, die sich frei bewegen kann. Bedeutende Filmregisseure wie William Klein (das Foto auf der vorangehenden Doppelseite ist ein Standbild aus einem seiner Spots), Hugh Hudson, Adryan Lyne, Ridley und Tony Scott, Bertrand Tavernier und Luc Besson kreieren Spots, in denen eine Melodie von Lalo Schifrin aus dem Film „The Night of the Fox" ertönt. Auch angesehene Photographen werden für diese Marke tätig: Nadia Rein 1972 (1) oder Jeanloup Sieff 1975 (2), (3), (5).

3

Ein neues Logo in Gestalt eines Aufnähers
entsteht 1977 (6). Als 1986 Strümpfe wieder
modern werden, lanciert Dim 1987 die halterlosen
Strümpfe Dim'Up mit dieser Anzeige von Eddy
Kholi (4). In den Vereinigten Staaten wendet sich
die Marke Hanes Hosiery 1969 an **Dancer
Fitzgerald Sample,** um Dessousartikel auf dem
Massenmarkt einzuführen. Der Markt ist gewaltig,
doch stark fragmentiert: keine der sechshundert
Marken erreicht einen Marktanteil von über vier
Prozent. Daher gilt es, eine starke Marke aufzu-
bauen, die durch Name, Verpackung und Präsenz
bei den Points of Sale bekundet, dass sie anders
und besser ist als die in Verbrauchermärkten
vertriebenen Marken. Mit Rücksicht auf die
Distributoren bedarf es auch einer Werbung,
die Lust macht, das Produkt auszuprobieren. Die
Marke L'Eggs wird all diese Probleme lösen und in
den Vereinigten Staaten zum Top Seller werden.
Die originelle, eiförmige Verpackung und die
Verkaufsdisplays verkörpern eine neue, brillante
Antwort. Der Slogan beruht auf einem Wortspiel
mit „eggs" (Eier) und „legs" (Beine): „Our L'eggs
fit your legs" (7).

4

6

5

7

Großes Kino

Ende der 1950er Jahre hält die Werbung Einzug im Fernsehen, zunächst in Großbritannien, dann auch im übrigen Europa. Publicis ist die erste Agentur, die sich für ihre Spots regelmäßig an bedeutende Spielfilmregisseure wendet.

Die Lust am Probieren stellt Heineken 1976 in dem Spot „J'aime sa finesse" (Ich liebe seinen Scharfsinn) von Robert Enrico in den Vordergrund (1). 1982 ist es bei Alain Franchet eine gesellige Runde, die „Das Bier, weshalb Bier schmeckt" preist (6). Der 1981 von Sergio Leone für **Publicis** gedrehte Spot „Der Diesel sprengt die Ketten" (2) für den Renault 18 Diesel (dessen Spritzigkeit es zu betonen gilt), in dem sich das Auto gleich Spartakus von den Ketten befreit, macht Anleihen beim klassischen Drama. Jean-Jacques Annaud kreiert 1975 einen Werbespot für die Kuba-Languste, der sehr wirkungsvoll mit naiver Ehrlichkeit spielt: echte Hausfrauen trällern einen alten Schlager in einem zweitklassigen Dekor (3). Um ein Entstaubungsmittel zu entstauben, entscheidet sich O-cedar 1981 mit dem Spot von Manuel Otero in Form einer tanzenden Gliederpuppe ebenfalls für eine humorvolle Note (4). Für BHs von Dim realisiert Ridley Scott 1977 einen heiter-neckischen Spot (5).

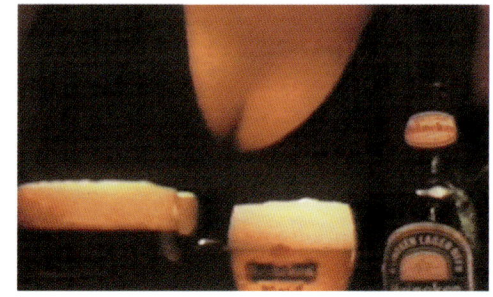

9

7

8

Crunch, 1960 in Frankreich eingeführt, ist eine Vollmilchschokolade mit Puffreis. Humorvoll zu einem Höllenlärm gesteigert, bildet das beim Hineinbeißen entstehende Knuspergeräusch ab 1975 den Aufhänger einiger Spots, die der Marke eine markante Persönlichkeit verleihen. Jean-Paul Goude realisiert 1984 für **Leo Burnett** ein burleskes Kleinod, in dem eine junge Frau schalkhaft in die Tafel hinein beisst und so das gesamte Filmstudio zugrunde richtet (7). Die gleiche Agentur dreht 1976 einen Spot für Nestlé Dessert, die 1971 in Frankreich eingeführte Kochschokolade. Lester Bookbinder inszeniert ein sinnliches Paar, das sich eine appetitliche, mit Schokolade nappierte Birne teilt (8). Dieser Spot löst unweigerlich jenen berühmten Reflex der Appetitanregung (appetite appeal) aus, wie er bei der Werbung für Lebensmittel unerlässlich ist. Sergio Leone wird 1974 von **Publicis** mit einem Spot für Stieleis von Gervais betraut. Der Erfinder des Italo-Western entwirft eine Parodie des Spielfilms „Lawrence von Arabien". Eigentlich sieht das Drehbuch nur eine Person vor: einen Tuareg, der mitten in der Wüste sein Eis genießt. Leone fügt noch eine verschleierte Gemahlin hinzu, die im Schweiße ihres Angesichts das Dromedar mit ihrem Herrn und Meister führt, das Ganze im donnernden Takt des „Walkürenritts", neu arrangiert von Ennio Morricone, Leones Hauskomponist (9). Wer gute Milch trinken will, kann sich entweder eine Kuh ins Haus holen oder Lactel kaufen. Diese absurde Alternative gibt es jedenfalls in dem von Jean-Jacques Annaud 1981 für Publicis realisierten Spot, um auf humorvolle Weise Kühe in den Straßen und Wohnungen präsentieren zu können (10).

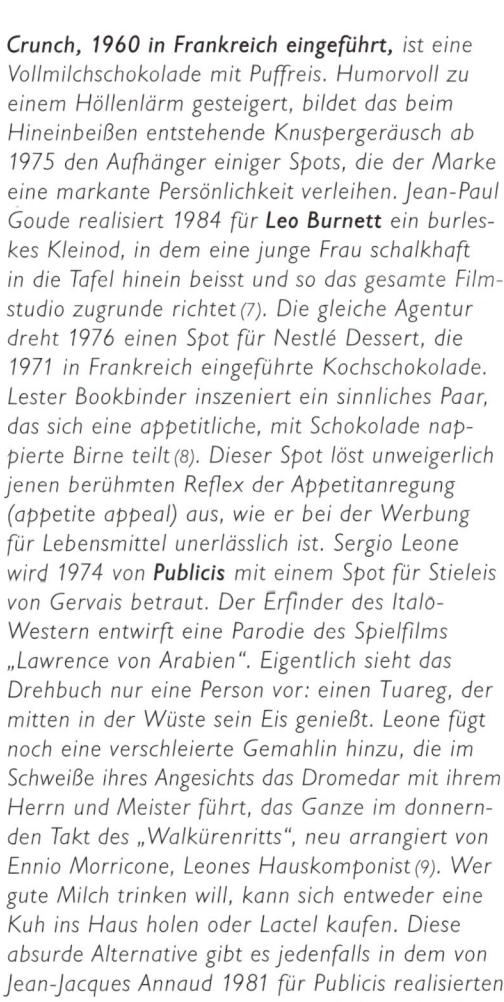

10

Lässiger Chic

Die Generation Werbung stellt überlebte, im Formalismus erstarrte Verhaltensweisen in Frage. Bisweilen aus der Not eine Tugend machend, verfällt sie auf ungewohnte Praktiken und erfindet ein neues Erkennungsmerkmal.

2

1

Wie verkauft man ein unverkäufliches Reiseziel? Bis in die 1960er Jahre hinein ist Irland wahrhaft kein typisches Reiseland: keine Sonne, keine Sehenswürdigkeiten, schlecht erreichbar. Im Auftrag des irischen Fremdenverkehrsamts fordert **Intermarco-Elvinger** 1968 auf: „Fahren sie nach Irland, niemand tut es". In abgewandelter Form sollte dieser dann doch verworfene Spruch den Grundstein für mehr als vierhundert Anzeigen bilden. Jenes Land, in das niemand reist, wird nun zu einem Land für alle, die authentische Eindrücke schätzen und nichts so tun wie alle anderen. Zu dem Themen „Weit weg und doch so nah" (3) und „Weichen Sie vom rechten Weg ab" bieten diese Kampagnen den inzwischen als Führungskräfte etablierten Altachtundsechzigern einen Hauch von preiswertem Nonkonformismus. Man verweist auf aktuelle Themen wie die Unterzeichnung des Vertrags von Canterbury über den Bau des Kanaltunnels durch Großbritannien und Frankreich am 12. Februar 1986 (2). Oder man unterwandert gängige Codes, indem man sich, angeblich aus Geldmangel, Hilfe suchend an die Leser der Photozeitschrift wendet, in der die Anzeige erscheint (1). Innerhalb von fünfundzwanzig Jahren steigt die Zahl der französischen Irlandreisenden von 25.000 auf 250.000.

3

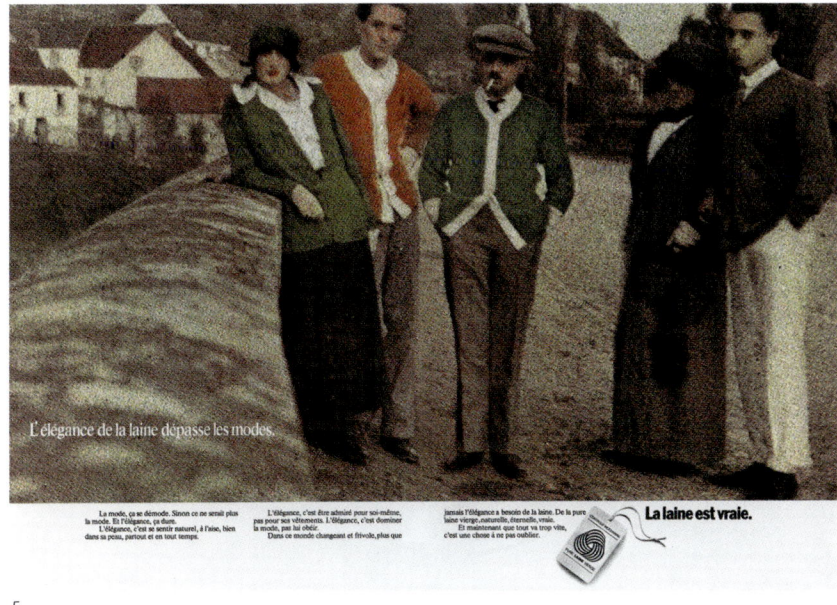

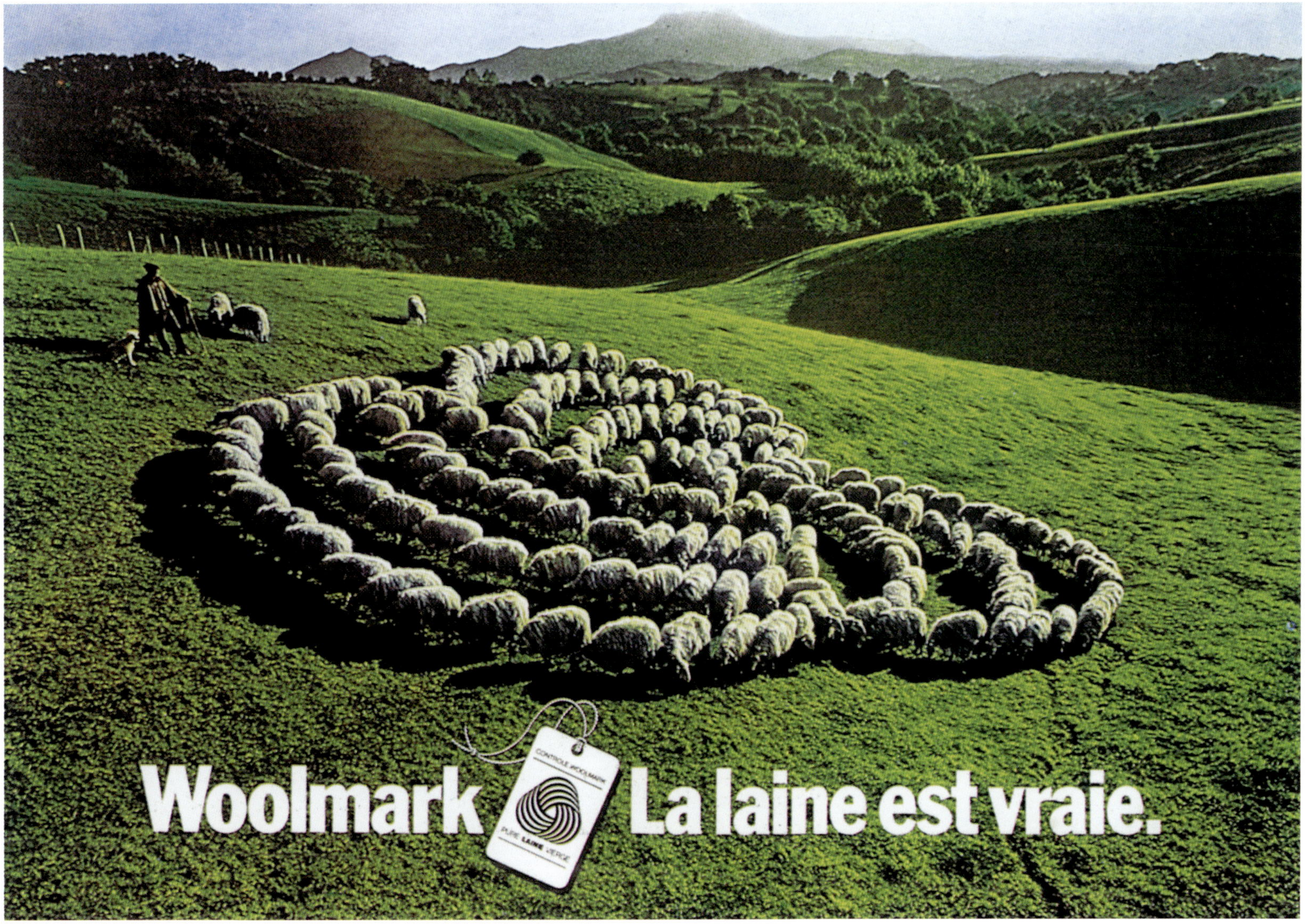
Woolmark
CONTROLE WOOLMARK
PURE LAINE VIERGE
La laine est vraie.

4

Das 1937 von Wollproduzenten aus Australien, Neuseeland und Südafrika eingerichtete International Wool Secretariat gründet 1947 ein Büro in Frankreich. 1964 entsteht das Label „Woolmark", das Symbol stammt aus der Feder des Mailänder Graphikers Francesco Saroglia. Der Kampf gegen die Kunstfaser ist voll entbrannt. In Europa erscheinen 1969 die ersten Waschmaschinen mit Wollprogramm. Die französischen Verantwortlichen des internationalen Wollsekretariats entscheiden sich 1974 für die Agentur **FCA!** Um die Natürlichkeit des Materials zu betonen, bringt man den Slogan „Wolle ist das Wahre", der für viele Jahre zur Signatur der Marke werden sollte. Der Photograph Daniel Aron kreiert diese Anzeige mit über zweihundert einzeln angepflockten Schafen (4). Weitere Anzeigen werben für spezielle Wollartikel, beginnend mit diesem Photo von Jacques-Henri Lartigue: „Sim, ich, Charly, Nanik und Rico, Pont de Manzat, 24. September 1913" (5).

L'élégance de la laine dépasse les modes.
La laine est vraie.

5

Luxus für alle

Armbanduhr und Füllfederhalter waren einmal Statussymbole. Der Kugelschreiber entspannt den Schreibvorgang, um später zum Wegwerfartikel zu werden. Und die Armbanduhr, einst ein Geschenk fürs Leben, wird zum modischen Accessoire.

2

1

Der Amerikaner John J. Loud entdeckt 1888 das Prinzip des Kugelschreibers, um damit Leder zu beschriften. Der Ungar József László Bíró perfektioniert den Stift 1938 in Argentinien, doch es gibt Probleme mit der Dichtheit. Marcel Bich, der seine Firma 1945 gegründet hatte, bringt 1950 in Frankreich (das man gern mit einem Sechseck vergleicht) ein sechseckiges Modell heraus. Aus durchsichtigem Kunststoff bestehend, damit man das Füllniveau sehen kann, trägt es den Namen Cristal, ist in Schwarz, Rot, Blau und Grün erhältlich und garantiert genügend Inhalt für eine drei Kilometer lange Linie. Marcel Bich greift 1953 auf seinen eigenen Namen zurück, um seine Firma in Bic umzutaufen. Eine neue Art des Schreibens ist geboren. Den wirklichen Erfolg bringt 1961 eine technologische Neuerung: eine Kugel aus Wolframkarbid verhindert das Auslaufen der Tinte. Zunächst von den Schulen abgelehnt, die an den variablen Strichstärken des Füllers festhalten wollen, wird der Kugelschreiber in Frankreich ab dem 3. September 1965 doch noch zugelassen – nach einer originellen Werbekampagne, indem man von Savignac und Effel gestaltete Bic-Schreibunterlagen an die Schüler verteilt hatte. Für die Bekanntheit der Marke sorgt die Agentur **Masius-Landault** durch ihre Schülerfigur mit einer Kugel als Kopf (1), (2). Savignacs Figürchen mit dem Kugelschreiber hinter dem Rücken kommt gut an und erscheint in sämtlichen Anzeigen (3). Durch den Erfolg bestärkt, bringt man 1973 auch Feuerzeuge und 1975 Nassrasierer auf den Markt. Diese „nicht nachfüllbaren" Produkte entsprechen einer Lebensweise und Konsumhaltung, die das Leichte, Einfache, ja das Flüchtige bevorzugt.

NOUVELLE BILLE

BiC

3

Napoleon erhält 1807 einen von Emmanuel
Lipmann gefertigten Chronometer zum Geschenk.
Lipmanns Enkel Ernest eröffnet 1867 eine Uhren-
manufaktur in Besançon. 1896 erscheint das
Wort Lip erstmals auf einem Chronometer. Als
sich Fred Lip 1962 an **Publicis** wendet, ist die
Marktlage schwierig. Die Konkurrenz ist groß
und das Verhältnis zu den Zwischenhändlern –
Juweliere, Uhrmacher und Goldschmiede in einer
Person – ist angespannt. Obwohl die Marke einen
Bekanntheitsgrad von 98 Prozent genießt, beträgt
ihr Marktanteil lediglich 20 Prozent. Alles muss
anders werden. Bisher ist der Kauf einer Armband-
uhr etwas Außergewöhnliches, das nur einmal im
Leben stattfindet. Zudem gilt die Branche als
leicht angestaubt, weshalb Publicis für Lip 1963
ein modernes Image kreiert, das sich absetzt.
Hierzu verwendet man den Namen Fred Lip,
den man mit sämtlichen Attributen der Marke
verbindet, sei es Jugendlichkeit, photographiert von
Michel Certain (6), Detailverliebtheit (4), Modernität,
Eklektizismus, Leidenschaft etc. Das Thema „Lip!
Lip! Lip! Hurrah!" wird im Jahr darauf durch ein
Kerlchen namens Mathieu (Nicolas Matton),
photographiert von Marc Hispard (5), als neuem
Sprachrohr der Marke aufgegriffen.

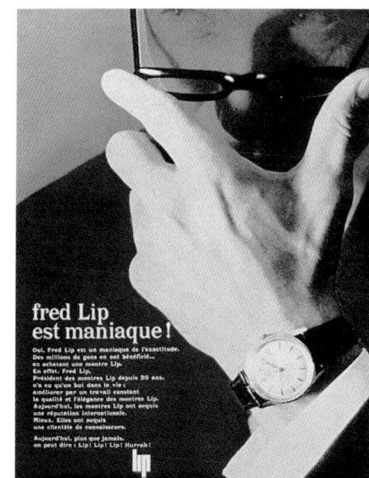

4

5

6

Diamanten für die Ewigkeit

Es bedarf großer Energie, um Kohlenstoff in einen Diamanten zu verwandeln – und großer Leidenschaft, um einander ewig zu lieben. Doch es reicht aus, die Zeit aufzuheben, um die unverrückbarste Tradition zu verändern.

2

1

Ende der 1930er Jahre ist nicht nur die Weltwirtschaftskrise vorbei, sondern auch die Tradition des diamantbesetzten Verlobungsrings. Da der Absatz deutlich rückläufig ist, wendet sich De Beers 1939 an **N.W. Ayer & Son.** Die Agentur entwirft eine Parallele zwischen Gemälden und Diamanten, die sie ebenfalls als Kunstwerke und vor allem als Wertanlage herausstellt. Bedeutende Künstler wie Dufy, Derain, Dalí und Marie Laurencin werden aufgerufen, zur bald entstehenden Kollektion De Beers beizutragen. Selbst Picasso signiert 1940 eine Anzeige für die Serie (2). Die Kampagne will zugleich auch informieren und erläutert die vier C: cut (Schliffgüte), carat (Größe), clarity (Reinheit) und colour (Farbe). Mit Diamanten verhält es sich nämlich wie mit der Kunst: Wissen bedeutet zugleich auch Wertschätzung. 1949 entsteht der Slogan „Ein Diamant ist ewig". In den Vereinigten Staaten gibt es 1951 bei 80 Prozent aller Eheschließungen einen Diamanten. Doch die Zeiten ändern sich und so auch die Werbekampagnen: Die Maler werden von den bedeutendsten Photographen jener Zeit wie Irving Penn oder Richard Avedon abgelöst. Neuer Slogan: „Ein Diamant ist für heute" (1). Diamanten sind nun nicht mehr allein den Reichsten vorbehalten (3) und 1969 macht De Beers die Mondlandung zum Thema einer Anzeige (4).

3

Splashdown diamonds.
Since lunar surfaces and lady surfaces vastly improve
with the glitters of 58 facets
which haven't been seen on the moon.
It's not just gravity that pulls you to them.
Our earthrock puts mankind more in orbit than moonrocks ever will.

A diamond is for now.

White gold and diamond pin. Your jeweler can show you many exciting pieces starting as low as $200.   De Beers Consolidated Mines, Ltd

4

Die Eiserne Lady

*„Wunderbar!" soll Margaret Thatcher, die Eiserne Lady, ausgerufen haben,
als sie diese Kampagne sah. Zum ersten Mal hatte sich eine politische Partei
in Großbritannien einer großen Werbeagentur anvertraut.*

1

Nach dem Sieg der Konservativen 1970 unter
Edward Heath wird Margaret Thatcher Bildungs-
ministerin. Dann aber erleiden die Konservativen
zwei Niederlagen in Folge und wählen Thatcher
1975 zur Parteivorsitzenden. Diese beschließt,
sich zur Vorbereitung des anstehenden Wahlkampfs an eine Werbeagentur zu wenden. Es
muss eine englische Agentur sein, nicht zu groß,
nicht zu klein und vor allem sehr kreativ. Man
schwankt zwischen **Masius Wynn Williams** und
Saatchi & Saatchi, die schließlich gewählt wird.
Hier ist man von einem überzeugt: In den Augen
der Öffentlichkeit werden die Wahlen nicht von
der Opposition gewonnen, sondern von der Regierung verloren. So entwickelt man eine Kampagne,
um die scheidende Labour-Regierung hart zu
attackieren. Im Frühjahr 1978 heißt es: „England
marschiert rückwärts. Träumen Sie nicht von einem
besseren Leben, wählen Sie es". Im August erscheint dieses Plakat: „Labour (die Arbeiterpartei)
arbeitet/funktioniert nicht. Großbritannien ist
mit den Konservativen besser dran", während die
Menschen vor dem „Arbeitslosenamt" Schlange
stehen (2). Eine ähnliche Speerspitze richtet sich
gegen „Die Rüstungspolitik von Labour: entwaff-
nend" (1). Im Mai 1979 gelangen die Konservativen
an die Macht und werden bis 1997 regieren.

2

„Scripta manent"

Worte sind vergänglich, doch die Schriften bleiben, sagt man. Angesichts des aufstrebenden Fernsehens berufen sich die Printmedien auf ihre Glaubwürdigkeit, um Anzeigenkunden zu gewinnen.

2

1

Die Werbeagenturen haben zu keinem Zeitpunkt vergessen, dass ihre Wurzeln in den Printmedien liegen. Ein Paradebeispiel für diese privilegierte Verbindung bietet **N.W. Ayer & Son** in den Vereinigten Staaten. Als die sechzig Sekunden langen TV-Spots ein immer größeres Stück vom Werbekuchen an sich reißen, wird die Agentur vom Verband der Zeitschriftenverleger angesprochen. So entsteht 1968 eine Werbekampagne für „das Medium, das einen anspricht". Um das besondere Verhältnis zwischen dem Leser und seiner Zeitschrift zu illustrieren, handeln die Anzeigen von hoch emotionalen Ereignissen, etwa von den beiden Boxkämpfen Max Schmelings 1936 und 1938 gegen den Amerikaner Joe Louis: „Was geschah mit Max Schmeling?" (3). Seit 1965 wirbt die Agentur außerdem für Newsweek, wobei die Glaubwürdigkeit der Zeitschrift im Mittelpunkt steht: „Newsweek – die Zeitschrift, die man zitieren kann, da Fakten und Meinungen deutlich getrennt werden". Anfang der 1970er Jahre folgt eine Anzeigenserie über die journalistische Qualität von Newsweek. „Freakshow, $ 5,00" (1) ist eine Reportage über die Subkultur, „Unschuldig verurteilt" (2) handelt von einem jungen Mann in den Mühlen der Justiz.

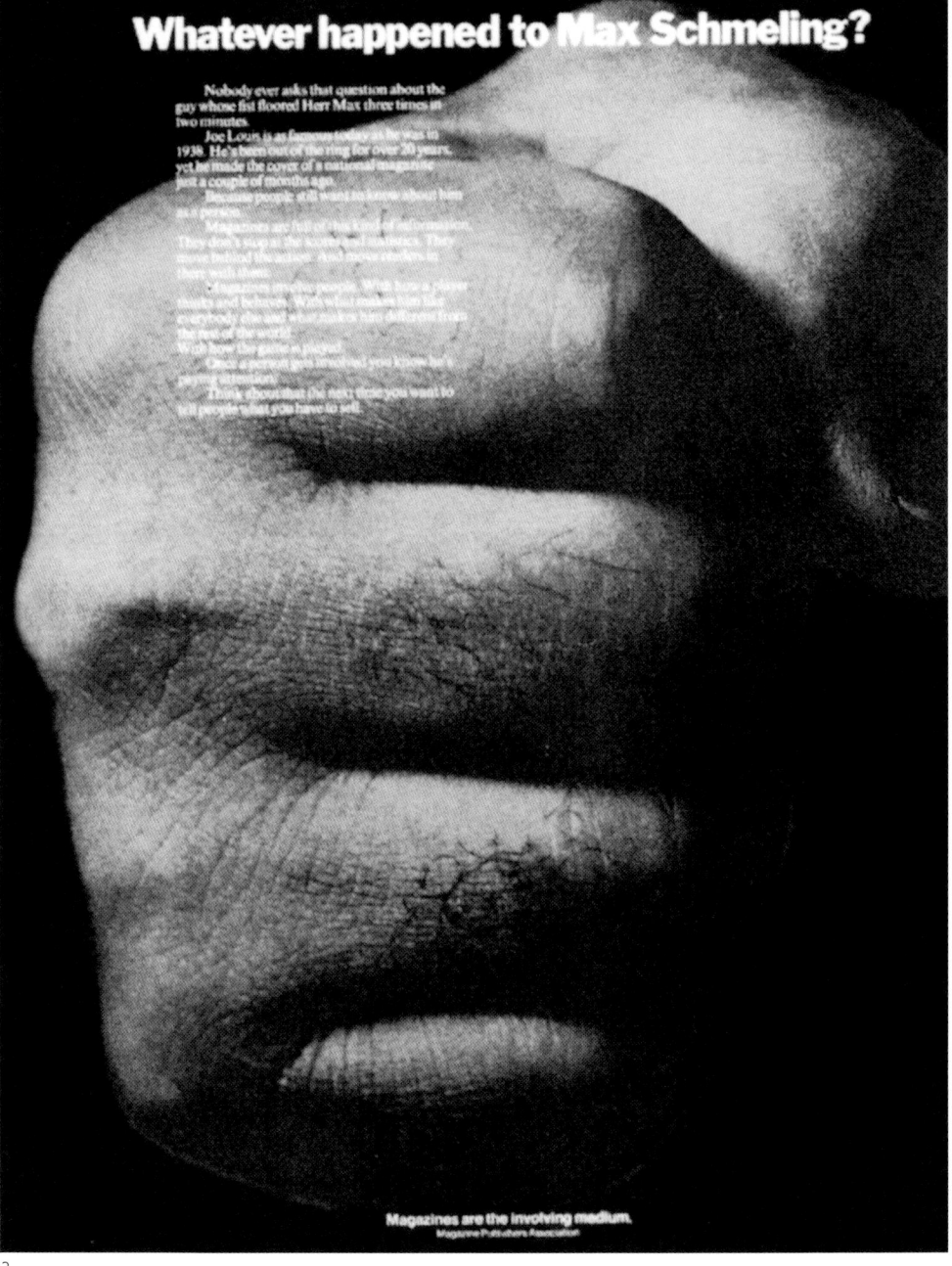

3

Die Printmedien reagieren auf die Fernsehflut.
In Frankreich bringt das Syndikat der regionalen
Tageszeitungen 1974 mit einer von Michel Meunier
photographierten Kampagne von **FCA!** eine ener-
gische Antwort auf die Herausforderung durch
die elektronischen Medien: „Gutenbergs Antwort
auf McLuhan"(4). Die ganzseitige Farbanzeige
erscheint in den Tageszeitungen, um den Werbern
auf Zahlen gestützt zu erläutern, dass die Presse
eine unverzichtbare Ergänzung des Fernsehens
darstellt: dieses weckt Interesse, jene liefert
den Hintergrund. Selbstverständlich soll dies die
Anzeigenkunden erinnern, bei ihren Werbeinves-
titionen die Regionalzeitungen nicht zu vergessen.
Herbert Marshall McLuhan ist jener zeitgenössische kanadische Soziologe, der mit seinen Analysen
der Medien und der Auswirkungen der Technik
auf die Massenkommunikation berühmt wurde.
Gutenberg muss wohl nicht vorgestellt werden …
In Großbritannien betont auch die hoch angesehene, im 18. Jahrhundert gegründete Times 1978
in dieser Anzeige von **Leo Burnett** London die
Qualität ihrer Nachrichten: „Wollten Sie nicht
immer schon besser informiert sein?"(5). Das
Tagesblatt und seine Wochenendausgabe, die seit
1962 erscheinende Sunday Times, sind im Besitz
des Kanadiers Roy Thomson. Wegen anhaltender
Arbeitskämpfe kann die Times von Dezember
1978 bis November 1979 nicht erscheinen. Im
Februar 1981 werden beide Titel von Rupert
Murdochs News Corporation Group übernommen.

4

5

Wenn Werbung nichts zu verkaufen hat

Ende der 1960er Jahre erscheinen immer mehr Anzeigen, um die Öffentlichkeit
für gesellschaftliche Probleme zu sensibilisieren – zweifellos deshalb, weil es gilt,
die rasanten kulturellen Veränderungen zu begleiten und erleichtern.

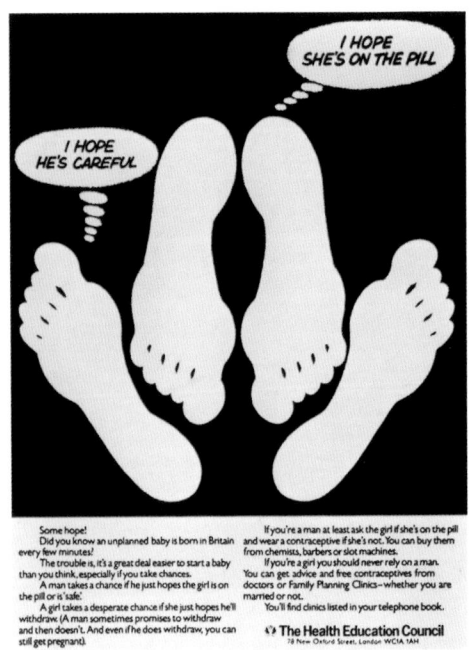

1

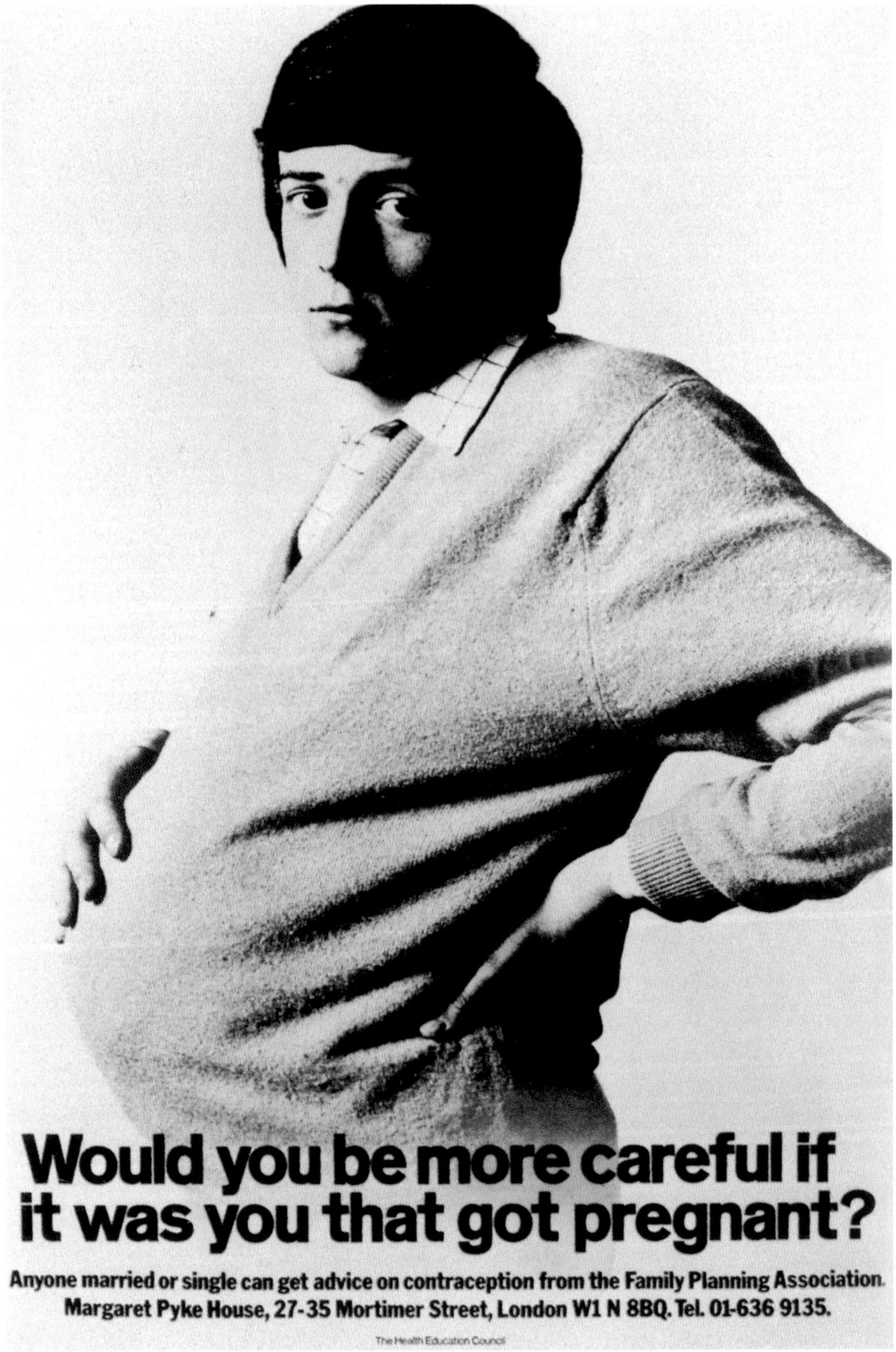

Während die Praxis der Geburtenkontrolle in
Europa allmählich Fuß fasst, tragen die Einrichtungen für Familienplanung entscheidend dazu
bei, die Verhütungsmethoden bekannt zu machen
und Gesetze zur Legalisierung der Abtreibung zu
verabschieden. Das Aufkommen der Pille in den
1960er Jahren bringt nachhaltige Veränderungen
mit sich. 1967 wird Abtreibung in England, Wales
und Schottland für erwachsene Frauen legalisiert.
Der britische Verband für Familienplanung versucht
1969 mit einer von Alan Brooking photographierten Anzeige den Männern zu vermitteln, dass
Empfängnisverhütung nicht nur Frauen angeht:
„Wären Sie vorsichtiger, wenn Sie schwanger
werden könnten?" (2). Auch **Saatchi & Saatchi**
behandelt das Thema der geteilten Verantwortung,
und zwar 1971 für den Health Education Council
(Rat für gesundheitliche Aufklärung), der 1948
zeitgleich mit dem Sozialversicherungssystem
geschaffen wurde. In der von Ron Mather illus-
trierten Anzeige heißt es: „Ich hoffe, er passt auf.
Ich hoffe, sie nimmt die Pille" (1). Mit Beginn der
Aids-Pandemie in den 1980er Jahren werden
noch viele weitere Kampagnen folgen, um für
risikofreie Sexualkontakte zu werben.

2

A Message in the Public Interest

Now is the time for all good men to come to the aid of their planet.

What we don't know about this earth we live on not only can hurt us-it can kill us.

What we don't know—or refuse to recognize—is that modern man has been altering his total environment so swiftly and suddenly that the whole "great chain of life" on this planet is endangered.

All of us live on a tiny space-ship which is hurtling through the universe at a speed 600 times faster than the fastest jet plane—carrying with it its own limited resources for sustaining life.

What we have now is all we will ever have to keep us alive. Having already set foot on the lifeless moon, we shall presumably find that we are the only creatures in our solar system. As lonely astronauts on our own ceaseless journey through space, what do we have as our basic equipment for survival?

Above us, a narrow band of usable atmosphere, no more than seven miles high, with no "new" air available to us.

Beneath us, a thin crust of land, with only one-eighth of the surface fit for human life.

And around us, a finite supply of "usable" water that we must eternally cleanse and re-use.

These are the elements of man's physical environment. This is the "envelope" in which our planet is perpetually sealed.

Together, and left alone, land, air, and water work well as an "ecosystem" to maintain the great chain of life, and the delicate balance of nature, from ocean depth to mountain top.

But man, since he first rose up on two legs, has been tampering with this system. He cannot help it. Everything we do alters our environment: the ways we grow food and build shelter and create what we call "culture" and "civilization."

Now, entering the last three decades of the 20th Century, we face the shocking realization that we have gone too far too fast and too heedlessly—and now we are forced to cope with some of the consequences of our "progress" as a species.

For, increasingly, all over the world scientists and statesmen and specialists in every field are coming to agree on the pressing paradoxes of our modern age:

—that, as societies grow richer, their environments grow poorer.

—that, as the array of objects expands, the vigor of life declines.

—that, as we acquire more leisure to enjoy our surroundings, we find less around us to enjoy.

It is nobody's fault, and it is everybody's fault.

The real culprits are the three main currents of the 20th Century—Population, Industrialization, and Urbanization.

Together, these three swift and mighty currents of history have acted to foul the air, contaminate the land, pollute the waters—and to accelerate our mounting loss of beauty and privacy, quiet and recreation.

WORLD population is growing at a rate that will double by the year 2000—only a brief three decades away—when nearly seven billion people will inhabit the earth.

Already, the poverty-stricken countries of Asia, the Near East, Africa, and Latin America contain 70 percent of the world's adults and 80 percent of its children. The most people are concentrated where the least food and goods are available.

INDUSTRIALIZATION has added its own burden to the population pressure. The more we produce and consume, the more waste products we discharge into the air and water and land around us, where they do not "disappear," but last forever in one form or another.

Our natural resources—both renewable and non-renewable—are taxed to the utmost by industrialization. The U.S. water supply, for instance, remains at the same fixed level, but we are using four times as much per person as in 1900.

Yet, at the same time, the volume of waste waters discharged into our lakes, rivers, and streams has risen 600 percent so far in this century. Less than one-tenth of one percent of contaminating materials can kill fish life by consuming oxygen in the waters. (The de-salting of sea water for household and agricultural use on a large scale is a long way off.)

We now spew 150 million tons of pollutants into the atmosphere annually, and 90 percent of this consists of largely invisible but potentially lethal gases. This may reduce solar radiation at the earth's surface. Some predict that this could conceivably melt the polar ice cap, thus flooding the coastal cities of the world. Moreover, these contaminants are global in their effects; as the Bible tersely reminds us, "The wind bloweth where it listeth."

From the plains in Russia to the mountains of Switzerland, from the blue waters of the Pacific to the smokestacks of Chicago, the air is hazier, the smog is thicker, the sun dimmer. Throughout the world, the statistics are uniformly appalling—but the figures speak less vividly than the sad bewilderment of California school children who are now excused from outdoor games on those days when the atmosphere chokes their lungs.

Industrialization plagues the land as well as the air and waters. Our rise in synthetic technology has given us innumerable conveniences—but the roadsides are strewn with cans, bottles, and cartons, the dumps overflow, and in some cities it costs three times more to get rid of a ton of junk than to ship in a ton of coal.

URBANIZATION is perhaps the most menacing of the three converging trends that threaten our planet today.

In the U.S., land is being urbanized at the rate of 3,000 acres a day. One million Americans a year leave the rural areas for cities. Seventy percent of all Americans now live on 10 percent of the land; by the year 2000, some 85 percent will live in urban areas. And the same is happening all over the world. By the end of this century, most human beings—for the first time in history—will be born, live, reproduce, and die within the confines of an urban setting.

Each time we build a new highway, bulldoze a woods into a shopping center, or turn farmland into housing developments, we decrease the acreage that will grow food. Great progress is being made in the productivity of our soil, yet agriculture is now taking three to four million tons more nutrients from it than are being replaced each year.

The word "ecology" was devised exactly a hundred years ago—in 1869 —to signify the study of the relationship between life systems and their environment. "Ecology" is what everybody on this planet must start thinking about—and quickly—if we are to avoid irreversible changes within the closed system of our space-ship.

For everything around us is tied together in a system of mutual interdependence. The plants help renew our air; the air helps purify our water; the water irrigates the plants. Man, as a part of nature, cannot "master" it; he must learn to work with it—and with his fellows everywhere—to ensure that we do not alter the environment so drastically that we perish before we can adjust to it.

MANKIND as a species needs esthetic as well as physical values—sweet rivers to walk by in solitude and serenity, and pleasant prospects even in the midst of industrial affluence. The constant din of urban life assails the ears relentlessly, and noise contributes its own ugly obligato to the disharmony of our surroundings.

"The world is too much with us, late and soon," as Wordsworth prophetically put it more than a century ago, "Getting and spending, we lay waste our powers."

We have laid waste our powers for too long, not merely by ignoring the warnings of dead lakes and noxious air and ravaged countrysides, but also by periodically killing off our bravest and our best in senseless warfare.

Now is the time for all good men to come to the aid of their planet.

We have the technical skill and resources. We have a common cause worth fighting for: a new kind of war to make the world safe for humanity against its own worst instincts.

Perhaps this mighty global struggle to restore the quality of our human environment may provide an effective and inspired substitute for national conflict and bloodshed.

Perhaps only a planetary view of man can guarantee our survival.

We have the weapons that enable us all to die together; can we not forge the tools that enable us all to live together?

**LEO BURNETT CO., INC.
Advertising**

UNITED STATES
Chicago, New York, Detroit, Hollywood

INTERNATIONAL
Leo Burnett Company of Canada, Ltd.: Toronto, Montreal . . . **Leo Burnett-LPE International:** England, France, Germany, Italy, Netherlands, Portugal, Spain, Argentina, Brazil, Colombia, Mexico, Puerto Rico, Venezuela, South Africa, Rhodesia, Zambia, Malawi, Japan, Singapore, Malaysia, Australia

Reprints available on request to Leo Burnett Co., Inc. Prudential Plaza, Chicago, Ill. 60601

Photo by René Maltête, Dreux, France

3

Das US-Magazin Time lädt *1969* die Agenturen ein, sich an einer Kampagne zu einem gesellschaftspolitisch relevanten Thema zu beteiligen. **Leo Burnett** entscheidet sich für das Thema Umwelt: „Jetzt ist es an der Zeit, dass alle anständigen Menschen ihrem Planeten zu Hilfe kommen"(3). Das Thema lag in der Luft, doch indem die Anzeige die Empfindlichkeit unserer Umwelt auf drastische Weise verdeutlicht, löst sie eine wahre Flut von Anfragen aus; über hunderttausend Exemplare müssen nachgedruckt werden. Als das britische Wochenblatt The Observer am 28. Mai 1961 ein Plädoyer des Anwalts Peter Benenson für zwei inhaftierte Studenten veröffentlicht, ist dies gleichsam der Startschuss für Amnesty International. **Publicis Brüssel** kreiert 1983 diese Anzeige: „Gegen Folter gibt es eine Waffe"(4).

4

Kapitel V

1981-2006

Ayer	Casadevall Pedreño
DMB&B	Burrell
Publicis	Bromley
Leo Burnett	BBH
Saatchi & Saatchi	Ambience
Norton	Arc Worldwide
Salles	Basic
Nazca	Freud
BMZ	Publicis Consultants
Fallon	Starcom MediaVest Group
Hal Riney	Kaplan Thaler Group
Manning Selvage & Lee	Publicis Dialog
Frankel	Médias & Régies Europe
Medicus	Publicis Events
Mojo	ZenithOptimedia
Vitruvio	Prakit
Wet Desert	Beacon Communications
Welcomm	

Neue Räume

Hat vielleicht schon Anfang der 1980er Jahre ein neues Jahrtausend begonnen? Ab diesem Zeitpunkt gibt es in der Tat Anzeichen für die zunehmende Macht neuer Akteure: Japanische Investoren erwerben das berühmte New Yorker Rockefeller Center und Millionen US-Haushalte benutzen japanische Autos. Auch Europa verändert sein Gesicht mit dem Fall der Berliner Mauer 1989 und der Einführung des Euro gut zehn Jahre später. Der Eindruck einer größer werdenden Welt bestätigt sich, als China, seit November 2001 Mitglied der Welthandelsorganisation, mehr als die Hälfte aller Computer und Fernseher produziert und Indien sich auf dem Generikamarkt durchsetzt. Die Welt wird offener und neue Trümpfe sind gefragt.

Die Werbung begleitet diese Entwicklung. Die Mehrzahl der großen Marken treten nun weltweit in Erscheinung und Kunden wie Agenturen suchen nach einem idealen Modell, um die Effizienz nationaler Aktionen mit der Kohärenz internationaler Strategien zu vereinen. Überall entstehen große Kulturikonen und globalisieren sich – seien es glamouröse wie Maggie Cheung oder virtuelle wie Lara Croft! Alles wird „Welt", von der Musik bis zur Küche. Kurzum, die Welt globalisiert sich.

Gleichzeitig findet aber auch eine Individualisierung statt. Anfang der 1980er Jahre sind Videorecorder und Fernbedienung die wichtigsten Instrumente zur Emanzipation der Fernsehzuschauer. Die Computer werden persönlich und dann auch portabel. Und sämtliche Innovationen auf dem Gebiet der Kommunikationsmittel bereichern die individuelle Auswahl. So verändern sich auch die Fernsehgewohnheiten: angesichts des reichhaltigen Angebots wählt der Zuschauer Programm und Zeitpunkt selbst. Die Konvergenz von Bild, Telefon und Computer erweitert den Zugang zu Informationen und Unterhaltungsmöglichkeiten. Handys gestatten es, Texte zu versenden, Photos und Filme aufzunehmen und E-mails abzurufen. Ungeachtet aller Zügellosigkeiten ab 1998 und der großen Furcht vor dem Jahr-2000-Problem hält das Internet sein Versprechen und bewirkt eine nachhaltige Veränderung des Kommunikations- und Konsumverhaltens.

Zu Beginn des dritten Jahrtausends steht das Individuum durchweg im Mittelpunkt einer expandierenden Welt.

Shanghai, der Bund. Die am Fluss Huangpu gelegene Stadt ist eine bedeutende Kultur- und Wirtschaftsmetropole des beginnenden 21. Jahrhunderts.

Im Osten was Neues

Die Demokratie triumphiert in den ehemals kommunistischen Staaten Osteuropas. Die Lust am Konsum begleitet sie. In China geht die Freiheit des Verbrauchers der des Bürgers voran.

1

Kurz nach dem Fall der Berliner Mauer am 9. November 1989 lässt **Saatchi & Saatchi** UK dort dieses Plakat anbringen: „Saatchi & Saatchi als Erste über die Mauer" (1). Die ursprünglich für einen Kunden vorgesehene Aktion macht Schlagzeilen. Für die Eröffnung eines Kommunismus-Museums 2003 in Tschechien realisiert Leo Burnett Prag dieses Plakat: „Waschmittel war nicht zu haben, wohl aber eine Gehirnwäsche" (2). In der UdSSR setzt Michail Gorbatschow ab 1985 auf „Glasnost" und „Perestroika". Hierdurch ermutigt gründet Procter & Gamble eine Stiftung, die 1990 in Moskau und Leningrad vier Konzerte veranstaltet. Dirigent ist Mstislaw Rostropowitsch, Leiter des Washingtoner National Symphony Orchestra, der nach sechzehnjährigem Exil erstmals in seine Heimat zurückkehrt. Raïssa Gorbatschowa erlebt das erste Konzert und mit ihr 160 Millionen sowjetische Fernsehzuschauer. Vorgeschaltet ist eine zwölfminütige Doku über Procter & Gamble (3), realisiert vom Düsseldorfer Büro des Agenturnetzes **DMB&B,** das 1985 aus dem Zusammenschluss von D'Arcy und Benton & Bowles hervorgegangen ist.

2

3

Das brasilianische Werbefachblatt *Propaganda & Marketing* bittet fünf Agenturen um einen Beitrag zum ersten Jahrestag der Attentate vom 9. September 2001. Neogama, aus der 2003 durch Minderheitsbeteiligung von BBH die **Neogama** BBH, São Paulo entstehen wird, lässt sich von dem berühmten „I love New York" inspirieren, das der Graphiker Milton Glaser 1976 im Auftrag des Handelsministeriums zwecks Förderung des Tourismus geschaffen hatte. Bei dem „N" fehlen die beiden senkrechten Striche, was auf die Zerstörung der beiden Türme des World Trade Center verweist: „Die Türme trafen sie, doch sie verfehlten das Herz"(4). Seit 1966 wird regelmäßig ein Kongress der asiatischen Werbeagenturen (AdASIA) von einem Dachverband abgehalten, dem zwölf Länder der Region angehören. Der 22. Kongress findet im November 2001 statt. Tagungsort ist erstmals Taipei. **D'Arcy** Taiwan nutzt die Gelegenheit, um den Erfolg seines Kunden Coca-Cola und den der Werbung herauszustellen: „Werbung, das ist eine Geisteshaltung"(5).

They hit the towers, but missed the heart.

4

廣告，是硬道理

從60年代到公元2000年，從人人手中一本紅小書變成人人手中一瓶紅小蝶。今天，每年有超過10億數的可樂在紅色中國流通，演化成了一個新象徵。人們高舉著它，為的也不只是其中的碳酸水和焦糖，更多是為了它代表的自由感受、歡樂氣氛、開放精神…，讓一罐飲料真正引人入勝的這些感性原料，你認為來自哪裏？
就是廣告。改變人對生活的想像，讓普經及資及物質的一元化社會過渡到充滿選擇的新世界。一個可樂化的社會主義，只是20世紀廣告展現它力量的一個例子！
廣告讓不同的意識形態和文化可以更從容的對話，事實上，有廣告的世界是一個更多元化的世界。最可貴的是，你還大可以選擇不喜歡它，不服從它。
在這個世紀，繼續讓廣告和文明一起成長吧！廣大的消費群眾！前進吧！全球的廣告份子！前進吧！

11.18~21 2001年亞洲廣告會議台北大會，讓廣告繼續推動文明，從演進到飛躍！

AdASIA
2001 TAIPEI
www.adasia2001.org.tw

5

Kunst (in) der Werbung

Werbung und Kunst hören niemals auf einander auszuloten:
Die Kunst macht Anleihen bei der Bilderwelt der Marken und Produkte,
während die Werbung nicht zögert, den Künstlern dann und wann mit
einem Augenzwinkern zu begegnen.

1

Andy Warhol kreiert 1986 eine Reihe von Arbeiten zum Thema Abendmahl, so vor allem das monumentale „The Last Supper" (1) im Format 3,02 m x 6,68 m. Pate gestanden hat ganz offensichtlich das Gemälde Leonardo da Vincis, doch es sind einige Elemente als Symbole der Konsumgesellschaft hinzugekommen: Dove (die Seife von Unilever), das Logo von General Electric und ein Preisetikett. Die Wahl des letzten Abendmahls, bei dem Kommunion und Verrat koexistieren, ist sicher kein Zufall. Die Taube, das Emblem von Dove, steht im Christentum für den heiligen Geist, was die künstlerische Intention unterstreicht: Konsum-Kommunion. Ein anderes Werk Warhols, die berühmte Reproduktion von Campbell's Tomatensuppe, erreichte auf einer Auktion von Sotheby's New York die beachtliche Summe von 34.000 englischen Pfund. Kurz vor Eröffnung ihres hundertsten Supermarkts muss die britische Ladenkette Tesco und ihre Agentur **Saatchi & Saatchi** UK 1984 den Kunden einfach mitteilen, dass das Original bei Tesco für nur 26 Pence zu haben ist (2).

THIS COPY SOLD AT
SOTHEBY'S NEW YORK
RECENTLY
FOR ALMOST £34,000.
YOU CAN
BUY THE ORIGINAL AT
TESCO FOR 26P.

2

Der Objektkünstler Arman, Mitbegründer des Neuen Realismus, kreiert 1982 die 19,50 Meter hohe und sechs Meter breite Säule „Long Term Parking" als Anspielung auf die Langzeitparkplätze der Flughäfen (4). Neunundfünfzig knallbunte Autos, umhüllt von tausendsechshundert Tonnen Beton, verkörpern eine monumentale Hymne auf die Konsumgesellschaft, die sich in der Domaine du Montcel erhebt, dem ehemaligen Sitz der Fondation Cartier in Jouy-en-Josas. Das Plakat als der Realität vorgehaltenen Spiegel ansehend, haben die beiden unter dem Namen IFP (Information Fiction Publicité) bekannten französischen Künstler 1989 auf der Hamburger Lombardsbrücke dieses „(Fatal) öffentliche Bild" installiert (3). Im Rahmen der Ausstellung „Die Endlichkeit der Freiheit" benutzt Hans Haacke 1990 kurz nach dem Mauerfall einen der noch intakten Wachttürme am Potsdamer Platz, um ihn mit dem Logo von Mercedes-Benz zu krönen – Symbol für die Macht der Unternehmen, die mit dem Wiederaufbau Ostberlins begonnen haben. Auf einer Seite bringt er einen Ausspruch Goethes an: „Kunst bleibt Kunst" (5).

3

4

5

Internationalisierung der Talente

Die großen Agenturnetze kreieren Marken, die international kohärent sind und zugleich den nationalen Besonderheiten Rechnung tragen. Die gleichen Prinzipien kommen auch in der Eigenwerbung zum Tragen.

1

2

3

D'Arcy Masius Benton & Bowles Advertising. Telephone us today on (09) 520-4499.

4

La *différence.*

5

In Vergils Aeneis (Buch IX, Zeile 641) heißt es: „Sic itur ad astra" (So gelangt man bis zu den Sternen). Davon ausgehend, schuf die Agentur **Leo Burnett** bei ihrer Gründung ein sehr beredtes Bild: eine stilisierte, in Richtung auf sechs Sterne ausgestreckte weiße Hand auf schwarzem Grund. Dieses von Walter Dorwin Teague, einem Freund Burnetts, geschaffene Symbol tauscht man 1997 gegen die Unterschrift des Firmengründers in grüner Tinte aus. 2002 kehrt die zu den Sternen ausgestreckte Hand zurück (1) – mit unterschiedlichen Interpretationen, um die kulturelle Vielfalt zu illustrieren, etwa für Mexiko (2) oder Malaysia (3). **DMB&B** Auckland kreiert 1993 ein Plakat als Merkhilfe für das Bandwurmgebilde D'Arcy, Masius, Benton & Bowles. Im Englischen sind die Noten der Tonleiter nach den ersten sieben Buchstaben des Alphabets benannt. Die Initialen der Agentur können daher weitgehend in Notenschrift dargestellt werden, abgeschlossen von „& auffallen" (4). In Brasilien existiert der Name **Publicis Norton** seit 1996. Im Jahr 2000 glaubt man indes, er sei noch nicht ausreichend bekannt. Anlässlich der Einführung der neuen internationalen Corporate Identity wirbt man mit einem symbolhaften Abdruck, den der Löwe von Publicis im Regenwald Amazoniens hinterlassen hat (5).

Can an advertising agency change the world?

TWENTY FOUR YEARS AGO, two brothers set up an advertising agency in London. All they had was a pencil and a desire to produce a new kind of advertising. One that was based totally on the power of creativity.

This simple philosophy proved very attractive. And on the strength of it, in 1979, Saatchi & Saatchi became the first agency to be appointed by a British political party to mastermind their election campaign.

It was universally acknowledged that the agency played an instrumental role in the election of Margaret Thatcher: the woman who was popularly, yet sometimes grudgingly, held to be responsible for transforming Britain from a sluggish socialist state with moribund industry into a competitive, successful, trading nation.

MANY HAPPY RETURNS.

Saatchi & Saatchi subsequently went on to play a major (pun intended) part in helping the Conservative Party win a record breaking four consecutive elections. This included the election of 1991, when the party went to the polls with the lowest support rating of any incumbent in British history.

Saatchi & Saatchi mounted a campaign to convince the public of the benefits that Conservatism had brought and, in spite of everything, managed to get the Tories re-elected. (We could talk about market research at this point, but that's another advertisement.)

Mrs. Thatcher's success led other political figures, from around the world, to request Saatchi's expertise.

Take Boris Yeltsin. He was the first democratically elected President of Russia to benefit from the skills of an advertising agency. Borrowing an executive Aeroflot jet to do an intensive, if whistle-stop, research programme Saatchi arrived at the slogan, "A strong leader for a strong Russia". The rest, as they say, is history.

Saatchi & Saatchi was also involved in three crucial events that changed attitudes towards apartheid in South Africa: the 1983 referendum that allowed non-whites to enter into parliament, the 1992 referendum on power sharing and the 1994 fully democratic election. These events without any doubt contributed to a peaceful and successful transition from minority to majority rule in that country.

Success led to more success and we were also called upon to assist in political campaigns in Austria, Greece, Italy, Norway and Poland to name but a few.

SPACE TICKETS STILL AVAILABLE.

Not all change has to be political.

For instance, fourteen days after the Gulf War the skies were empty; no one was flying. How to get people to change their minds? Saatchi's solution was "The World's Biggest Offer"; 50,000 free trips on British Airways.

The campaign appeared on one day, in 26 languages, in 69 countries and in 290 publications. It was seen by over one billion people and received a world record of over six million responses. (Which just goes to show, the right incentive can have quite an extraordinary effect.)

Or, how do you get the first Briton into space? This time we were giving away seats on the Anglo-Soviet space mission. The advertisement elicited 15,000 applications and yards of news coverage. Several months, and many weightless hours later, Ms. Helen Sharman went into space aboard Soyuz TM12.

Another perhaps even more unlikely partner was the Roman Catholic Church. New Italian tax laws meant the church stood to lose a considerable amount in donations. Working with our Rome office they were able to persuade over half the tax paying public to donate part of their income to the church. (Anywhere else in the world this would have been considered a miracle.)

On a yet more serious note the Clinton Administration wanted to alter people's attitudes towards violent crimes against children. Saatchi developed a campaign featuring the President and a Washington teenager called Alicia Brown. Response was outstanding. In just two months over 30,000 calls were received, three times more than any of the previous commercials.

And when it was all change in Eastern Europe, Saatchi was the first agency over the Berlin Wall, an event which made front page news around the world. We could go on, and indeed will.

ASIA: THE WORLD'S FASTEST GROWING MARKETS.

With Asia's household incomes currently growing 14 times faster than those of the rest of the world, it is not surprising that we have invested significantly in developing our growing Asian network.

In China for example, where advertising is still in its infancy, we have spent a considerable amount developing the best media buying and planning capabilities.

Where no media information existed, we set up our own systems and quality checks. For instance, there was no media research outside major cities. Saatchi's solution was to set up a group of independent monitors, through the Chinese Disabled People's Association to provide the confirmation that paid-for advertisements actually appeared. It also provided a welcome income for the disabled.

As a result of this and other unique media initiatives, like setting up our own advertising breaks, we are now the largest buyer of media in China. In fact, according to a recent survey in Advertising Age magazine, we have now become the largest agency in this huge market.

Moving into Pakistan, Saatchi & Saatchi worked with the Investment Board to attract funds by communicating the new economic reforms. The campaign attracted a massive 5,000 responses.

As a whole, Saatchi & Saatchi Advertising works with 70 of the top 100 companies in the Fortune 500. That includes five of the world's brand leaders. Selling more goods, to more people, in more places, than any other agency in the world. Gosh.

Even now Saatchi has 19 offices in 12 Asian countries, handling US$409,000,000 in billings for international clients such as: Bayer, British Airways, Cadbury Schweppes, Danone, DHL, Du Pont, Guess?, Hewlett-Packard, Johnson & Johnson, Lexus, Nestle, Procter & Gamble, Qantas, Seiko, Toyota and Whirlpool.

Just as importantly we handle a wide range of locally-based accounts including: Indian Oil Corporation, Tata Tea, Malaysia National Insurance, Philippine National Bank, The Peninsula Group, The Republic of Singapore Navy, Samsung, San Miguel, The Singapore Tourist Promotion Board, Tiger Beer, Wharf Holdings, Wheelock and Xian-Janssen.

IMPOSSIBILITIES BECOME POSSIBILITIES.

Saatchi & Saatchi is also creating a history of changes throughout Asia.

It used to be held that this region was a creative backwater. Not any more. Last year's anti-drink-drive commercial, produced by Saatchi in Singapore, was the first advertisement in history to win every significant creative award in the world (and quite a few insignificant ones to boot). More importantly it helped save a great many lives at the same time.

In Hong Kong they said you couldn't launch a luxury car that wasn't European. We said you could. And we did. The Lexus launch took the car straight to number one, making it Asia's most celebrated car launch ever.

Our media "firsts" are becoming legendary too. They said you couldn't buy every advertisement in a newspaper. But that's exactly what we did for Panasonic in the Sunday edition of the Straits Times. And very successful it was too, increasing recognition of the brand name by 33%.

"Get Hong Kong magazines to audit? No way." Our independent survey created an uproar, but it persuaded certain media owners to do just that. Now our clients know exactly how many readers they're getting.

In Jakarta there was no control over positions in breaks or within programmes. Not any more. Saatchi persuaded the stations to place Bank Artha Graha's commercials exactly where they wanted them, in order to tell a three part story in one break. Unprecedented, revolutionary and 100% effective.

No wonder we've been voted International Advertising Agency of the year by the IAA for a record breaking four years running.

We refuse point blank to be limited by the norm, the ordinary, the mundane.

Because you can change attitudes, prejudices and sacred cows.

That's why our philosophy is, and always will be: "Nothing is impossible".

Even handing out our business card to 32,000 people in one day.

NOTHING IS IMPOSSIBLE.
SAATCHI & SAATCHI ADVERTISING

6

„Kann eine Werbeagentur die Welt verändern?", fragt **Saatchi & Saatchi** Hongkong 1994 in einer Anzeige, die die größten Erfolge der Agentur präsentiert und ihre Bekanntheit erhöhen soll. Die Rückgabe der britischen Kronkolonie an die Volksrepublik China wird am 1. Juli 1997 erfolgen. Obwohl dieser neue Status eine höchst ungewisse Zukunft verheißt, gibt man sich optimistisch, indem man den bei Saatchi & Saatchi weltweit gängigen Slogan aufgreift: „Nichts ist unmöglich" (6). Als einziges Mitglied der Vereinigung der Werbeagenturen Italiens erreicht **Leo Burnett** Mailand 1998 die ISO-Zertifizierung seines Systems für Qualitätssicherung durch DNV (Det Norske Veritas). Der Erfolg veranlasst Burnett zu einer Kampagne mit vier Anzeigen, um die Konkurrenz zu ermuntern, es ihr nachzutun: „Nachahmung willkommen" (7). Dank der verbesserten Kundendienstqualität kann die Zertifizierung nur einen positiven Effekt auf das allgemeine Leistungsniveau der gesamten Branche haben.

IMITATIONS ARE WELCOME.

So far, only one Assap (Association of Italian Advertising Agencies) Agency has been awarded the ISO 9001 Quality System Certificate: Leo Burnett Italy. We hope that other agencies will follow in our footsteps. Because as the concept of quality spreads, so will clients be ever more able to reap the rewards of creative excellence.

Leo Burnett

CATIME SECTOR: ASSOCIAZIONE ITALIANA ALLEVATORI, CARIPLO, COCA-COLA ITALIA, CONSORZIO PER LA TUTELA DEL GRANA PADANO, FIAT AUTO, GRUPPO COIN, HEINEKEN ITALIA, IMETEC, KELLOGG, MERLONI ELETTRODOMESTICI, MERLONI TERMOSANITARI, PIEMME, PROCTER & GAMBLE, RADIO VATICANA, REEBOK, ROYAL INSURANCE, SDA BOCCONI, STAR, TELECOM ITALIA, UNITED DISTILLERS & VINTNERS

7

Mann-eau-mann!

Erneuerung durch Kontinuität. Trotz neuem Eigentümer und neuer Werbeagentur bleibt die Perrier-Werbung unverändert. Eine Kontinuität, die wohl
maßgeblich zum Erfolg der Marke beigetragen hat. Verrückt!

2

1

Die erste Erwähnung der Quelle reicht bis
Hannibal und in das Jahr 218 v. Chr. zurück. Viel
später, im 19. Jahrhundert, wird Dr. Louis Perrier
zum ersten Eigentümer jener Quelle unweit
des Pont-du-Gard (Languedoc) und gründet die
„Société des Eaux et Boissons Hygiéniques de Ver-
gèze". Als neuer Eigentümer erscheint 1903 der
englische Milliardär John Harmsworth; drei Jahre
später gibt er der Quelle den Namen ihres Erst-
besitzers zurück. Harmsworth erfindet den Slogan
„Der Champagner unter den Tafelwässern" und
macht jenes Fläschchen berühmt, deren Form
sich, wie er sagt, an die indianischen Holzkeulen
anlehnt, die er bei seiner täglichen Gymnastik
benutzt. Perrier wird zum weltweit führenden
Mineralwasser mit natürlicher Kohlensäure. Auch
wenn ein Engländer dahinter steht, ist in den
1970er Jahren schwer vorstellbar, dass man in
England ein französisches Mineralwasser trinkt,
zumal man eine eigene Kurtradition besitzt und
mit abgefülltem Wasser bereits vertraut ist. In
diesem Kontext wird **Leo Burnett** UK 1974 mit
der Werbung für Perrier beauftragt.

3

Die Kampagne von Leo Burnett handelt von Verballhornungen des französischen Wortes „eau", sei es 1978 frivol eingeschenkt mit einem schallenden „Eau-la-la" (1) oder 1979 eher wissenschaftlich mit „H₂Eau" (2). Oder 1982 kubistisch mit „Picasseau", photographiert von John Turner (3). Nach Übernahme von Perrier durch Nestlé im Jahr 1992 wird der Stab an **Publicis** London weitergereicht. Auch hier bedient man sich der gleichen Zutaten: das Wort „eau", reichlich Humor und sehr viel Raffinement. Dies führt beispielsweise 1996 in Anspielung auf die angebliche Wirkung von Austern zu „Aphreaudisiakum" (4) oder – den Wunsch bekundend, nach Hause chauffiert zu werden – zu „Heaume James" (5). Die erste Anzeige stammt von Adrian Burke, die zweite von Paul Bevitt. Einen weiteren Ausdruck der Freude an Wortspielereien verkörpert jenes „Wimbubbledon", mit dem Perrier am 21. Juni 1998 als offizieller Getränkelieferant die Eröffnung des Tennisturniers von Wimbledon begleitet.

4

5

Erfrischung aufgefrischt

Nachdem sie sich mit überall gleicher Werbung ein weltweit sehr homogenes Image aufgebaut haben, beginnen viele bedeutende Werbekunden Ende des 20. Jahrhunderts den nationalen Besonderheiten mehr Beachtung zu schenken.

2

1

Anlässlich der Olympischen Spiele 1980 in Moskau entwirft Coca-Cola eine Dose mit kyrillischer Aufschrift (2). Mit den Dosen will man eigentlich das olympische Dorf beliefern, doch das Vorhaben scheitert, da Präsident Carter beschließt, die Spiele zu boykottieren. So ziehen sich auch die Sponsoren zurück. In den 1990er Jahren hält es Coca-Cola für notwendig, die Nähe zum Verbraucher stärker zu betonen, um den Eindruck einer leicht abgehobenen internationalen Ikone zu vermeiden. Hierzu müssen die bestehenden Werbekampagnen den landesspezifischen Gegebenheiten angepasst oder gar von Grund auf neu erstellt werden. In diesem Kontext beginnt die Zusammenarbeit mit Publicis, die in rund zwanzig Ländern Europas für die Markenwerbung verantwortlich zeichnet. So entstehen 1996 etwa diese beiden Plakate, das eine von Publicis Polen für die Olympischen Spiele in Atlanta (1), das andere von **D'Arcy** Polen (3). Zudem beteiligt sich Publicis an der internationalen Werbung für Cola Light und Cola Light ohne Koffein.

3

СЕРЫЙ ВОЛК

ИВАН-ЦАРЕВИЧ

ЕЛЕНА ПРЕКРАСНАЯ

Coca-Cola

ПЕЙ ЛЕГЕНДУ*

*Drink the legend

4

Besonders in Russland ist Coca-Cola bestrebt, den Verbraucher stärker an die Marke zu binden – zunächst deshalb, weil der gewaltige Markt stark in Bewegung ist, aber auch, weil der Hauptkonkurrent bereits länger etabliert ist. Am 1. Januar 1997 entdecken die Russen einen verblüffenden, tief ergreifenden Fernsehspot: Iwan begibt sich auf die Verfolgung des Feuervogels, der den goldenen Apfel aus dem Garten seines Vaters, des Zaren, entwendet hat. Jeder erkennt darin das Thema der berühmten Legende vom Feuervogel wieder. In vier weiteren Spots stellt sich der Held seinen beiden Brüdern Dimitri und Wassili entgegen, begegnet dem grauen Wolf und dem Pferd mit der goldenen Mähne und verliebt sich vor allem in die schöne Helena (5). Die Spots wurden durch Plakate angekündigt: „Trinken Sie die Legende" (4). Ergebnis einer engen Kooperation des russischen und des britischen Teams von **Publicis,** ist es dieser Kampagne gelungen, ein Wesenselement der russischen Kultur auf zeitgemäße Weise darzustellen.

5

Lager und Bitter

Ein der ganzen Welt schmeckendes niederländisches Bier mit dem leichten Aroma des „Lager" und ein englisches Bier mit dem speziellen Geschmack des „Bitter". Kein Wunder, dass Marketing und Werbung ganz unterschiedlich ausfallen.

1

2

Im Amsterdamer Hafen erwirbt der erst zweiundzwanzigjährige Gerard Adriaan Heineken 1863 das renommierte Braulokal De Hooiberg (Der Heuschober). Das Bier, das seinen Namen tragen wird, ist ein „Lager" (abgeleitet von „lagern"), was bedeutet, dass es nach der Gärung in Kellern weiterreift. In den 1880er Jahren verwendet Heineken moderne Techniken, um eine konstante Qualität und den unbeschadeten Transport der Fässer zu garantieren. In einigen Märkten kann das Bier auch vor Ort gebraut und muss nicht importiert werden. In Frankreich ist **Publicis** ab 1976 für die Heineken-Werbung zuständig. Ende der 1990er Jahre startet man die Kampagne „Der Geist des Biers", hier ein Beispiel von 2003, Photo von Blaise Arnold (1). 2005 folgt „Für eine frischere Welt", Photo von Bruno Contesse (3). In den Vereinigten Staaten beginnt Publicis im Jahr 2002 für Heineken zu arbeiten und hält an der von D'Arcy geschaffenen Signatur „Alles eine Frage des Bieres" fest. Zu diesem Thema kreiert David Shane 2004 einen Spot (2), in dem ein Mann die in seinen Armen eingeschlafene Frau nur mit einem „Ich liebe dich" bewegen kann, sich liebevoll an ihn zu schmiegen – damit er sich befreien und endlich sein Bier trinken kann!

3

4

5

BODDINGTONS. THE CREAM OF MANCHESTER.
Boddingtons Draught Bitter. Brewed at the Strangeways Brewery since 1778.

In Manchester braut man seit 1778 das Boddingtons. Zutaten dieses „Bitter" (zu Deutsch: halbdunkles Bier) sind Malz, Hopfen (für den herben Geschmack) und vor allem hochwertiges, aus einer Tiefe von etwa 60 Meter stammendes Wasser. Das „Bitter" ist in der Regel kräftiger und dunkler als das „Lager". Die lokale Brauerei wird 1989 von Whitbread, einer landesweit operierenden Firma, übernommen. Für sie kreiert **BBH** London 1991 die Kampagne „The Cream of Manchester". Die 1982 von John Bartle, Nigel Bogle und John Hegarty gegründete Agentur geht 1997 eine Partnerschaft mit der Agentur Leo Burnett ein, die sich im Jahr 2002 der Publicis Groupe anschließt. Gemeinsam mit dem Photographen Tif Hunter beginnt man 1992 mit einer landesweiten Zeitschriftenkampagne (4), (6). Im Fernsehen tritt 1996 die aus Manchester gebürtige Schauspielerin Melanie Sykes auf: ein Glas mit schaumigem Boddingtons servierend, sagt sie mit scharfem Akzent: „He, Tarquin! Hasse deine Hose vielleich' verkehrt rum an?" Die Kampagne ist nun so leicht identifizierbar, dass man das Logo später fortlässt. Nur noch Schwarz, Gold und die Creme stehen für die Marke, wie in diesem von David Gill stammenden Beispiel (5). Innerhalb von drei Jahren hat sich der Absatz verdreifacht und Boddingtons wird zum beliebtesten „Bitter" der Briten. Im Jahr 2000 wird die Brauerei von der belgischen Interbrew übernommen.

THE CREAM OF MANCHESTER.
Boddingtons Draught Bitter. Brewed at the Strangeways Brewery since 1778.

6

Wenn es auf den Stil ankommt

Alle Marken reden letztlich von der Lust und Freude am Bier.
Somit ist es Aufgabe der Werbung, einen auffallenden, der Marke
angemessenen Stil zu finden.

AUSTRALIANS WOULDN'T GIVE A XXXX FOR ANYTHING ELSE.

1

Die Allied Breweries, *1961 aus dem Zusammenschluss dreier britischer Brauereien hervorgegangen, beschließt 1984 die Einführung des Castlemaine XXXX, ein weiteres der von den Australiern bevorzugten „light bitters". Mit der Werbung betraut man* **Saatchi & Saatchi** *UK, die Anleihen bei dem Stereotyp vom rauen und sehr dem Bier zugetanen „Aussie" macht. Der erste der sechs von einem australischen Team gedrehten Einführungsspots erzählt die Geschichte zweier Burschen auf einer abgelegenen Farm (2). Einer von ihnen ist erkrankt. Der Arzt verordnet „etwas Frisches", denn sonst „kann es ernst werden". Im Kühlschrank ist nur noch eine Dose XXXX. Auf die besorgte Frage des Kranken antwortet sein Kumpel, dass es „ernst" sei und trinkt gelassen das letzte Bier. Insgesamt erscheinen achtundvierzig Anzeigen zum Thema „Die Australier würden das XXXX gegen nichts in der Welt tauschen" (1). Allied Breweries wendet sich vom Bierbrauen ab und schließt sich 1994 mit der spanischen Pedro Domecq zu der auf den Handel mit Wein und Spirituosen spezialisierten Allied Domecq zusammen. Das XXXX gelangt 2003 zu Interbrew.*

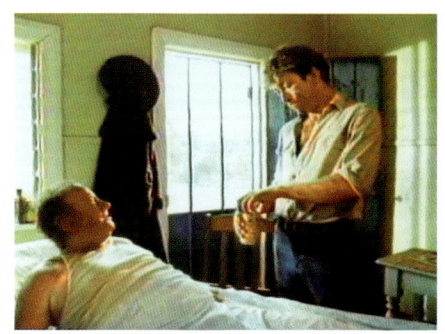

2

Die Firma Lion Nathan entsteht 1988 durch Fusion der beiden neuseeländischen Brauereien LD Nathan & Co. und Lion Breweries (im 19. Jahrhundert gegründet und damit eine der ältesten Brauereien von Auckland). Auf den drohenden Importstopp für ausländische Biere reagierend, hatte Lion 1958 die Marke Steinecker geschaffen, die 1962 in Steinlager umbenannt wird und auf große Resonanz stößt, weshalb man sich 1973 aufmacht, einige ausländische Märkte zu erobern. Mit der Werbung für das „Steinie" beauftragt, kreiert **Saatchi & Saatchi** Neuseeland 2001 die von Eryk Fitkau photographierte Kampagne „Ein scharfer, sauberer Biss" (3), (4). Zusammen mit dem ebenfalls sehr eindringlichen Bild vom zubeißenden Kronkorken verleiht die sonst für hochprozentige Schnäpse verwendete Floskel dem Steinlager eine Persönlichkeit, die in der Welt der Biere hervorsticht.

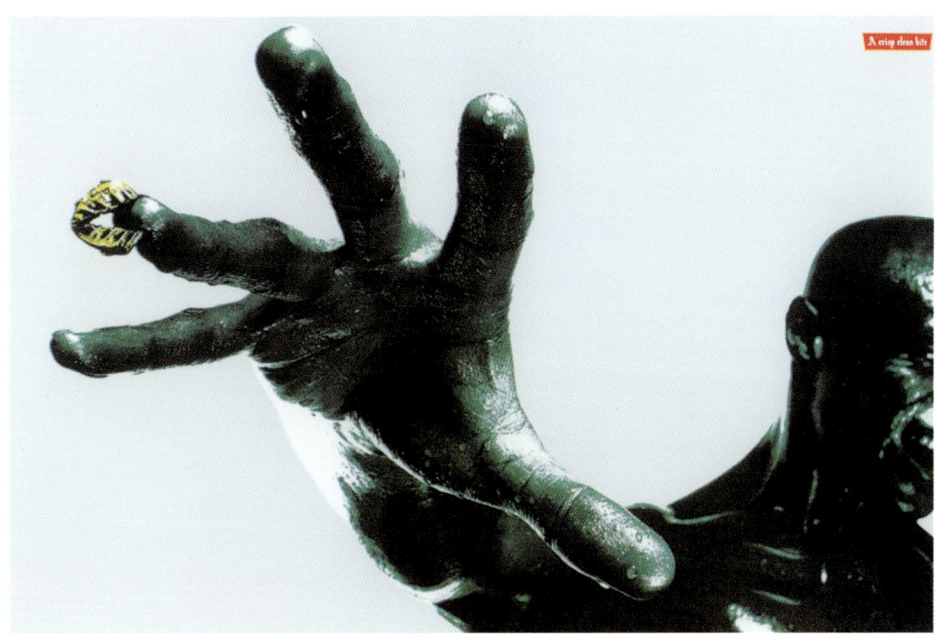

3

4

Ed, Frank und Johnnie

*Bisweilen verhilft die Werbung einer Marke zu einem neuen Attribut,
sei es die Verankerung in der Tradition bei einem neuen Produkt oder
Wandlungsfähigkeit bei einem seit langem bekannten Erzeugnis.*

Es gibt Produkte, deren ansehnliche Erfolge nicht
von Dauer sind. Ein solcher Fall sind auch die
zwischen Punsch und Sangria angesiedelten Erfri-
schungsgetränke namens „wine coolers". Ihre
große Zeit beginnt in den 1980er Jahren in den
USA infolge der Überproduktion von Trauben im
Jahrzehnt davor. 1987 konsumierten die Amerikaner 461 Millionen Liter dieses Getränks. Um seinen
Bartles & Jaymes Wine Cooler zu verkaufen,
wendet sich Ernest & Julio Gallo Winery, einer
der Haupterzeuger, 1986 an **Hal Riney & Partners**,
die ihre Agentur eben erst in San Francisco eröffnet haben (und seit 1998 zu **Publicis** gehören).
Man erfindet die Saga von Frank Bartles und Ed
Jaymes, die in vier von Joe Pytka realisierten Spots
erzählt wird. Im ersten Spot (1) stellt man sich vor:
„Hallo! Ich bin Frank Bartles (rechts) und das ist
Ed Jaymes. Ed hatte neulich eine Idee: aus seinen
Früchten und meinen Trauben könnte man einen
wirklich guten ‚wine cooler' herstellen. Ich fand das
interessant und so hat Ed sein Haus verpfändet
(…) und nun sind wir im Geschäft. Wir werden
Sie auf dem Laufenden halten. Bis dahin danke
für Ihre Unterstützung." Im zweiten Spot (2) hält
Frank eine Flasche in der Hand: „Hallo! Wir sind's
nochmal (…) Wir haben eine Flasche für unseren
ausgezeichneten ‚wine cooler' ausgewählt und
wollten schon die Etiketten drucken lassen, als
Ed mich darauf hinwies, dass wir noch gar keinen
Namen haben (…) Wenn Ihnen also ein Name
für den ‚wine cooler' einfallen sollte, wäre es schön,
wenn Sie uns das mitteilen würden. Nochmals
danke für Ihre Unterstützung." Im dritten Spot (3)
haben sie zahlreiche Briefe erhalten und Frank
wendet sich ein weiteres Mal an die Zuschauer:
„Wir wollten uns für all die Namensvorschläge für
unseren neuen ‚wine cooler' bedanken. Da waren
sehr gute dabei. Entschieden haben wir uns dann
aber für ‚Der wine cooler von Bartles und Jaymes',
denn ich heiße Bartles und Ed, das ist Jaymes.
Falls Sie den Namen nicht mögen, behalten Sie
das besser für sich, denn die Etiketten sind schon
gedruckt. Sie können ihn auch nur Bartles nennen
und das Jaymes weglassen. Ed meint, er hätte
damit kein Problem. Nochmals danke für Ihre
Unterstützung." Vierter Spot: „Unser neuer ‚wine
cooler' ist endlich abgefüllt (…) Kaufen Sie doch
welchen, denn aus unserer Sicht gibt es keinen
Besseren. Und dann wäre das auch prima für Ed,
der sein Haus verpfändet hat und bald ein hüb-
sches Sümmchen rausrücken muss. Nochmals
danke und wir hoffen, dass Sie unseren neuen
‚wine cooler' mögen."

1

2

3

IM POSSIBLE

4

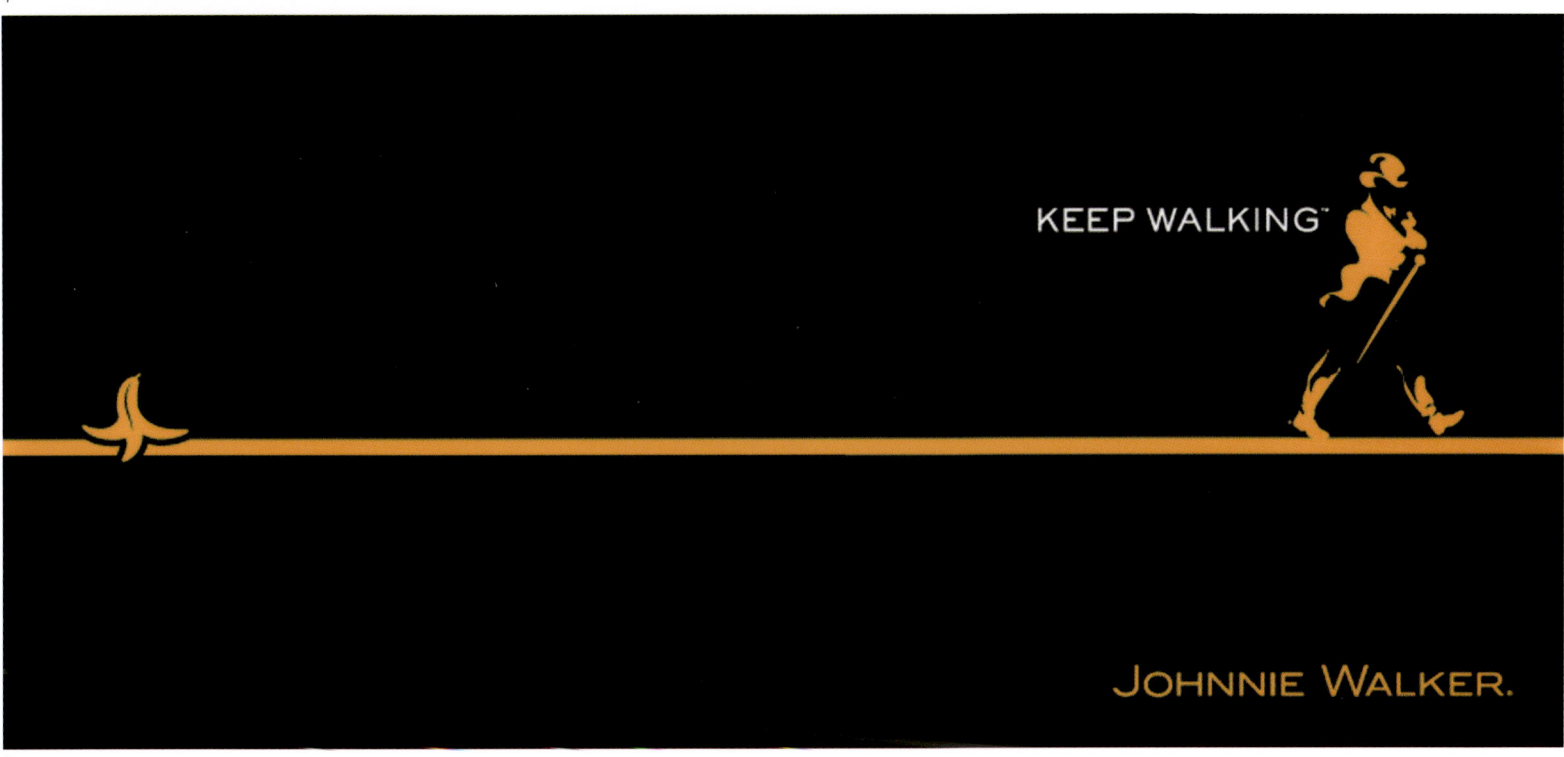

5

John Walker eröffnet 1820 im schottischen Kilmarnock eine Kolonialwarenhandlung und kreiert einen sehr geschätzten „Blend" (Verschnitt aus Malz- und Kornwhisky). Der Karikaturist Tom Browne erfindet 1909, dem Jahr der Einführung des Red und Black Label, den marschierenden Johnnie – für die Werbung immer wieder ein Quell der Inspiration. Um das Interesse des Verbrauchers neu zu entfachen und den Führungsanspruch der Marke zu bekräftigen, kreiert **BBH** London 1999 die Kampagne „Keep walking". Der Spot zeigt eine Unzahl menschlicher Gestalten, die im Meer schwimmen (6). Gleich einer Evolution im Zeitraffer strebt eines dieser Meereswesen dem Strand zu und taucht auf zwei Beinen gehend aus den Fluten hervor. Der 2002 von Daniel Kleinman gedrehte Spot wird von mehreren Anzeigen und Plakaten zum Thema „Fortbewegung" begleitet. Hier zwei Beispiele für diese internationale Kampagne aus 2002 (5) und 2004 (4). Mit 120 Millionen Flaschen jährlich zählt Johnnie Walker zu den weltweit meistverkauften Whiskys. Ja, es gibt solche Produkte: sie haben von Beginn an Erfolg, der dank guter Werbung lange anhält.

6

Dichtung und Wahrheit

Wie lässt sich das Unsagbare ausdrücken? Die Markenwerbung für bestimmte alkoholische Getränke erschafft Poesiewelten, die sich umso stärker abheben, wenn sie sich auf einer dem Produkt innewohnenden Wahrheit gründen.

1

Auf der einen Seite zwei Kaffeeliköre, für die **Publicis Dialog** werben soll. Für den einen, den britischen Tia Maria, kreiert der Illustrator Andy Dymock ein feminines, enigmatisches und scheinbar liebliches Bild: „Vielleicht ist sie aber auch anders" (1). Für den anderen, den amerikanischen Kahlúa, betont man den nachhaltigen Einfluss auf die Lebensweise: „Exotik für jeden Tag". Ein von Christian Loubek in Südafrika gedrehter Spot (2) interpretiert dieses Versprechen mit Humor: eine Giraffe stibitzt dem Fernmeldetechniker den Schraubenschlüssel, eine Frau führt ein Krokodil spazieren, ein Tiger gibt sich als Haushund ... Auf der anderen Seite ein Wodka, für den **Publicis New York** werben soll. In der Kampagne von Simon Harsent thront eine Flasche Stolichnaya in einem komplett reifbedeckten Dekor, denn der Wodka wird, wie der rote Stempelabdruck empfiehlt, „am besten eisgekühlt serviert" (3). Die drei Kampagnen stammen aus dem Jahr 2004 und alle drei Marken gehören zu Allied Domecq, die heute Teil der Pernod Ricard Gruppe ist.

2

3

Das größte Restaurant der Welt

Die Führungsposition von McDonald's verdankt sich einer Reihe von guten, perfekt umgesetzten Ideen – von der Rezeptur des Hamburgers über das Franchise-System oder die Hauszustellung bis zur Menüvielfalt. Und seiner beständigen Kommunikation.

McGRAND for ADULTS

1

Die Gebrüder McDonald eröffnen 1937 ein Restaurant in San Bernardino, in dem es nur Hamburger, Pommes und Getränke gibt. Hier kann man rasch und günstig essen und ab 1948 seine Bestellung sogar in Empfang nehmen, ohne aus dem Auto steigen zu müssen. Der Laden erregt die Aufmerksamkeit von Ray Kroc, der wissen möchte, wem er wohl acht „Multimixer" verkauft hat, mit denen man sechs Milchshakes gleichzeitig zubereiten kann. Die effiziente Organisation des Restaurants erscheint ihm ausgezeichnet für den Absatz seiner Geräte im Rahmen eines Franchise-Systems. 1955 eröffnet er in Des Plaines (Illinois) das erste McDonald's, um den beiden Brüdern das Geschäft 1960 abzukaufen. Eine rasante Entwicklung nimmt ihren Anfang: vier Jahre später sind es bereits hundert Restaurants, 1967 beginnt die internationale Expansion. Die 1963 kreierte Figur Ronald McDonald wird bald zu einer weltweit bekannten Ikone (3). **Leo Burnett** wird 1980 mit der Werbung für McDonald's in Europa betraut, ab 1982 auch in den Vereinigten Staaten. 2004 kreiert **Leo Burnett** Mumbai diese für die Hauszustellung werbende und von Sanjeev Angne photographierte Anzeige (2). **Beacon Communications** reaktiviert 2005 in Japan mit McGrand, photographiert von Akira Sakamoto, das Markeninteresse junger Erwachsener (1).

2

METRO-DAILY

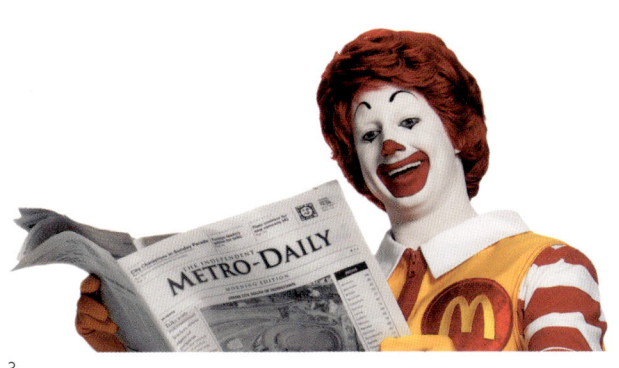

3

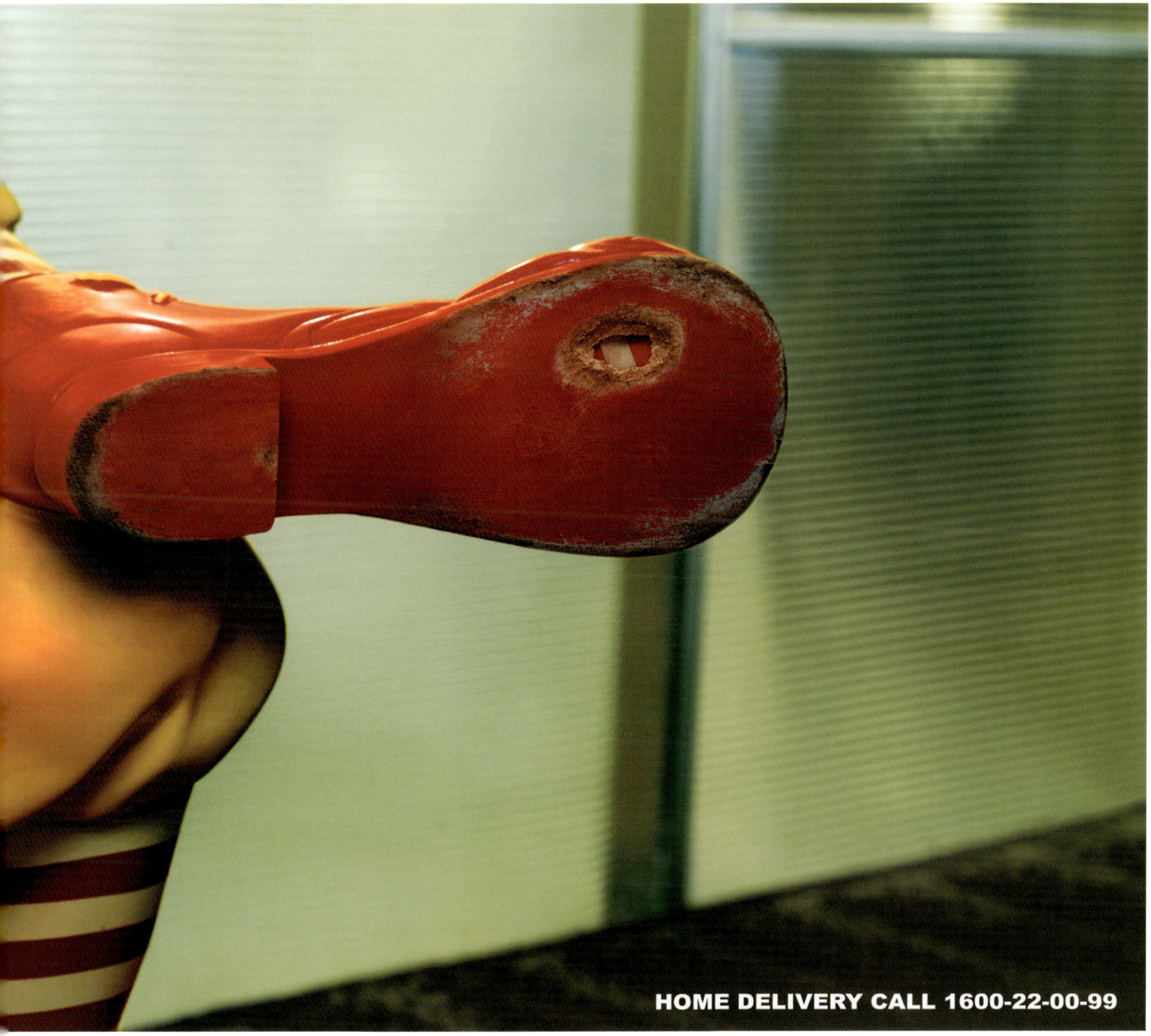
HOME DELIVERY CALL 1600-22-00-99

Tagesgericht

Mit der internationalen Expansion von McDonald's geht eine bemerkenswerte Diversifizierung einher. Neben dem klassischen Hamburger entstehen eine Reihe von Produkten und Dienstleistungen, die der neuen Lebens- und Ernährungsweise entsprechen.

1

McDonald's steht für eine entspannte, preiswerte Art der Ernährung, wie dies in dem 2001 von Kwanghyun Park realisierten Spot von **Leo Burnett** Korea zum Ausdruck kommt (2). Zwei junge Männer sitzen in einem Bus: ein Dicker, der eingeschlafen ist und eine Schachtel Pommes in der Hand hält und ein Schmächtiger, der gern davon naschen würde. Als es ihm endlich gelingt, muss der Bus bremsen: der Dicke wird nach vorn geschleudert und verschüttet die Pommes. Er wacht auf und wird wütend, als er die leere Schachtel und sein Gegenüber erblickt, das kummervoll eine Fritte in der Hand hält. Eine Stimme folgert: „Riskieren Sie nicht Ihr Leben. Köstliche Pommes für nur 500 Won jetzt bei McDonald's." Neue Dienstleistungen kommen hinzu, etwa die Hauszustellung. Wie sie organisiert werden, überlässt man den einzelnen Betreibern. Ab 2005 gibt es in jedem Land eine zentrale Rufnummer, die von **Leo Burnett** Singapur beworben wird (1).

2

3

McDonald's expandiert weltweit, doch bestimmte Neueröffnungen sind von hohem Symbolgehalt, etwa die in Moskau am 31. Januar 1990 unweit des Puschkinplatzes oder, im gleichen Jahr, die in Beijing. Man beginnt sich nun auch für bisher vernachlässigte Zielgruppen zu interessieren. Die Agentur Burrell, 1971 in Chicago von Thomas J. Burrell mit Blick auf die afroamerikanische Bevölkerung gegründet, entwirft 1978 den ersten Spot von McDonald's, der sich dieser Zielgruppe zuwendet. Auch neue Produkte kommen regelmäßig hinzu: 1968 der Big Mac, 1979 Happy Meal, gefolgt von McMorning. Auf die Sorge um gesunde Ernährung reagiert man, indem man nun auch Salate anbietet. 2005 realisiert Jeb Milne für **Burrell** einen Spot über den neuen Obstsalat mit Nüssen (3). Eine junge Afroamerikanerin ist auf dem Weg zu ihren angeregt diskutierenden Freundinnen – die als dreidimensionale Trickfiguren ins Bild rücken! Von nun an sprechen die vier Freundinnen nur noch von der Nahrhaftigkeit des neuen Gerichts. Im gleichen Jahr und ebenfalls in den Vereinigten Staaten setzt **Leo Burnett** auf spektakuläre Weise die Cremigkeit des neuen Milchshakes von McDonald's in Szene: „Dreimal so dicke Milchshakes" (4). Das Plakat trägt die Anfang 2003 eingeführte internationale Signatur „I'm lovin' it".

Triple thick milkshakes

i'm lovin' it

4

Triumph des Schnellrestaurants

Neben dem Marktführer finden auch die Herausforderer ihren Platz am Markt der Schnellrestaurants, indem sie lokale Variationen ihrer Rezepte kreieren und sich von diversen kulinarischen Traditionen inspirieren lassen.

1

2

The black pepper burger is here.

3

In Miami gründen James McLamore und David Edgerton 1954 Burger King. Der Whopper, ihr Spitzenprodukt, kommt 1957 auf den Markt und das erste „drive-thru" entsteht 1975. Doch die Firma wird bereits 1967 an Pillsbury aus Minneapolis verkauft; diese wiederum wird 1988 von Grand Metropolitan übernommen, einem britischen Mischkonzern, der 1997 nach Fusion mit Guiness zu Diageo wird. Im Jahr 2002 von Diageo veräußert, wird Burger King heute von einem amerikanischen Privatkonsortium kontrolliert und ist mit über 11.000 Filialen auf mehr als sechzig Märkten präsent. Im Rahmen des 1982 beginnenden Asiengeschäfts entwickelt man Rezepte, die dem Geschmack der dortigen Verbraucher entgegen kommen sollen. **Saatchi & Saatchi** Singapur realisiert 1998 eine Kampagne mit dem von Shaun Pettigrew photographierten Plakat „Feurige Fritten" (4). Etwas später wird das Logo von Burger King überarbeitet und der Slogan lautet nun „It just tastes better" – Schmeckt einfach besser (2). 2002 startet die Agentur eine weitere Kampagne, etwa mit dem in den Restaurants aufgehängten, von Weng Foong kreierten Plakat „Gerkin", eine phonetische Anspielung auf das englische „gherkin" (Gürkchen), das sich wie zwischen zwei Brötchenhälften eingeschmuggelt hat (1). 2003 schließlich photographiert Edward Loh diese Pfeffermühle, um für die neue Rezeptur zu werben: „Jetzt auch Burger mit schwarzem Pfeffer" (3).

Fiery Fries. BURGER KING

4

In Columbus (Ohio) eröffnet Dave Thomas 1969 sein erstes Restaurant, das Wendy's Old Fashioned Hamburgers. Im Februar 1985 sind es bereits dreitausend Restaurants in den Vereinigten Staaten und vierzehn weiteren Ländern. Doch trotz der gebotenen Qualität lässt das Image zu wünschen übrig. Die seit 1980 für diesen Kunden zuständige Agentur Dancer Fitzgerald Sample macht das Spitzenprodukt, den Single, hierfür verantwortlich. Der Name klingt einfach nach einem weniger großzügig bemessenen Produkt. Bei der Konkurrenz gibt es zwar mehr Brötchen, so Dave Thomas, doch dafür ist die Fleischqualität eher bescheiden. Von dieser Feststellung ausgehend, realisiert Joe Sedelmaïer 1984 einen Spot: Drei offenbar sehr ordnungsliebende ältere Damen befinden sich in dem fiktiven Schnellrestaurant „Heim des großen Brötchens". Eine von ihnen, dargestellt von Clara Peler, öffnet die beiden riesigen Brötchenhälften ihres Hamburgers und meckert: „Aber wo ist das Rindfleisch?"(5). Das Budget ist winzig – mit acht Millionen Dollar kaum ein Zehntel von dem, was die großen Konkurrenten investieren –, doch der Erfolg ist beträchtlich und die Floskel hält Einzug in die amerikanische Umgangssprache.

5

Langsamkeit als Qualität

Dreißig erfolgreiche Jahre lassen sich nur durch zwei Dinge erklären: ein guter Blick für das, was in den Augen des Verbrauchers die Attraktivität und den Wert eines Produkts ausmacht – und das Talent, dies zum Ausdruck zu bringen.

1

Henry John Heinz aus Pittsburgh (Pennsylvania) gründet 1869 im Alter von 25 Jahren eine Firma, die seinen Namen trägt. Erzeugt werden Meerrettich und bald noch weitere Würzmittel, die man in transparenten Glasflaschen präsentiert, um die Qualität der Produkte hervorzuheben. 1876 kommt der Ketchup hinzu und mit der Zeit sieht sich das Sortiment durch zahlreiche andere Würzmittel erweitert. Um diese Vielfalt herauszustellen, lanciert Heinz 1896 den berühmten Slogan „57 Sorten" – eigentlich waren es noch mehr, doch die Zahl gefiel ihm einfach. In den 1970er-Jahren stagniert der Markt und die Marke ist teurer als die Mitbewerber. So wendet man sich 1974 an die Werbeagentur **Leo Burnett** USA. Neben der Glasflasche wird 1983 die zusammendrückbare Plastikflasche eingeführt. Mit Blick auf jüngere Konsumenten lanciert man 1999 den „Ketchup mit Charisma", auch „Heinz Talking Labels" (sprechende Etiketten) oder „Say something Ketchuppy" (Sag was Scharfes) genannt. Die Aufschriften entfachen ein Feuerwerk markiger Sprüche (1), (2), (3).

2

3

Kung Fu und Kanonenkugeln

Angler kämpfen nicht jeden Tag gegen Bären und die französischen Arbeiter singen während der Arbeit nicht die Marseillaise. Doch mit solchen Geschichten, in denen nichts stimmt, trifft die Werbung die Essenz eines Produkts. Aber bitte mit feinem Humor, denn weder Bären noch Arbeiter mögen es, wenn man sich über sie lustig macht.

nothing but fish

1

Eile ist geboten, denn als John West sich an Leo Burnett UK wendet, ist der Absatz stark rückläufig und die Marke droht aus den Regalen der Supermärkte zu verschwinden. Dabei produziert John West seit mehr als hundert Jahren ausgezeichnete Fischkonserven. Doch die Gewohnheiten haben sich verändert und angesichts von frischem oder tiefgekühltem Fisch, der überall erhältlich ist, hat Dosenfisch an Attraktivität eingebüßt. Also muss man auf sich aufmerksam machen, und zwar schnell! Das im Jahr 2000 von Andy Roberts kreierte Plakat „Nichts als Fisch" bringt diesen Gedanken brillant zum Ausdruck: Fisch, so frisch und intakt, als sei er eben erst geangelt worden (1). Noch eindringlicher der 2001 von Daniel Kleinmann geschaffene Spot: ein Angler schlägt sich mit einem Grizzly herum, der als Meister des Kung Fu auftritt, doch der Angler kämpft wie der Teufel und kann dem Bären schließlich einen Lachs stibitzen (2). Der heitere Spot wird weltweit in den Kinos gezeigt. Der Absatz legt um 23 Prozent gegenüber dem Vorjahr zu und John West erreicht einen Marktanteil von 72 Prozent.

2

Die Geschichte von Le Creuset beginnt im 14. Jahrhundert mit Kanonenkugeln und geht mit Kochutensilien weiter. In den 1960er Jahren wird die Marke in Großbritannien eingeführt. Der Distributeur Kitchenware Merchants wendet sich 1989 an **Saatchi & Saatchi** UK. Man will neue Kunden gewinnen, indem man die Authentizität dieser Kultmarke betont. Die Agentur bringt 1990 eine Anzeigenserie, deren Schwarzweißphotos von dem berühmten brasilianischen Photographen Sebastião Selgado stammen und Arbeiter von Le Creuset zeigen. Der Herstellungsprozess wird unter Bezug auf das Kochen dargestellt: „Hier entstehen einige der besten Schüsseln/Gerichte", „Immer noch keine Michelin-Sterne", „Casserole provençale" (4). 1991 dreht man einen Spot, in dem die Arbeiter die Marseillaise singen. Begleitet werden sie zunächst von einer Dorfkapelle, dann von einem größeren Ensemble. Nach jeder Szene in Schwarzweiß, die die einzelnen Herstellungsphasen illustriert, erscheinen dramaturgische Einblendungen in Orange, die zugleich als Markensignet fungieren (3).

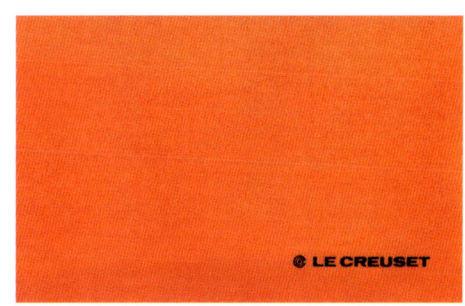

3

CASSEROLE PROVENCALE:

8 lbs Pig Iron,
2 lbs Sand,
2 lbs Coke,
1 lb Enamel.

Cook in factory for 30 mins at 800°C (or Gas Mark 24). Glaze, then enamel. Re-heat. Leave for three days. Serve.

SUITABLE FOR anything from farmhouse stoves to ceramic hobs. **LE CREUSET**

4

Willkommen in Altoidia

Altoidia, das Land der Pfefferminzpastillen mit merkwürdig kräftigem Geschmack, das ist das Land einer Werbung mit merkwürdigem Geschmack, die aber wirklich kräftig einschlägt!

2

1

Zu Zeiten Georgs III., ganz zu Beginn des 19. Jahrhunderts, entwickelt die Londoner Smith & Company Pfefferminzpastillen namens Altoids, die Verdauungsbeschwerden lindern sollen. Ende der 1920er Jahre gelten die Pastillen als Mittel gegen Magenleiden und der Ausdruck „Die merkwürdig kräftigen Minzpastillen" erscheint auf den Schachteln, die nun aus Metall sind und nicht mehr aus Pappe. Die ab 1995 für die Werbung verantwortliche Agentur **Leo Burnett** USA verhilft dieser Signatur zu großer Bekanntheit, etwa mit „Prima Altoids" (4). Der „merkwürdig kräftige Geschmack" wird zum zentralen Thema, dessen Verschrobenheit Leo Burnett Toronto 2001 gekonnt aufgreift, etwa mit „Elterliche Aufsicht empfohlen" (2). Möglicherweise durch den anfangs behaupteten medizinischen Nutzen inspiriert, wagt man 1999 „Freuden im/am Schmerz" (5) und „Das tut gar nicht weh" (6). 1999 erscheint die neue Sorte Altoids Wintergreen (1) – eine Mischung aus Gaultheria und Heidekrautgewächsen wie Heidelbeeren; „Sie scheinen sich zu teilen!" (7) und nochmals 2003 (3). Tony D'Orio, der zahlreiche dieser Anzeigen photographierte, bewies ein gutes Gespür für die Ästhetik der 1950er Jahre.

3

'NICE ALTOIDS'
THE CURIOUSLY STRONG MINTS™

4

PLEASURE IN PAIN
THE CURIOUSLY STRONG MINTS®

5

NOW THIS WON'T HURT A BIT.
THE CURIOUSLY STRONG MINTS®

6

THEY APPEAR TO BE DIVIDING!
THE CURIOUSLY STRONG MINTS®

7

Ekstase

Dass man Eiscreme zum Vergnügen verspeist, ist eine Binsenweisheit. Gewagt wäre es aber, diese Motivation auf die Spitze
zu treiben und mit einer leeren Verpackung die Sättigung des
Verlangens anklingen zu lassen.

2

1

Die Eisdiele, ein kleiner Familienbetrieb in der
New Yorker Bronx, existiert bereits seit langem,
als Reuben Mattus, der Sohn des Firmengründers,
1961 die Marke Häagen-Dazs kreiert. Schrift
und Klang erinnern an ein mystisches Skandi-
navien. Die 1983 von Pillsbury übernommene
Marke wendet sich 1990 an **BBH** London, deren
Kampagne „Der Freude verpflichtet" bald weltweit erfolgreich ist. Man wählt eine überaus raffi-
nierte Ausdrucksform, die deutlich macht, dass
man sich an kundige Erwachsene wendet, denen
die Parallele zwischen den Sinnesfreuden des
Paares und den Freuden des geteilten Genusses
einer erlesenen Eiscreme nicht entgeht: „Lass
dich gehen"(2). Die Photos stammen von berühmten Lichtbildnern wie Barry Lategan oder
Nadav Kander (1).

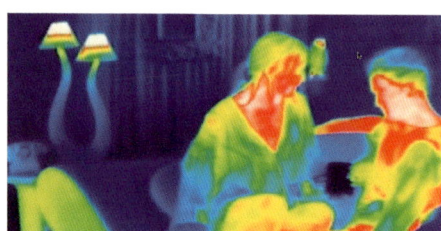
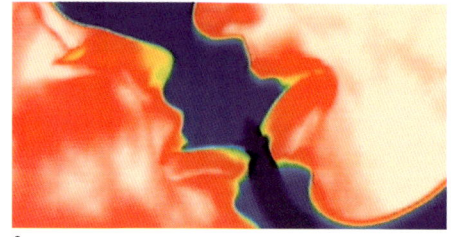
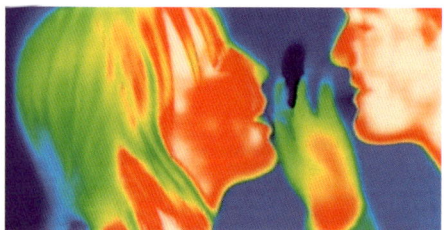
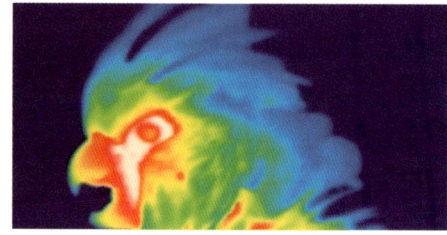

3

#3 Toffee Crème

Häagen-Dazs.

4

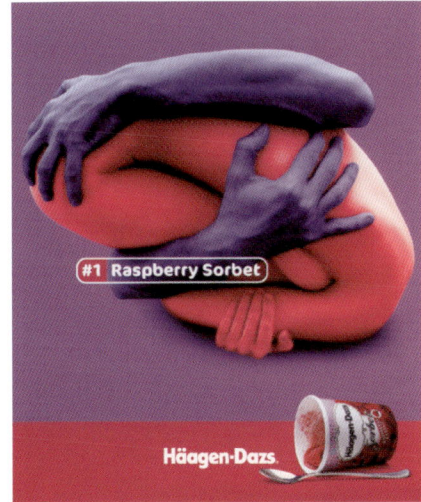

#1 Raspberry Sorbet

Häagen-Dazs.

5

#8 Cookies & Cream

Häagen-Dazs.

6

Ebenfalls für BBH realisiert Chris Palmer 1995 einen heißen Spot, in dem das Eis als Accessoire des Liebesspiels vorkommt. Gipfel des Raffinements: Die mit einer Wärmebildkamera gedrehte Szene lässt die wärmsten Körperpartien in Rot erstrahlen (3). Auch der Absatz kommt merklich in Schwung. Etwas später und viele tausend Kilometer entfernt, nämlich im Jahr 2000 in Australien, verfehlt die Marke ihre Wirkung auch nicht. **Leo Burnett** Melbourne hat den Auftrag, für Einzelportionen von Häagen-Dazs zu werben, die stattliche acht Dollar kosten sollen, wobei bereits diverse vergleichbare Produkte am Markt präsent sind. Die Kampagne wendet sich vorrangig an trendbewusste junge Erwachsene in den Städten. Hierzu greift man die von BBH zehn Jahre zuvor geschaffene Thematik auf, die den Erfolg der Marke begründete, um sie auf neue Geschmacksrichtungen zuzuschneiden: Toffeecreme (4), Himbeersorbet (5), Keks und Sahne (6). Sämtliche Photos stammen von Howard Schatz.

Vier Gründe für einen Kaffee

Die zunehmend benutzerfreundlicheren Kaffeemaschinen und die Verbreitung des gemahlenen Kaffees mindern die praktischen Vorteile des löslichen Kaffees. Doch es gibt ja noch viele andere Gründe, diesen Kaffee zu trinken.

1

2

Das erste Argument lautet, daran zu erinnern, dass Instantkaffee tatsächlich Kaffee ist. Das kann etwa dadurch erfolgen, dass man auf seinen Ursprung verweist; diesen Ansatz wählte **Publicis Paris** 1981 in einer Kampagne, die von der Herkunft des für Nescafé verwendeten Kaffees erzählt. Der von Alain Franchet gedrehte Spot zeigt einen Zug auf seiner Fahrt durch die Hochebenen der Anden, während „La colegiala" ertönt, ein Lied, das man während der Dreharbeiten entdeckt hatte (2). Ähnlich auch ein Plakat aus dem Jahr 1989, wonach die von der Marke angebotenen Sorten dem Verbraucher uneingeschränkte Freiheit bieten (1). Das zweite Argument besteht darin, den Verbraucher selbst zum Zeugen zu machen: „Würden Sie keinen Unterschied sehen, hätten sie den Unterschied nicht erkannt" (3). So wirbt **Leo Burnett** USA 1971 für Taster's Choice, den 1965 von Nestlé in den Vereinigten Staaten eingeführten Instantkaffee. Die Qualität beruht in diesem Fall nicht auf der Herkunft, sondern auf der Gefriertrocknung, einem neuen Verfahren für verbesserten Aromaschutz.

3

Publicis Mojo Sydney entwickelt ein drittes Argument. 2004 entscheidet man sich, eine dem Kaffee einhellig zuerkannte Qualität zum Ausdruck zu bringen, nämlich die, den Kreislauf in Schwung zu bringen, vor allem morgens nach dem Aufstehen. So fordert dann auch Blend 43, ein Produkt aus dem australischen Sortiment von Nescafé: „Werde zum Morgenmensch" (5). Das Photo von Alister Clarke zeigt den Autofahrern, dass frühes Aufstehen durch leere Straßen belohnt wird. Das letzte Argument beruht auf der Tatsache, dass Kaffee die Geselligkeit fördert. Eine Tasse Kaffee trinken, das bedeutet sich Zeit zu nehmen, um sich anderen zu öffnen, zuzuhören und sich auszutauschen. Das von Publicis kreierte „Öffne dich" wird zum weltweiten Thema der Markenwerbung und sogar dazu verwendet, die interne Kommunikation zu fördern. Paul Arden realisiert 1997 eine von einem Lied untermalte Szenenfolge (4), in der rund um und dank Nescafé unerwartete Begegnungen von Personen stattfinden, die ohne den Kaffee nie miteinander geredet hätten.

4

5

Ein Riss im Vorhang

Die Kampagne von Saatchi & Saatchi UK für Zigaretten der Marke Silk Cut (wörtlich: Riss in der Seide) beginnt 1984 in Form eines Bilderrätsels mit einem von Graham Ford photographierten Plakat (1). Der 1985 folgende Spot verweist auf jenen Vorhang, den Christo 1972 in Colorado in einem Tal installiert hatte, womit eine lange Reihe gekonnter Andeutungen beginnt (2).

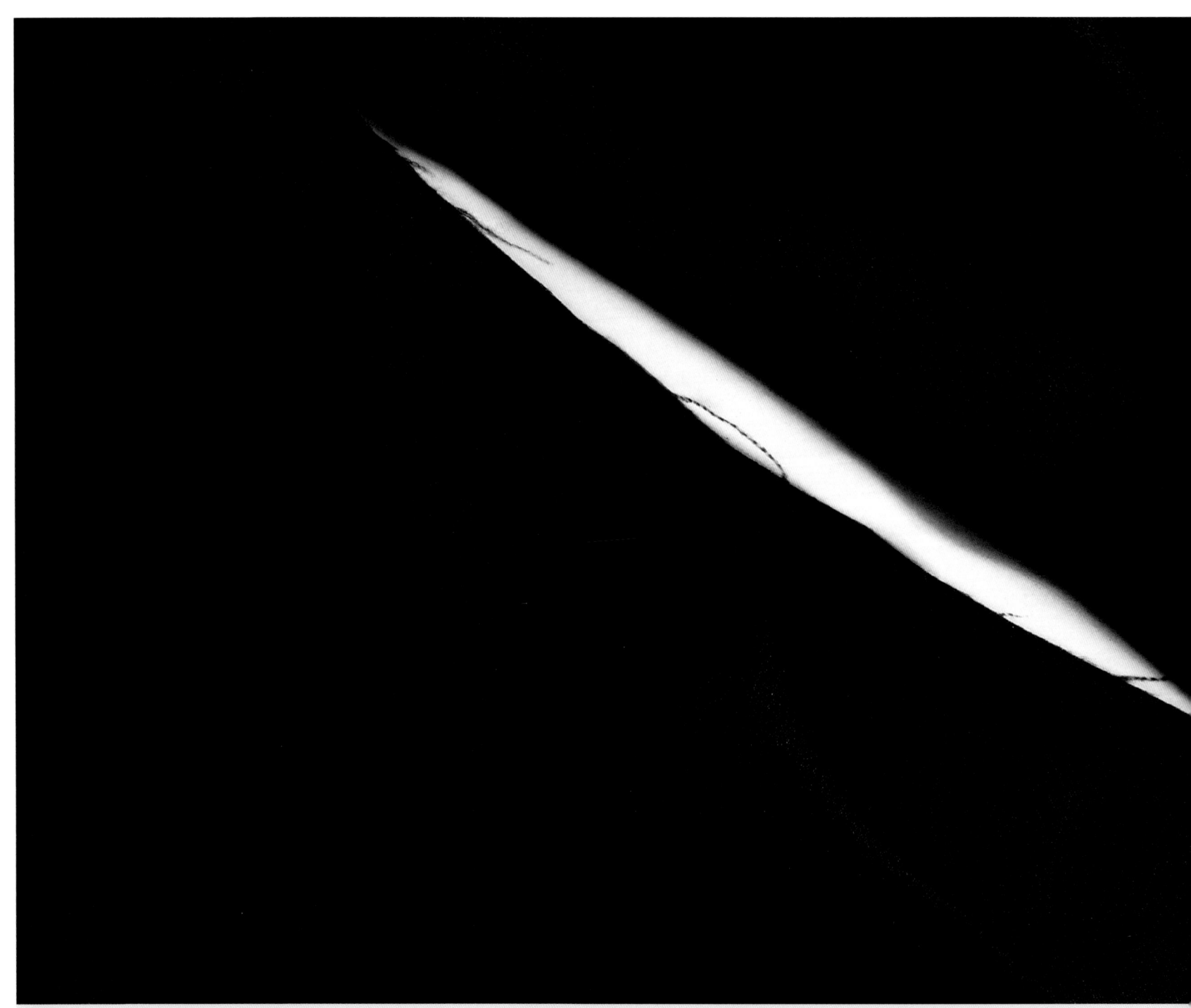

LOW TAR As defined by H.M. Government **DANGER:** Government Health **WARNING:**

1

2

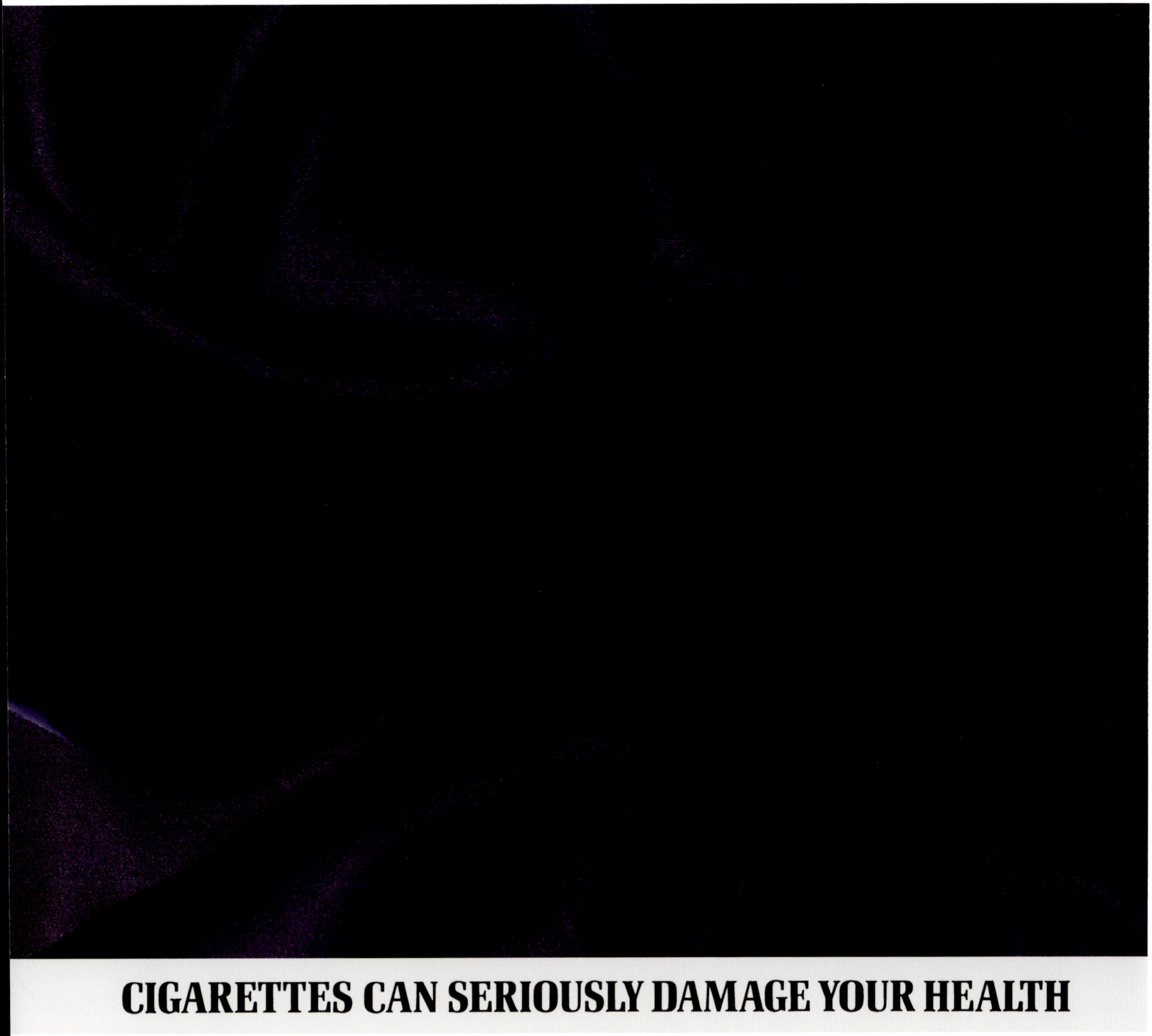

CIGARETTES CAN SERIOUSLY DAMAGE YOUR HEALTH

Ein Thema und seine Variationen

Die von der Agentur festgelegte Grundidee wird nun auf vielfältige Weise durch Anspielungen auf bildende Kunst, Filmgeschichte und Literatur variiert.

2

1

Silk Cut wird in Großbritannien 1964 von dem Zigarettenfabrikanten Gallagher als Zigarette mit besonders niedrigem Teergehalt lanciert. Der Name soll dies zum Ausdruck bringen: ausgewählte Tabake werden geschnitten („cut") und vermischt, um eine an Seide („silk") erinnernde Anmutung zu erzielen. Als **Saatchi & Saatchi** UK 1983 mit der Werbung betraut wird, geht der Absatz trotz des guten Markenimage spürbar zurück. Man beschließt, sich komplett von der bis dahin verfolgten Strategie abzuwenden. Anstatt mit dem geringen Teergehalt zu argumentieren, versucht man nun, die Marke zum Sinnbild der die 1980er Jahre prägenden urbanen, modebewussten Lebensweise zu machen, dies mithilfe einer entsprechend raffinierten, leicht verklausulierten Werbung. Die im Juni 1984 gestartete Kampagne verdoppelt den Absatz, womit Silk Cut 1992 in England zur zweitgrößten Marke wird – umso bemerkenswerter, als der Markt weltweit rückläufig ist. Höchst elegant: Markenname und Paket werden gar nicht abgebildet. Und, sicheres Zeichen für den Erfolg: die Werbung für Silk Cut hält 1988 dank David Lodges „Nice Work" (dt.: „Saubere Arbeit") Einzug in die Literatur.

3

Eine Freude für Psychologen: Die Kampagne für Silk Cut beginnt mit dem Zerreißen eines violetten Seidenvorhangs – gleich der Verletzung sanfter Haut. Nachdem dieser Code verankert ist, bedarf es nicht mehr sämtlicher Erkennungszeichen, um die Marke anklingen zu lassen. 1992 wird die Seide in einem Photo von Tyen (2) durch das Horn eines Rhinozeros zerrissen, doch 1991 ist das Zerreißen nur mehr eine Gefahr, die in dem Photo von Daniel Jouanneau (3) von dem Man Ray entlehnten Bügeleisen ausgeht oder 1993 von den von François Gillet abgelichteten Scheren (1). Bisweilen wird die Gefahr allein durch den Verweis auf einen Thriller von Alfred Hitchcock angedeutet, in dem Photo von Graham Ford auf „Psycho" (5) oder bei Barney Edwards auf „Bei Anruf Mord" (4). Nicht zu vergessen sind aber auch die vom Gesetzgeber auferlegten drastischen Einschränkungen. So finden auch Anwälte Freude an Silk Cut.

4

5

LOW TAR As defined by H.M. Government **Warning:** SMOKING CAN CAUSE FATAL DISEASES Health Departments' Chief Medical Officers

Geld macht glücklich

Mit der individuellen Mobilität wächst auch das Bedürfnis, einem Freund oder Verwandten Geld zu überweisen. Zugleich verhilft das wirtschaftliche Auf und Ab dem kleinen privaten Glück zu einer beträchtlichen Werthaltigkeit.

1

Einige Geschäftsleute *aus Rochester gründen 1851 die New York and Mississippi Valley Printing Telegraph Company, die fünf Jahre darauf zur Western Union Telegraph Company wird. Ursprünglich dazu dienend, Nachrichten quer durch die Vereinigten Staaten zu übermitteln, führt das Unternehmen 1871 den Western Union Money Transfer ein – eine Dienstleistung, auf die man sich spezialisieren wird. Anderthalb Jahrhunderte nach seiner Gründung ist das Unternehmen mit hunderttausend Repräsentanten in über hundertvierzig Ländern vertreten.* **Publicis Ambience** *drückt den Gedanken der Geldüberweisung 2003 in Form von Persönlichkeiten aus, hier etwa mit einem Abraham Lincoln, der sich an der flinken Banknote festklammert (1). Den gleichen Gedanken bringt man 2004 durch den spielerischen Hinweis auf die Ähnlichkeit zweier Nationalflaggen zum Ausdruck (2).*

POLAND

MONACO

2

Die Ursprünge der Citigroup, *zu der auch die Citibank gehört, sind ebenso alt wie vielfältig. Die Hauptwurzeln stammen zweifellos aus Amerika, doch auch Bankhäuser aus Ländern wie Polen oder Mexiko haben einen Beitrag geleistet. Die meisten von ihnen sind vor nicht einmal zehn Jahren hinzugestoßen. Überdies waren viele von ihnen traditionell eher auf Unternehmen denn auf Privatkunden orientiert. Als sich Citi im Jahr 2000 an die Agentur **Fallon** wendet, entspricht die Attraktivität der Marke aus den genannten Gründen nicht dem Leistungsvermögen der Bank. Ungünstige Rahmenbedingungen kommen hinzu, denn nach den Wachstumsjahren durch unzählige Internet-Startups herrscht Flaute an der Börse. So beschließt man, sich an jene zu wenden, die ein erfülltes Leben anstreben: „Leben Sie reich" (4). Familie, Freunde, Erinnerungen, Kinder, Persönlichkeit, Lachen, Luft zum Atmen, Freiheit, Hoffnung, Leidenschaft, Liebe, Haustiere und Träume sind Reichtümer, die ebenso wichtig sind wie Geld. Die gleiche Idee vermittelt 2001 ein Spot mit einem Kind, das von seinem Vater im Kreis geschwenkt wird: „Ein sicherer Weg zu schnellem Reichtum: Zählen Sie Ihr Glück" (3).*

3

4

Tierische Talente

Viele Werbespots haben mehr oder weniger geglückt den Gedanken variiert, Tiere mit menschlicher Stimme auftreten zu lassen. Dabei geht es auch anders, und besser dazu.

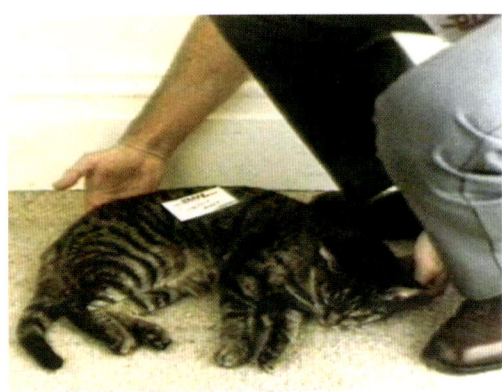

1

Hinter DHL verbergen sich die Namen *Dalsey, Hillblom und Lynn. Als sie 1969 beginnen, die Frachtbriefe der zwischen San Francisco und Honolulu verkehrenden Schiffe per Flugzeug zu befördern, erlaubt dies eine verkürzte Zollabfertigung. Ende der 1970er Jahre befördert man neben Briefen auch Päckchen. 2002 wird DHL von Deutsche Post World Net übernommen.*
Mit der Werbung in Australien beauftragt man **Saatchi & Saatchi** *Sydney, die 1991 einen ersten Spot kreiert: Der Belästigungen durch einen Kater überdrüssig, wählt ein possierlicher Wellensittich die Nummer von DHL, um den Stubentiger nach Afrika zu schicken (1). Doch 1992 rächt sich der Kater, indem er einen Adressaufkleber mit der Aufschrift „Sibirien" an den Vogelkäfig heftet (2). Und 1993 öffnet der Vogel eine Kiste, die DHL soeben geliefert hat. Ein riesiger Köter springt heraus, der Kater flüchtet – Verfolgungsjagd im authentischen Trickfilmstil. Schließlich sitzt der Vogel triumphierend auf dem Kopf seines bellenden Kumpels (3). Regie führte jeweils Derek Hughes.*

2

3

4

5

Die American Family Life Assurance Company,
1955 in Columbus (Georgia) gegründet und auf
Zusatzversicherungen spezialisiert, tritt ab 1989
unter dem Akronym Aflac auf. Zehn Jahre später
vertraut man die Werbung der **Kaplan Thaler
Group** an, die eine brillante Lösung findet, wie
man Aflac einprägsamer und stärker bekannt
machen kann. In den Ohren des Teams klingt Aflac
ähnlich wie das Quack-Quack einer Ente. Bingo!
Der erste Spot vom 31. Dezember 1999 zeigt zwei
Geschäftsleute, die vor einem Restaurant sitzen
und diskutieren, was sie im Krankheitsfall von ihrer
Versicherung erwarten können; „Zusatzversiche-
rung, was ist das?" Darauf eine Ente, die in einem
benachbarten Becken herumplanscht: „Aflac!"
Da man ihr keine Aufmerksamkeit schenkt, wird
sie wütend und wiederholt es mehrmals. Die er-
heiternde Ente wird zur Heldin von mehr als
20 Filmchen; berühmt wurde der Spot, in dem sie
den im Kamin feststeckenden Weihnachtsmann
berät (4) oder der, in dem sie die Rechnungen eines
Unglücksraben bezahl, der sich das Bein ge-
brochen hat (6) oder jener, in dem eine verführe-
rische junge Frau in ihren Körper schlüpft (7). Die
Ente erhielt eine solche Symbolkraft, dass man sie
in das Logo aufnahm (5). Heute zählt Aflac weltweit 40 Millionen Versicherte und ist das führende
ausländische Versicherungsunternehmen in Japan.

6

7

Lebensträume

Glücksspiele nähren seit jeher die Hoffnung auf einen Geldsegen.
Zum Träumen verfügen wir heute indes auch über einige elektronische
Hilfsmittel, die sich als ungemein wirksam erweisen.

1

Wenn das wahre Leben so mitreißend wäre wie ein Film, dann würde man zu Hause keine Playstation von Sony brauchen. Genau dies veranschaulicht der im Jahr 2000 von Josh Frizzell in Bollywood für **Saatchi & Saatchi** Singapur gedrehte Spot, den man ihn zahlreichen Ländern der Region und vor allem in Indien ausstrahlen wird (1). Ein Angestellter aus Mumbai erlebt auf dem Nachhauseweg eine Reihe ungewöhnlicher Dinge, wie man sie sonst nur in den spektakulärsten Action-Filmen zu Gesicht bekommt. Um in der Volksrepublik China für seine Handys zu werben, arbeitet das 2001 gebildete Joint Venture Sony-Ericsson mit **Publicis Ad-Link** Hongkong zusammen. Die Agentur wendet sich an den berühmten Regisseur Derek Chang. In seinem Spot, in dem Maggie Cheung und Michael Wong auftreten, sind Handys unerlässlich, um während eines offiziellen Empfangs ein romantisches Tête-à-tête zu verabreden und ein üppiges Feuerwerk zu bestellen, kurz gesagt: um Träume zum Leben zu erwecken (2).

2

¡Psst, mira lo que tenemos para ti!

FLORIDA LOTTO

3

4

Zum Glück braucht man Glück. *1986 genehmigt Florida das Lottospiel und zwei Jahre später verkauft Florida Lotto seine ersten Scheine. Die Agentur* **Sanchez & Levitan,** *die 2001 zu* **Publicis** *stoßen und 2002 von Bromley übernommen wird, soll die spanischsprachige Bevölkerung ansprechen: „Pst, schau mal, was wir da für dich haben!" (3). Das britische Parlament beschließt 1993 eine nationale Lotterie. Bekannt machen soll sie* **Saatchi & Saatchi** *UK, für die Kevin Molony einen Fingerzeig der Glücksfee inszeniert, der jeden erreichen kann (4). Später erscheinen zahlreiche weitere Glücksspiele, darunter 1995 das erste Rubbel-Los namens „Instants" (5).*

5

Hypergreifend

Mitunter wenden sich die Marken an kleinere Zielgruppen, die mit gewöhnlicher Werbung nicht mehr erreichbar sind. So gilt es, neue Ansätze und Plattformen zu finden.

2

1

Die kleine Schar der Gebrauchsgraphiker spielt eine wesentliche Rolle als Meinungsführer und verkörpert daher die bedeutendste Zielgruppe, wenn es gilt, den Ruf eines Herstellers von Bürodruckern aufzubauen. Von diesem Gedanken ausgehend schlägt **Publicis** London 2003 der zuständigen Division von Hewlett-Packard eine Ausstellung vor, die Hype Gallery. Hierzu sollen junge Künstler ein digitales Werk mit den beiden Buchstaben „h" und „p" kreieren. Die virtuelle Ausstellung läuft auf www.hypegallery.com (1), ihr reales Pendant findet im Londoner East End in der Truman Black Eagle Brewery statt (2), wo sich in einem Monat neunhundert Künstler und neuntausend Besucher einfinden. Einige Monate später wiederholt man die Aktion in Pariser Palais de Tokyo (3).

3

Typische BMW-Kunden in den Vereinigten Staaten sind junge, moderne Männer, die mehr Zeit vor dem PC verbringen als vor dem Fernseher. Entsprechend lässt *Fallon* im Jahr 2000 von Joe Carnahan, John Frankenheimer, Alejandro González Iñárritu, Wong Kar Wai, Ang Lee, Guy Ritchie, Tony Scott und John Woo einige 5–10 Minuten lange Filme drehen, in denen zwei Helden vorkommen: der Schauspieler Clive Owen als geheimnisvoller Fahrer (4) und sein BMW. Das Ganze wirkt so, als würde es sich um Werbung für Spielfilme handeln, doch die Streifen sind nur auf einer eigens eingerichteten Website zu sehen (5), die auch die Entstehungsgeschichte zeigt (6), (7). 100 Millionen Besucher schauen sich den Film an und die Verkaufsräume verzeichnen ein Besucherplus von 400 Prozent.

4

5

6

7

Saturn und ein Star

Zwei innovative Marken von General Motors: Saturn begründet seine Reputation auf Spielregeln, die in der Automobilindustrie neu sind und Pontiac bringt seine Kunden mithilfe eines Top-Stars zum Träumen.

1

Ende der 1970er Jahre zeigen sich die amerikanischen Autobauer durch den zunehmenden Marktanteil der Japaner beunruhigt. Diese sind zwar bereit, ein Abkommen zur „freiwilligen Exportbeschränkung" zu unterzeichnen, das sie jedoch schon 1982 umgehen, indem sie „Transplants" in den USA gründen. General Motors reagiert mit dem Projekt Saturn: ein Spezialteam soll einen völlig neuartigen Wagen kreieren. Hier geht es weniger um technische Meisterleistungen, sondern um die Befriedung der Beziehungen zu der Gewerkschaft United Auto Workers. Weit entfernt von Michigan, der Wiege des amerikanischen Autobaus, laufen 1990 in Spring Hill (Tennessee) die ersten Wagen vom Band. In einem Spot von Leslie Dektor erzählt **Hal Riney** die Geschichte eines Arbeiters aus Detroit, der bei Saturn Würde und Motivation wiederfindet (2). Den gleichen Gedanken vermittelt Arthur Grace 2001 in der Anzeige „Ein neuartiges Unternehmen. Ein neuartiges Auto" (1). Innerhalb von fünf Jahren werden eine Million Autos verkauft.

2

Die erfolgreiche Einführung des Pontiac G6 im Jahr 2004 verdankt sich der Begegnung zwischen der Talkmasterin Oprah Winfrey, die ihrem Publikum ein Geschenk machen wollte, und General Motors, die ihr neues Modell den Frauen vorstellen möchten. In der von Oprah Winfrey, Harpo Productions, **Vigilante, Chemistri** und Starcom konzipierten Sendung verkündet Oprah nach einer ersten Auslosung, dass es noch ein Auto zu gewinnen gebe. Jede der 265 Teilnehmerinnen erhält eine Schachtel, doch nur in einer wird sich der Autoschlüssel befinden. Nach und nach öffnen die Kandidatinnen ihre Schachteln, um darin tatsächlich einen Schlüssel zu entdecken. Sie haben alle gewonnen! „Glückwunsch! Deine verwegensten Träume wurden wahr!" (3). Sofort nimmt jede das auf sie wartende Auto in Besitz (4). Das von über 27 Millionen Zuschauerinnen verfolgte Schauspiel wird in den Vereinigten Staaten von gut 200 Fernsehsendern ausgestrahlt und allein in den ersten 24 Stunden nach der Sendung verzeichnet die Website von Pontiac 25.000 Besucher.

3

4

Papa? Nicole!

Die Engländer hatten sieben Jahre lang Zeit, einen Dialog auswendig zu lernen. Gut, er bestand ja auch nur aus zwei Wörtern: „Nicole" und „Papa". Und sie hatten Zeit, den neuen Kleinwagen eines französischen Herstellers schätzen zu lernen.

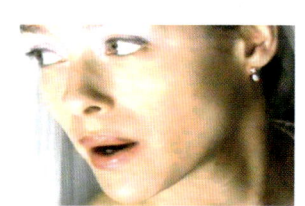

Nicole ist eine lebhafte junge Frau – und sehr frei, da ganz Französin. Sie besitzt einige Verehrer und einen stets sehr charmanten Vater – wozu ist man Franzose? (1). Nebenfiguren sind Nicoles Mutter, die bisweilen anruft, ohne dass man sie zu Gesicht bekäme, Papas liebe Freundinnen, seine Mutter, deren Ankunft für einigen Wirbel sorgt sowie ein hochnäsiger Butler – natürlich allesamt Franzosen (2). Als eigentlicher Held bei all den Abenteuern von Nicole und Papa erweist sich schließlich indes der Renault Clio, man ahnt es schon: auch er ein prächtiger Franzose (3). Die von **Publicis** London realisierte Kampagne dauert von April 1991 bis 1998, Regie führen nacheinander beispielsweise Michael Serrasin, Richard Loncraine und Paul Weiland. Schauplatz der ersten Spots ist die Provence, mitsamt Zikaden, Siesta, Aperitifs und galanten Rendezvous. In einem derart auf Serien versessenen Land wie Großbritannien erntet die Kampagne während ihrer gesamten Laufzeit einen überwältigenden Erfolg.

Nicole heißt im wahren Leben Estelle Skornik und Papa, das ist Max Douchin. Vielleicht wird man sich später auch an Nicoles grandiose Hochzeit erinnern – der Spot lief im Mai 1998 auf ITV während der berühmten britischen Fernsehserie „Coronation Street". Nicht vergessen wird man die beiden letzten Anwärter: den glücklichen Bob Mortimer und den Verlierer Vic Reeves (5). Das Phänomen „Nicole und Papa" war derart präsent, dass aus den beiden Charakteren beinahe zwei reale Personen wurden (6). Vor allem aber war wichtig, dass Renault zwischen 1990 und 1998 300.000 Clios in Großbritannien verkauft und seinen Marktanteil bei den Neuzulassungen von 3,4 Prozent auf acht Prozent gesteigert hat (4). Renault, dessen Image auf den altehrwürdigen R5 zurückgeht, wird so zu einem modernen Auto-bauer. Und dass später der Fußballstar Thierry Henry zum Sprachrohr des Clio II wird, ist doch wohl auch typisch Fronkraisch, oder?

Papa and Nicole lift Renault's UK share

BY OUR WORLD TRADE CORRESPONDENT

RENAULT, the French state-controlled automotive group which recently started down the privatisation road, captured 11 per cent of the European car market last year, up from 10.6 per cent the previous year.

Patrick Faure, the managing director, said the 1994 showing was the Renault marque's "best performance in terms of market share in Europe in ten years".

In Britain, the highly successful "Papa . . . Nicole" advertising campaign has helped to lift Renault's share of the car market to above 6 per cent, double the level of the late 1980s.

Roland Bouchara, just apppointed marketing director of Renault UK, believes the company's market share in Britain can be increased still further. He succeeds Gérard Saint-Martin.

The group's world vehicle sales rose 4.8 per cent last year to 1.84 million. In

Vic or Bob? May the best man win Nicole's hand

THE NATION was left on tenterhooks yet again today as the most popular guessing game of the moment — the identity of the man who will marry Nicole in the Renault Clio ad — was unveiled. However, there was a sting in the tail.

Comedians Vic Reeves and Bob Mortimer feature in two of three alternative endings for the latest instalment of the £7million campaign for the car in which Nicole, played by Estelle Skornik, will be led up the aisle by her Papa. The 60-second commercial will be screened tomorrow night during Coronation Street, but Renault bosses were today refusing to say what the ending would be. A heavy clue was let slip by Papa, played by French classical actor Max Douchin, who hinted that Nicole might be jilted at the altar.

"In a French wedding the words are very simple. All you have to say is oui or non — and it has been known for people to change their minds at the last minute and say 'non'," he said.

Today he presented his screen daughter in her £5,000 silk and lace wedding dress at a wedding breakfast in the Savoy, together with Reeves and Mortimer.

For the comedians, the cliffhanger ending of the seven-year advertising campaign remains a mystery.

Three were shot under conditions of tight secrecy in Provence — one with Reeves, one with Mortimer and one still secret — but neither

by GERVASE WEBB

A shoot and stars: Bride Nicole, played by Estelle Skornik, with Shooting Stars presenters Vic Reeves and Bob Mortimer and, right, with her Papa

knows which will be screened. "I know it sounds daft but we have no idea either," said Mortimer. "It was tremendous fun though, and we both thoroughly enjoyed doing it."

Ken Pritchard, Renault's UK advertising manager, said only four or five executives in the company knew what all three endings were and which one would be used.

"We have had to have the most extraordinary secrecy during filming," he explained.

"Normally when shooting in Provence we have British tourists who recognise Nicole and Papa, coming up to us, but this time we had to be much more careful."

Security around the shooting location included the use of former SAS and French foreign legionnaires at the tiny church in the village of Saignon, where the wedding was filmed.

Despite repeated questions, pleas and even offers of money, Mr Pritchard resolutely refused to disclose the denouement of the campaign. He, too, may have given a hint when he said Renault wanted to keep the campaign open-ended.

"Who knows what the future might hold? We wanted to keep all our options open. But whatever ending viewers see I'm sure it will bring a smile to their lips."

M Duchain, slipping confusingly between his real-life persona and that of Papa, grinned and said: "Whatever happens, Nicole is going

Main picture: JEREMY SELWYN

to be happy."Renault estimates the commercial will be seen by half the British population, 15 times as many as those expected to watch the cliffhanger wedding scene in the American comedy Friends.

Mr Pritchard admitted that a long list of potential suitors had been drawn up, including Hugh Grant and David Ginola. "Vic and Bob are funny, well-known people and we thought they would be ideal for this particular ad," he said. "The whole purpose is to give viewers something to smile at and I don't think they'll be disappointed."

5

6

Raumfahrt

Ein Auto, das bedeutet für Renault nicht nur sozialen Status und Leistung,
sondern auch den Ausdruck einer Lebensweise. Dieser Herausforderung verleiht
man ab dem Jahr 2000 Ausdruck mit der Signatur „créateur d'automobiles".

1

Bei dem **französischen Autobauer Matra** entsteht
1979 die von den amerikanischen Vans inspirierte
Idee zu einer Großraumlimousine. 1983 unterzeichnen Renault und Matra ein Abkommen für
die Fertigung dieses neuen Fahrzeugs, das im Jahr
darauf unter dem Namen Espace auf den Markt
kommt – zeitgleich mit dem neuen Slogan von
Renault, „Autos zum Leben", dem man bis 2000
treu bleiben wird. Das Auto ist zugleich familien-
tauglich und elegant, nützlich und luxuriös.
Zunächst kurz verblüfft, bereiten Presse und
Öffentlichkeit dem Wagen einen begeisterten
Empfang, so dass zahlreiche Modellvarianten erscheinen. Die von Paul Wakefield 1994 für **Publicis**
Paris photographierte limitierte Edition Espace
Grand Écran bietet etwa zwei Glasschiebedächer,
die den sechs Insassen einen besseren Blick auf die
Umgebung bieten (1). Raum (espace) und Luxus
lassen sich leicht verknüpfen: In dieser Kampagne
von 2003 zeigt Sébastien Chantrel einen Mann,
der sich in einer Blase mit der Form des Espace
in einer dichten Menschenmenge bewegt (2).

2

Bei Renault erweist sich der Van als ein sehr fruchtbares Konzept, das man nun auf die gesamte Produktpalette anwendet. Die Welt der kleinen Stadtflitzer bekommt den Modus, der im März 2004 auf dem Genfer Autosalon präsentiert wird. Der sehr kompakte, ungezwungen wirkende Wagen trifft besonders die Erwartungen der jungen Städter, wovon im September 2004 auch die von Daniel Schweizer photographierte und von Geneviève Gauckler illustrierte Einführungskampagne von **Publicis** zeugt: „Kommt in Schwarz … Musik ist Trumpf, nicht etwa Schlips" (3), „Ein dunkler Anzug in einem großen schwarzen Auto. Warte damit bis zu deiner letzten Reise" (4). Doch der Modus besitzt auch ein Geheimnis, denn er basiert auf der gleichen Plattform wie der Micra von Nissan. Im März 1999 nämlich sind der französische und der japanische Autobauer erstmals ein Bündnis eingegangen, das zunehmend enger wurde und sich in Form einer rationelleren Produktion äußert. Im Rahmen seiner internationalen Expansion wurde Renault 1999 überdies Mehrheitseigner des rumänischen Autobauers Dacia und erwarb im Jahr 2000 die Automobilsparte der koreanischen Samsung-Gruppe, wodurch Renault Samsung Motors entstand.

3

4

Toyota – nichts ist unmöglich

Ende der 1930er Jahre importiert Japan fast keine Fahrzeuge mehr, während die Wirtschaft zunehmend größeren Bedarf anmeldet. Der Webstuhlfabrikant Sakichi Toyoda erblickt darin eine Gelegenheit zur Diversifizierung und gründet eine eigene Automobilabteilung.

1

Toyota spezialisiert sich zunehmend *auf kleine Nutzfahrzeuge mit Allradantrieb. Im Auftrag von* **Saatchi & Saatchi** *Neuseeland kreiert Tony Williams 1999 einen Spot, in dem einem Farmer, der noch nicht an die Power seines neuen Hilux gewöhnt ist, diverse Schnitzer unterlaufen, was er mit einem herzlichen „Du Depp!" quittiert. Er ruft seinen Hund, der auf die Ladefläche springen will, doch da der Wagen zu schnell anfährt, landet der Vierbeiner im Matsch und stöhnt seinerseits „Du Depp!" (3). 2003 feiert die Agentur das 21. Jahr in Folge, in dem der Hilux zum beliebtesten leichten Truck Neuseelands gewählt wurde (2). Im Jahr darauf realisiert Baker Smith im Auftrag von* **Saatchi & Saatchi** *Los Angeles einen Spot für den Tacoma Double Cab (1). Das Auto ist so toll, dass die Freundin seines Besitzers eifersüchtig wird. Sie lässt den Wagen einen Abhang hinabstürzen, doch der Tacoma ist so robust, dass er unversehrt auf allen Vieren landet.*

UNB

1982	1983	1984	1985	1986	1987	1988	1989
MOST POPULAR LIGHT TRUCK.	MOST POPULAR LIGHT TRUCK.	MOST POPULAR LIGHT TRUCK.	MOST POPULAR LIGHT TRUCK.	MOST POPULAR LIGHT TRUCK.	MOST POPULAR LIGHT TRUCK.	MOST POPULAR LIGHT TRUCK.	MOST POPULA LIGHT TRUCK

2

3

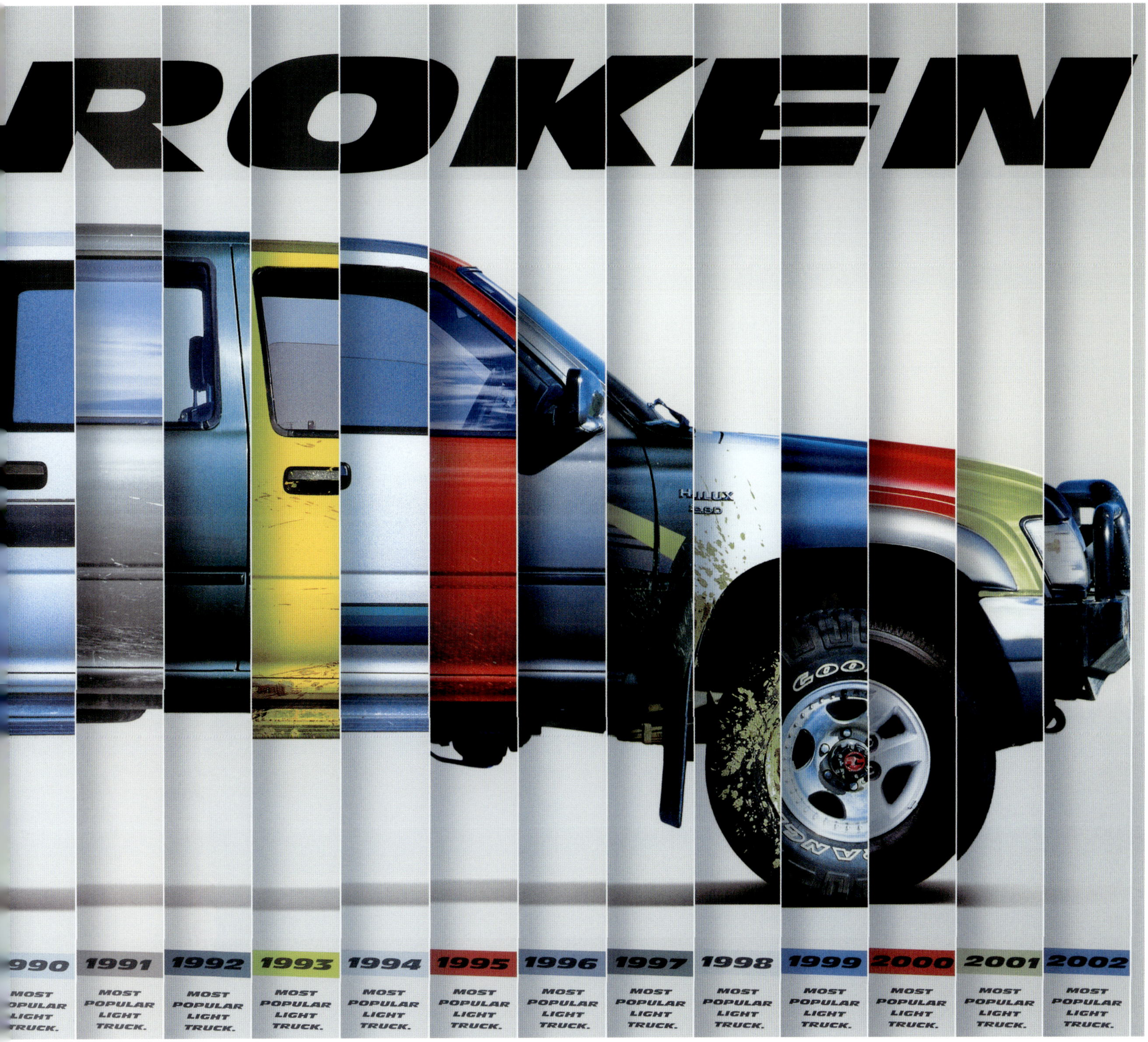

ROKEN

990 1991 1992 1993 1994 1995 1996 1997 1998 1999 2000 2001 2002

MOST POPULAR LIGHT TRUCK. (repeated for each year 1990–2002)

In der Stadt wie im Gelände

Als Saatchi & Saatchi 1975 mit Toyota zusammenzuarbeiten beginnt, ist die Marke lediglich in Asien stärker vertreten. Ihre Innovationskraft wird sie indes innerhalb von wenigen Jahrzehnten überall ganz nach vorn katapultieren.

2

1

Zwei Modelle sind besonders repräsentativ für Toyotas Know-how auf dem Gebiet der Geländewagen: der Land Cruiser und der Rav4. Mit diesem Plakat von Marc Gouby vermittelt **Saatchi & Saatchi** Frankreich humorvoll die Power des 1994 eingeführten allradgetriebenen Rav4 (3). Der Land Cruiser setzt in seinem Segment seit über fünfzig Jahren Maßstäbe. Ende 1998 erhält er einen V8-Motor und ist so noch flotter unterwegs, wie es dieses von Simon Harsent für Saatchi & Saatchi Australien photographierte Plakat andeutet (1). 2004 wird **Saatchi & Saatchi** Los Angeles mit der Einführung der zweiten Generation des inzwischen sieben Jahre alten Toyota Prius beauftragt. Der revolutionäre Hybridantrieb des Prius kommt durch ein Logo mit den Worten „Hybrid Synergy Drive" zum Ausdruck (2). Die Einführung in mehr als fünfundzwanzig Ländern verläuft erfolgreich und bereits im ersten Monat werden 10.000 Einheiten in den Vereinigten Staaten und 17.500 in Japan, den beiden Hauptmärkten, abgesetzt.

3

*Ein japanisches Oberklasse-Modell! Als der Lexus 1989 in den Vereinigten Staaten eingeführt wird, klingt das wie ein Widerspruch in sich. Um der Marke eine eigene Persönlichkeit zu geben, die sich von der Toyotas unterscheidet, schafft man eine gesonderte Vertriebsstruktur. Eigens für die neue Marke bildet **Saatchi & Saatchi** in El Segundo unweit von Los Angeles das **Team One,** das kurz darauf diverse nationale und internationale Büros eröffnet. In seinem Spot für den ES 300 zeigt Henri Sandbank auf spektakuläre Weise die Verarbeitungsqualität des Lexus: das Spaltmaß ist derart ebenmäßig, dass eine Kugel an den Fugen entlangrollen kann, ohne herunterzufallen: „Unablässiges Streben nach Perfektion" (4). Eine Anzeige beginnt wie vergleichende Werbung: „Diese Anzeige wirbt für die beste Luxuslimousine Amerikas. Welches Logo gehört also in die untere rechte Ecke?" (5).*

4

THIS IS AN ADVERTISEMENT FOR THE FINEST LUXURY SEDAN IN AMERICA. SO WHICH LOGO BELONGS IN THE BOTTOM RIGHT-HAND CORNER?

DO YOU KNOW? Or is it possible you merely *think* you know? Well, there's only one way to be certain and that's to put aside your perceptions and prejudices and focus purely on the facts: the tangible, measurable, provable evidence. (In other words, you have to completely ignore the emblems and instead scrutinize the automobiles beneath them.)

And that's what the researchers at Automotive Marketing Consultants Incorporated (AMCI) did to identify "The Finest Luxury Sedan in America."*

So what exactly was required to achieve this?

Hallmarks of integrity.

AMCI is the nation's leading independent vehicle testing company. They design objective, third-party studies to substantiate claims that can truthfully be made about an automobile. They drive and evaluate more cars than the federal government, car-enthusiast magazines or any other organization in the United States. Consequently, they have substantiated most claims made in broadcast automobile advertising.

franchised dealers, and began the arduous process of subjecting all of them to a barrage of one hundred and ninety-three dynamic, static and luxury-feature tests and evaluations in seven exhaustive categories.

Success. Not symbols.

Distinguishing a luxury sedan from an ordinary car is rather simple because a luxury sedan has many measurable, defining characteristics—other than the hood ornament. But even more important, these same attributes can also differentiate one luxury sedan from another, and that's what AMCI was looking for.

Here's some of what their evaluation discovered:

For any tests that required driving, AMCI used two of their most experienced test drivers. Each test was repeated until they had both achieved eighteen "perfect" runs in every car for all the tests.

One of the most significant of these trials was the 50–0 mph braking on wet pavement. In this test the BMW 750iL took 95.3 feet to stop. And while this is rather remarkable, it pales when compared to

Traditionally a concours d'élégance is for cars that have been restored to their former glory. But what if you convened one for brand-new cars? Well, that's exactly what AMCI did. And to judge their concours they enlisted the help of three independent paint experts, three wood experts and three leather experts—all highly respected in their fields.

Yet again "The Finest Luxury Sedan in America" took home the trophies in this category. Sorry, old chaps, it wasn't the Jaguar Vanden Plas Supercharged. In fact, no Jaguar even made it far enough into the study to have the honor of participating in AMCI's concours. (And for those of you who are keeping tabs, that's one less logo for you to contemplate.)

Ergonomics is the science of designing things that people use so that the people and things interact in the most efficient, effective and safe manner.

Sounds rather Germanic, doesn't it? But it seems as though that stereotype is only partly true. You see, while the three independent experts who evaluated this category chose the Mercedes-Benz S600 as one

AMCI-substantiated claims are in fact among the most highly respected in the automotive industry. And perhaps that's why they were asked to assist when the federal guidelines were originally established for all forms of comparative automotive advertising.

Trademark thoroughness.

In order to certify this claim, AMCI undertook their most sophisticated study to date, by far.

Their unprejudiced, three-phase evaluation took more than a year and 4,000 man-hours to complete.

Phase one was a comprehensive paper review of the most luxurious sedans available in America. The study imposed a few basic criteria† to identify only the finest automobiles and those most germane to the U.S. buyer. Ten vehicles were then promoted to phase two, initial Comparative Vehicle Assessment (CVA®) Testing. (Of course, many more were eliminated.)

All were carefully examined in an effort to define the most competitive set possible. An example of each vehicle was procured and thoroughly evaluated.

From this a very clear picture emerged of which automobiles could be considered true contenders. In all, just five remarkable luxury sedans proceeded to the final phase of evaluation, Certification Testing.‡

To ensure a nonpartisan evaluation of the facts, AMCI then acquired the most luxurious versions available of each of the finalist vehicles from official

"The Finest Luxury Sedan in America," which stopped over three feet sooner. And it didn't stop there.

In fact, the 750iL failed to win a single test in the Performance category and only ranked third overall. (So, could the BMW logo be the one? Ultimately, no.)

If a reputation for refinement were all it took to be considered "The Finest Luxury Sedan in America," one brand would certainly have to be acknowledged as the most obvious contender: Rolls-Royce.

But upon closer examination you might begin to question that reputation. For example, if you counted the exposed screw heads and fasteners inside "The Finest Luxury Sedan in America," it's certainly the most tranquil vehicle they find a single one. Do the same in a Silver Seraph and you'd find a total of sixty. (From which you can probably surmise that it's not the Rolls-Royce logo either.)

Is it possible that "The Finest Luxury Sedan in America" is also the quietest? AMCI thinks so. With a decibel reading of just 31.1 at idle, measured in the front seat, it's certainly the most tranquil vehicle they have ever evaluated. And when you consider that the background sound in a typical library is a deafening 40 decibels, chances are you will promptly conclude they're more than likely right in their assessment.

All told twelve interior-sound, ride-quality and refinement evaluations were performed. "The Finest Luxury Sedan in America" took the honors in most, and quietly drove off with victory in this category.

of the finest German-made sedans, overall it ranked just second to "The Finest Luxury Sedan in America." (Apparently, it's not the three-pointed star either.)

By now you're probably wondering if it could possibly have been a Bentley that was acknowledged as "The Finest Luxury Sedan in America."

However, just like its matriarch, the Rolls-Royce, even the Bentley Arnage Red Label did not make the final round. (Needless to say, that leaves just one logo to take its rightful place in the corner of this page.)

If the badge fits, wear it.

Finally, after meticulous analysis of the results, AMCI certified that only one luxury sedan has earned the distinction of positioning its logo at the bottom of this advertisement for "The Finest Luxury Sedan in America." By now you have probably concluded, as AMCI did, that the Lexus LS 430 is that sedan.

And that's not merely something they happen to believe. It's a fact they can prove conclusively.

FOR MORE DETAILS VISIT FINESTSEDAN.COM.

5

Abheben auf englische Art

British Airways entsteht 1974 durch Fusion mehrerer Luftfahrtgesellschaften. Ein Mann, Lord King, macht daraus in den 1980er Jahren ein modernes, angesehenes und profitables Unternehmen. Und eine Agentur, Saatchi & Saatchi, entwirft das Image.

1

Die Privatisierung ist noch nicht beschlossen, als Saatchi & Saatchi UK 1982 mit British Airways zu sammenzuarbeiten beginnt. Die Agentur lanciert sogleich den Slogan „The World's Favourite Airline" (Die beliebteste Fluglinie der Welt), der sich nachhaltig einprägen wird, auch wenn man ihn nur bis 1999 verwendet. Illustriert wird er bereits 1983 durch eine spektakulären Spot von Richard Loncraine, der zeigt, dass innerhalb eines Jahres so viele Menschen mit BA fliegen, wie Manhattan Einwohner hat. 1984 gibt die Eröffnung der ersten Fluglinie (3) von Virgin Atlantic nach New York den Ton vor: der Wettbewerb wird sich verschärfen. Die Agentur reagiert mit dieser Anzeige (2), die für die beiden neuen täglichen Flüge zum „Big Apple" wirbt: „New York zum Mittag- oder Abendessen?"

2

Die Privatisierung erfolgt im Februar 1987.
Saatchi & Saatchi ist bestrebt, Kundennähe und
Leistungsvermögen dieser großen Fluggesellschaft
zu kombinieren. Ausdruck findet dies in dem 1989
von Hugh Hudson realisierten Spot (4): In der
Wüste von Utah formieren sich 4.500 in Weiß,
Rot und Blau gekleidete Schüler zu einem fröh-
lichen Gesicht, untermalt durch ein von Malcolm
McLaren arrangiertes Thema aus Léo Delibes'
Oper „Lakmé". Der in elf Sprachen adaptierte
Spot wird in achtunddreißig Ländern ausgestrahlt.
Als der Luftverkehr 1991 infolge des Golfkriegs
deutlich zurückgeht, reagiert British Airways mit
einem sehr effizienten Preisausschreiben: „Das
dickste Angebot der Welt. Beginnt heute." (1). Nur
ein einziges Mal am gleichen Tag in fast dreihun-
dert Printmedien und neunundsechzig Ländern
veröffentlicht, wird die Anzeige von über hundert
Millionen Menschen wahrgenommen; sechs Millionen senden den Coupon ein.

3

4

Abheben auf französische Art

Diese internationale Unternehmenskampagne stützt sich auf die vorhandenen Stärken – eine gewisse Eleganz und die Qualität von Personal und Bordservice –, zu einem Zeitpunkt, da die Fluggesellschaft noch nicht privatisiert ist.

2

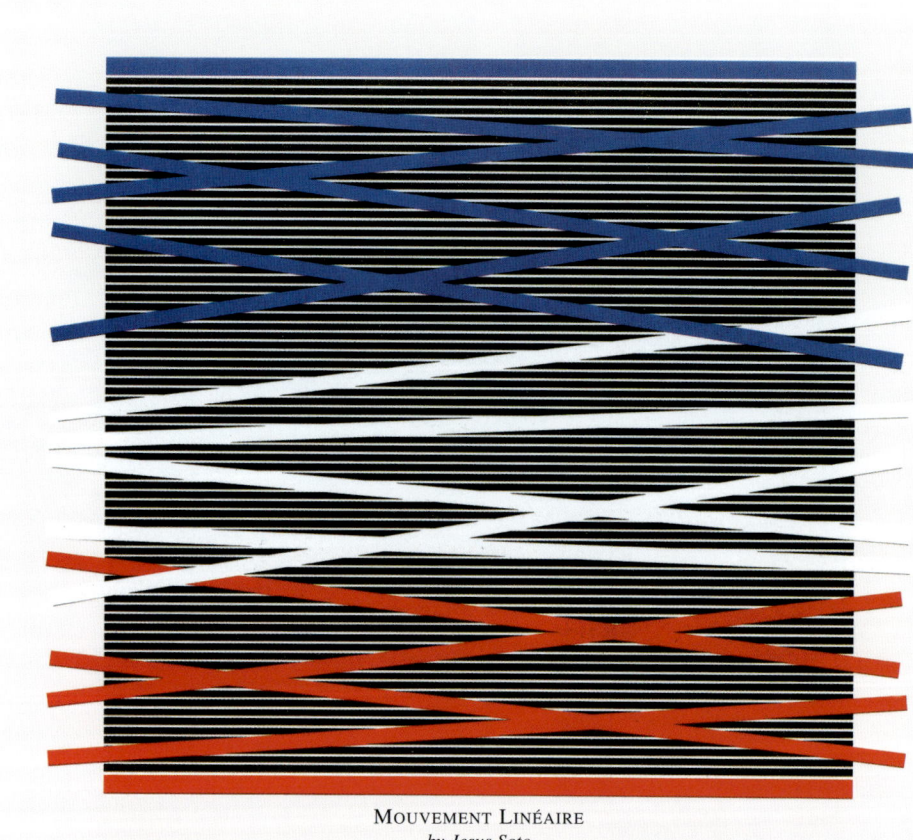

MOUVEMENT LINÉAIRE
by Jesus Soto

1

Air France verwendet lange Zeit das Emblem einer der Gesellschaften, aus deren Fusion das Unternehmen 1933 hervorging: ein geflügeltes Seepferdchen. Anlässlich des ersten kommerziellen Flugs der Concorde, deren Interieur von Raymond Loewy entworfen wurde, präsentiert man am 21. Januar 1976 auch ein neues Logo (2). Kreiert wurde es von der Agentur **Eca 2,** die später zu **Publicis Events** stoßen wird. Ab 1988 betraut Air France **Publicis** mit ihrer internationalen Kampagne, die sich an Geschäftsreisende wendet. So entsteht das Thema „The Fine Art of Flying", das bedeutende zeitgenössische Künstler in Zeitschriftenanzeigen illustrieren werden. Der Venezuelaner Jesus Soto inszeniert mit „Mouvement linéaire" die Vielfalt der Destinationen (1). In „F-BVFA" zeigt der Franzose Jacques Monory die Concorde, die Paris in nicht einmal vier Stunden mit New York verbindet (3).

F-BVFA
by Jacques Monory

3

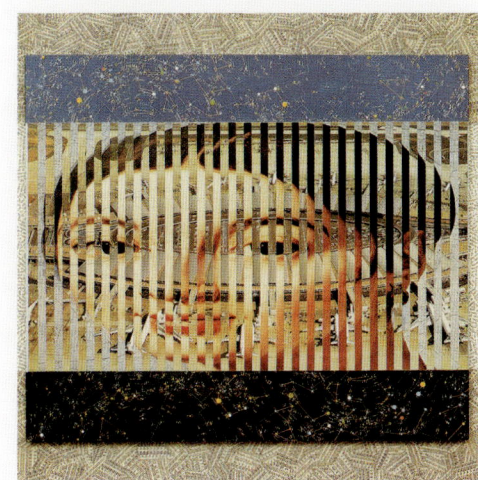

AIR FRANCE COLLECTION

JE SUIS LA BEAUTÉ. PARIS
by Jiri Kolar

THE FINE ART
OF FLYING
AIR FRANCE

4

AIR FRANCE COLLECTION

JOYRIDE
by Martin Bradley

THE FINE ART
OF FLYING
AIR FRANCE

5

AIR FRANCE COLLECTION

LA TABLE MAGIQUE
by Pavlos

THE FINE ART
OF FLYING
AIR FRANCE

6

Diese Werke wurden eigens geschaffen, um
präzise Botschaften zu vermitteln. So etwa illustriert der Tscheche Jiří Kolár die Drehscheibe
Roissy-Charles de Gaulle, indem er in seiner
Kollage „Je suis la beauté. Paris" die Modernität
der Plattform mit dem Liebreiz des Porträts der
„Mademoiselle Rivière", einem Werk des klassi-
schen Malers Jean Auguste Dominique Ingres,
kombiniert (4). Mit „Joyride" illustriert der Brite
Martin Bradley die Nonstopflüge von Paris nach
Tokyo, Rio, Los Angeles oder Bangkok (5). Mit
seiner speziellen Papierschneidetechnik inszeniert
der griechische Maler und Bildhauer Pavlos in
„La Table Magique" die Qualität der Bordver-
pflegung (6). Weitere Beispiele für die zahlreichen
Themen und Werke sind der Amerikaner Paul
Jenkins mit „Phenomena Points North, South,
East, West", der Argentinier Antonio Segui mit
„Mucha gente", der Israeli Yaacov Agam mit
„Espace Rythmé", der Japaner Yasse Tabuchi
mit „L'arbre de la liberté" und der Deutsche
Konrad Klapheck mit „Le désir du ciel". Sämtliche
Werke werden von Air France aufgekauft und
später in verschiedener Weise genutzt, sei es für
Ausstellungen oder als Vorlage für Poster, Litho-
graphien, Postkarten oder diverse andere Werbe-
mittel. Die Kampagne hat Air France zweifellos
zu einer Statur und einem Status verholfen: der
Statur eines Weltunternehmens und dem Status
eines Anbieters von erlesenem Komfort.

Urlaub für alle

In der Freizeitgesellschaft gibt es nichts Wichtigeres als Urlaub. Hier kann man all das tun, was einem wirklich wichtig erscheint: Leute treffen, wenn man allein ist oder sich auf sich selbst besinnen, wenn man dies nicht ist.

2

1

Das erste Feriendorf, 1950 von Gérard Blitz und Gilbert Trigano auf der tunesischen Insel Djerba eröffnet, besteht noch aus Zelten. Blitz hatte die Idee und der Familienbetrieb Trigano lieferte die Zelte. 1954 werden die Zelte durch Hütten ersetzt und die lange Erfolgsgeschichte des Club Méditerrancé nimmt ihren Anfang. Ein halbes Jahrhundert später sind es hundertzwanzig Clubs in den schönsten Feriengebieten weltweit und die „GO" (gentils organisateurs, freundlichen Organisatoren) haben mehr als anderthalb Millionen „GM" (gentils membres, freundliche Mitglieder) willkommen geheißen. Ab 1998 betraut man Publicis Paris mit der internationalen Werbung. Der Agentur wird rasch klar, dass es nicht mehr nur um Alltagsflucht geht, sondern um Regeneration und neue Ressourcen. Dieses durch die Silbe „re" angedeutete Zurückgewinnen von Kraft und Glück macht man zum Thema der Kampagne, etwa mit François Deconincks Anzeigen „re-born" (1) und „re-splash" (3) und einem Spot von Bruno Aveillan (2)

3

Der Club 18-30 veranstaltet 1965 seine erste
Reise. Anfangs verfolgt man das Ziel, freie Plätze
von Nachtflügen zu vermarkten. Den jugendlichen
Geist der seit 1999 zu Thomas Cook gehörenden
Marke bringt **Saatchi & Saatchi** UK perfekt zum
Ausdruck, sei es 1997 mit der Anzeige „Entdecke
deine erogene Zone"(4) oder 2002 mit zwei Plakaten, bei denen der Photograph Trevor Ray Hart
mit diversen schlüpfrigen Details arbeitet (5), (6).

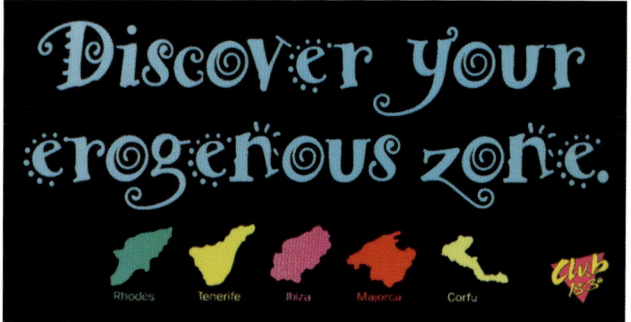

4

5

6

„Die drei Streifen"

Wie es heißt, habe Adi Dassler, der 1949 Adidas gründete, drei Lederstreifen auf seine Turnschuhe genäht, um sie zu verstärken. Die drei Streifen wurden jedenfalls praktisch zum Logo der Marke und zugleich zu einem ergiebigen Werbethema, wie es diese 2002 erschienene, von Peter Boel photographierte Anzeige von D'Arcy Kopenhagen eindrucksvoll beweist.

Street Wear

Schuhe, die man nun gar nicht mehr mit dem Präfix „Sport" oder gar „Turn" versehen möchte, prägen die Mode einer ganzen Generation. Zugrunde liegt ihnen eine Kreativität, die ohne Komplexe Anleihen macht – sei es beim Sport, Kino oder den Videospielen.

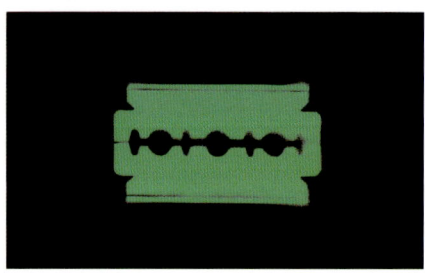
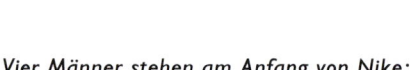

Vier Männer stehen am Anfang von Nike:
Phil Knight, ein junger Mittelstreckenläufer aus Portland (Oregon), der 1963 den Import der japanischen Basketballschuhe Onitsuka Tigers beschließt; sein Partner, der Trainer Bill Bowerman, mit dem er 1972 Nike gründet; Jeff Johnson, ihr erster Angestellter, auf den angeblich der auf die griechische Siegesgöttin verweisende Name Nike zurückgeht; und Steve Prefontaine, der als erster Sportler Schuhe dieser Marke trägt. Die ursprünglich reinen Sportschuhe sollten bald das Stadtbild prägen. Wenige Monate nach den Rugby-Weltmeisterschaften 2004 in Australien kreiert Steve Rodgers für **Publicis Mojo** Sydney den Spot „Lasst den Ball laufen" (2), in dem die unterschiedlichsten Männer in den Straßen Rugby spielen. Begleitsymbole sind das vorausschauende Auge, der gefürchtete Hai und die scharfe Rasierklinge (1).

2

4

3

Jeder Läufer will naturgemäß möglichst schnell sein. Als der Brite Joseph William Foster in den 1890er Jahren die Idee hat, Spikes an den Laufschuhen zu befestigen, lassen die Erfolge nicht auf sich warten. Fosters Enkel geben der Firma 1958 den auf eine südafrikanische Gazellenart verweisenden Namen Reebok. **Leo Burnett** wird mit der Werbung in einigen Ländern betraut und ist von 1994 bis 1998 auch für Hongkong zuständig. Das von Even Lee gestaltete und von Andrew Lau photographierte Plakat „Jackie Chan Pump Fury" (5) wirbt 1997 für ein nach dem Actionhelden benanntes limitiertes Modell. Um dem Air Force 1, 1982 als erster Nike-Schuh mit Luftpolster eingeführt, etwas entgegenzusetzen, bringt Reebok 1989 den Pump ERS, den man 1996 in Pump Fury umtauft. Auch **Saatchi & Saatchi** ist für die Marke tätig. Ihr Amsterdamer Büro kreiert 1997 die Anzeige „made in hell" (3) für das Modell Sidewinder Evolution GSC, den ersten Fußballschuh, der so gut haftet, dass keine Stollen mehr nötig sind. Die Vertretung in Singapur wirbt 2002 mit einer „Eule" (4) für ein selbstleuchtendes Modell. Ähnliche optische Täuschungen realisiert man auch mit einem Schmetterling und einem Tiger, die allesamt von Ian Butterworth photographiert und im Studio Electric Art bearbeitet werden. Insgesamt trägt die Werbung maßgeblich dazu bei, die Marke in der Mode wie auf der Straße zu verankern.

5

Das Original

Aus der Jeans wurde ein universelles Phänomen, das sich über die Jahrhunderte, Geschlechter, Altersstufen, Klassen und Landesgrenzen erhebt. Levi's hat dafür gesorgt, dass die Jeans den beneidenswerten Status eines unverwüstlichen Freiheitssymbols genießt.

BLACK LEVI'S.
LEVI'S
WHEN THE WORLD ZIGS, ZAG.

1

Geboren wird sie Ende des 19. Jahrhunderts *in Kalifornien, als der Emigrant Oskar Levi Strauss Hosen aus einem Baumwollstoff schneidert, aus dem eigentlich die Zelte und Planen der Goldsucher hergestellt werden. Da der Stoff aus dem französischen Nîmes stammt, nennt man ihn auch Denim. Der Name „Blue Jeans" geht auf das blaue, aus Genua stammende Färbemittel zurück. 1982 wird **BBH** London mit der europäischen Werbung beauftragt. Während alle Welt Blue Jeans trägt, kündigt Levi's nun mit Alan Brookings Plakat „Man muss nicht alles nachmachen" (1) ein schwarzes Modell an. Die 1918 kreierte 501 kehrt 1985 in die Welt der Jugend zurück, dank eines Spots von Roger Lyons, in dem sich ein junger Mann (Nick Kamen) in einem Waschsalon entkleidet, um seine Jeans zu waschen (2). Wann immer Nick die Hosen herunterlässt, schnellt der Absatz in die Höhe – in den ersten zehn Jahren um 820 Prozent. So wird BBH zum weltweiten Partner von Levi's.*

2

Im Jahr 1990 bringt die Kampagne von BBH die Wahrheit über die Beziehung zwischen der Jeans und ihrem Besitzer nicht mit Models zum Ausdruck, sondern mit veritablen New Yorker Hafenarbeitern. Mithilfe handschriftlicher Statements illustriert man die Qualitäten der „zweiten Haut": „Am meisten mag ich sie, kurz bevor sie auseinander fallen", meint dieser von Richard Avedon abgelichtete Dockarbeiter (3). 2002 findet die Agentur einen neuen Ton, um die Legende aufrecht zu erhalten. Die von dem Modell „Engineered" gebotene Bewegungsfreiheit wird mit den Werten der Marke verbunden. Während eine Melodie von Händel ertönt, durchbricht ein junger Mann, dem sich kurz darauf eine junge Frau zugesellt, einige Mauern (4). Beide entfliehen so den Zwängen und der Eintönigkeit des Alltags, um sich gemeinsam in einen romantischen Nachthimmel zu erheben. Regie führte Jonathan Glazer, verantwortlich für die Special Effects war Mark Nelmes vom Studio Framestore CFC.

3

4

Ein Mann und eine Frau

Frauen wie Männern unter dem gleichen Markennamen ein solch intimes Produkt wie Unterwäsche zu verkaufen, ist eine ansehnliche Leistung der Werbung. Und ein Zeichen für den soziokulturellen Wandel.

1

2

3

4

Dim, Spezialist für Stümpfe und Strumpfhosen, will sein Sortiment erweitern. Ein erster Vorstoß mit Unisex-Strümpfen liegt einige Jahre zurück und war gescheitert. Nun will man es mit Büstenhaltern versuchen (1). Doch auch hier ist das Bild nicht stimmig, denn das leicht verspielte, modische Markenimage passt nicht zu der eher technischen Seriosität dieser Art von Produkten. Der zweite Vorstoß verläuft indes erfolgreich und macht Dim zur Nummer 1 in Frankreich. Begleitet wird er durch Werbung von **Publicis** Paris: „Eine echte Frau, ein echter BH"; ein Mann ist stets präsent und die Atmosphäre ist zärtlich und romantisch. Der erste Spot erscheint 1979 und handelt von einem Schriftsteller, seiner Muse und dem „wohlgeformten" Baumwoll-BH „Le Bien Galbé" (2). In dem Spot „Die sanfte Umfassung" (1980) wartet eine junge Frau sehnsüchtig auf ihren Liebhaber (3). Alain Franchet drehte beide Spots wie einen kurzen Spielfilm. Das folgende Beispiel unternimmt einen weiteren Schritt in Richtung Diversifizierung im Dessousbereich. Die Atmosphäre ist weiterhin locker, die Frauen sind leicht widerborstig, während die weiterhin stets präsenten Männer sehr verliebt sind, wie in diesem 1981 von Diane Kurys gedrehten Spot (4).

DIM. ÇA VA FAIRE MÂLE.

5

Sich an Männer zu wenden, ist ziemlich gewagt für eine seit jeher fest im weiblichen Denken verankerte Marke wie Dim. Umso mehr, als man entschlossen ist, an dem Namen und letztlich auch an der Persönlichkeit der Marke festzuhalten. Wie bereits für Dessous soll Dim nun auch in der Welt der Herrenunterwäsche für Tragekomfort und gute Qualität zu erschwinglichen Preisen stehen, zugleich aber auch dem Zeitgeist entsprechen. Hierzu setzt Publicis weiterhin auf die Musik, der die Marke ihren Erfolg verdankt, und auf die lockere Atmosphäre der Werbung für feminine Produkte. Nach den Socken Ende der 1970er Jahre wirbt man nun für Herrenunterwäsche mit dem Thema „Sehr männlich, sehr gut", 1987 etwa mit „Ca va faire mâle" (zu Deutsch: das wird männlich, was sich aber auf französisch anhört wie „das wird weh tun"), photographiert von Chico Bialas (5) oder 1988 mit „Mâle bâti" (zu Deutsch: Männlich gebaut, und sich anhörend wie „schlecht gebaut") von A. McPherson (6). Zwischenzeitlich konnte Dim nicht nur auf zahlreichen europäischen Märkten Fuß fassen, sondern bis nach Nordamerika vordringen. Der 1989 von der amerikanischen Sara Lee übernommenen Marke ist eines gelungen: auf dem Gebiet der Dessous und zugleich auch dem der Herrenunterwäsche glaubwürdig zu sein.

MÂLE BÂTI.

DIM

6

Weil L'Oréal es wert ist

Über die Grenzen Europas hinausgehend, übernimmt L'Oréal einige in den Vereinigten Staaten und Japan entstandene angesehene Marken, wird in China zur Nummer 1 und eröffnet der Kosmetik neue Räume.

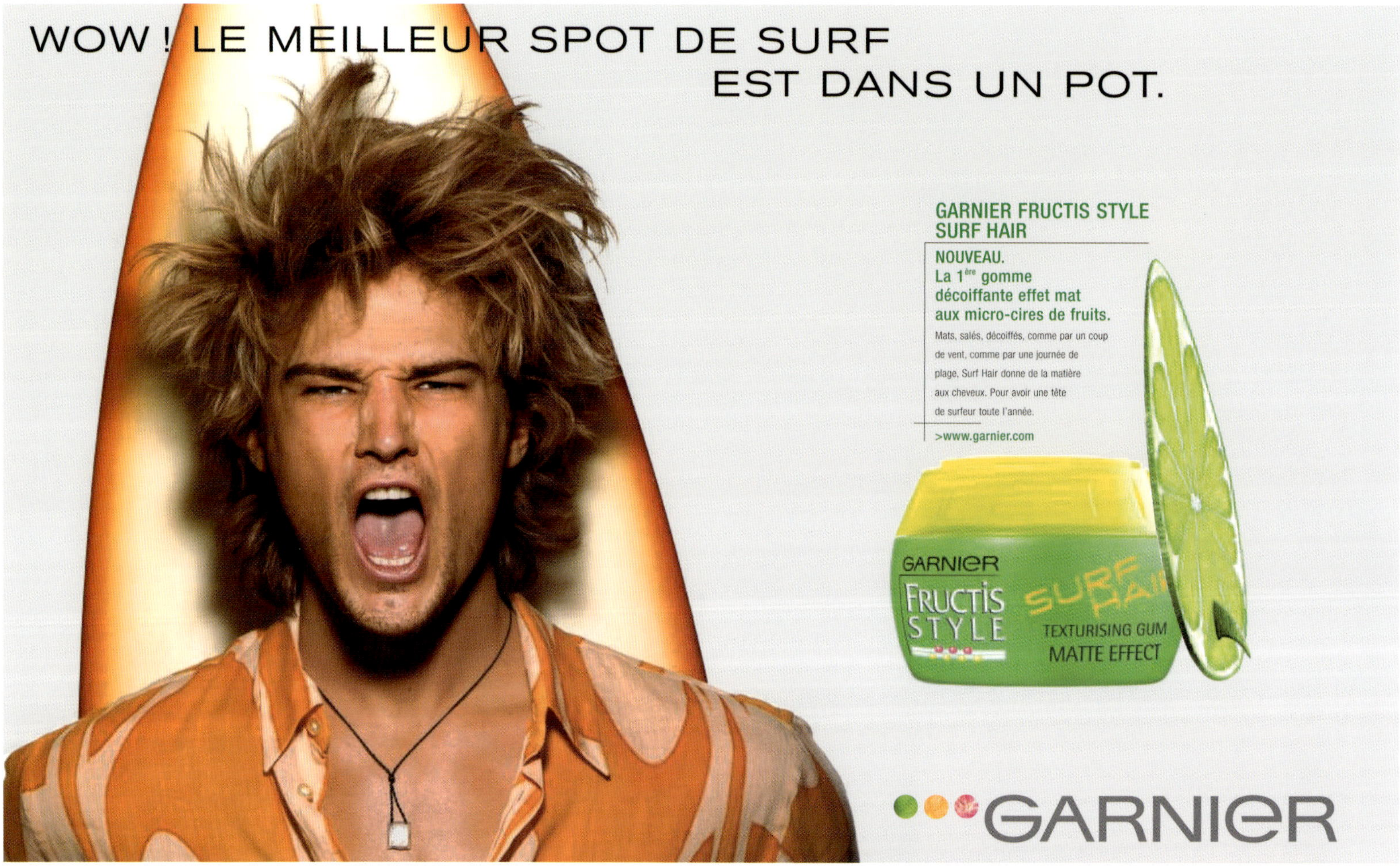
WOW ! LE MEILLEUR SPOT DE SURF
EST DANS UN POT.
GARNIER FRUCTIS STYLE
SURF HAIR
NOUVEAU.
La 1ère gomme
décoiffante effet mat
aux micro-cires de fruits.
Mats, salés, décoiffés, comme par un coup de vent, comme par une journée de plage. Surf Hair donne de la matière aux cheveux. Pour avoir une tête de surfeur toute l'année.
>www.garnier.com
GARNIER
FRUCTIS
STYLE
SURF HAIR
TEXTURISING GUM
MATTE EFFECT
GARNIER

1

Eugène Schueller, der Schöpfer von L'Oréal, *erkennt bereits 1908 die Vorbildfunktion der Friseure. Daher stellt man den Salons unter dem Markennamen L'Oréal Professionnel weltweit entsprechende Produkte und Dienstleistungen zur Verfügung. Andere Kosmetika, so auch die von Garnier, wenden sich an die breite Öffentlichkeit und werden von Publicis in siebzig Ländern beworben. Unter diesem Markennamen erscheinen 1997 die Natur und Technologie vereinenden Fructis-Shampoos, gefolgt von Haargels, die dem modernen Hairstyling Rechnung tragen, wie auf dem Photo von Guy Aroch (1).*

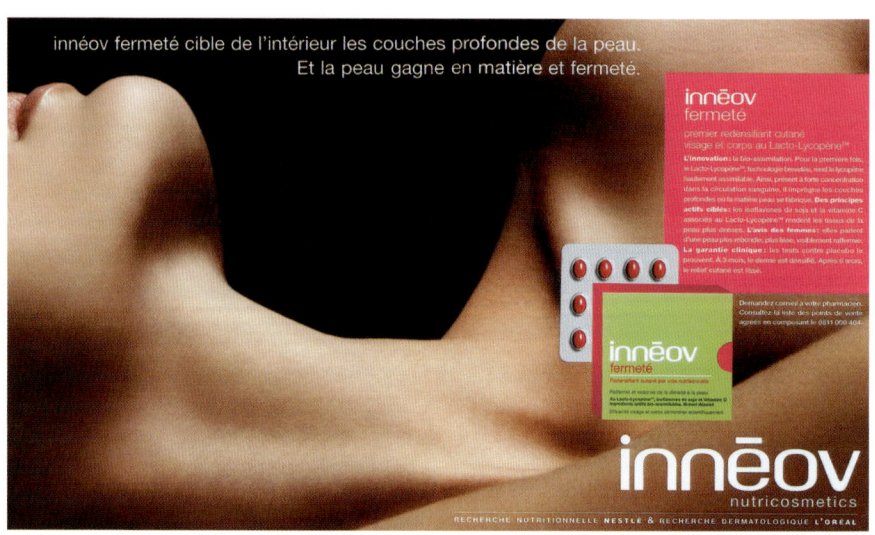

innéov fermeté cible de l'intérieur les couches profondes de la peau.
Et la peau gagne en matière et fermeté.
innēov
fermeté
premier redensifiant cutané
visage et corps au Lacto-Lycopène™
Demandez conseil à votre pharmacien.
innēov
fermeté
innēov
nutricosmetics
RECHERCHE NUTRITIONNELLE NESTLÉ & RECHERCHE DERMATOLOGIQUE L'ORÉAL

2

3

Als Armand Petitjean 1935 Lancôme präsentiert,
gelingt ihm der große Wurf. Zunächst einmal ist
sein Parfum von Beginn an mit fünf verschiedenen
Duftnoten präsent. Im Jahr darauf erscheint die
Schönheitscreme Nutrix, deren Rezeptur ihrer Zeit
so weit voraus ist, dass sie bis heute unverändert
blieb. Und sein Lippenstift Rose de France ist
erstmals mit Rosenaroma versetzt. Diese drei
Produkte markieren zugleich auch die Tätigkeits-
bereiche von Lancôme, für die man drei Symbole
auswählt: einen kleinen Engel für das Make-up,
eine Lotosblume für die Hautpflegelinie und eine
Rose für die Parfums. Nach Übernahme durch
L'Oréal im Jahr 1964 bleibt allein die Rose bestehen und wird, noch im gleichen Jahr überarbeitet, zum Symbol der gesamten Marke. Für
den Relaunch von Lancôme 1983 wählt Publicis
die Schauspielerin Isabella Rossellini, die der
Marke neben einer internationalen Ausstrahlung
auch Universalität, Verführungskraft, Eleganz und
zeitlose Reinheit vermittelt wie in dieser Anzeige
von Paolo Roversi (3). Rossellini wird zwölf Jahre
lang für Lancôme stehen und dem bereits 1952
eingeführten Parfum Trésor zum Erfolg verhelfen,
wie hier auf dem Photo von Peter Lindberg (4).
Ganz anders, aber in sinnvoller Ergänzung mit
dem Thema Schönheit umgehend, startet Innéov
2002 eine originelle Initiative. Erstmals verbündet
sich ein weltweiter Spezialist für Ernährung
(Nestlé) mit einem weltweiten Spezialisten für
Schönheit (L'Oréal), um durch gemeinsame Forschung eine Marke von Nahrungsergänzungsmit-
teln zu schaffen, die der Schönheit von Haut,
Haaren und Nägeln dient. Mit der Einführung
betraut man Publicis Paris, abgebildet ist eine
Anzeige aus 2004, die mit einem Photo von John
Akehurst für Hautstraffungskapseln wirbt (2).

4

Im Zeichen der Rose

Das Image von Lancôme beruht auf den besonders ausdrucksstarken Gesichtern außergewöhnlich schöner Frauen. Und der Erfolg beruht auf zweitausend Menschen in den Forschungslabors.

1

Da die weibliche Schönheit zahlreiche Facetten hat und jede Frau anders ist, sind einige andere große Actricen auf Isabella Rossellini gefolgt, um das Banner der Marke zu tragen: Juliette Binoche (von 1995 bis 2000 für das Parfum Poême), Cristiana Reali (für Make-ups und vor allem für das Rouge Idole), Marie Gillain (für Hautpflege-produkte) und Uma Thurman (als Botschafterin für das Parfum Miracle). Im Jahr 2000 von Nick Knight abgelichtet, präsentiert Inès Sastre (das Gesicht von Trésor) einen neuen Lippenstift (1). Auch die Rose hat sich weiterentwickelt. Nach 1935 zweimal umgestaltet, ist die Rose seit 2000 unverzichtbarer Bestandteil der Werbung, wenn-gleich sich ihr Erscheinungsbild je nach Kam-pagne und Produkt verändert. Im Jahr 2004 steht ein einzelnes Blütenblatt für die ganze Blume und „lancôme" erscheint handschriftlich in dieser gewagten, von Sølve Sundsbø für **Publicis** photo-graphierten Anzeige, die Farbe, Textur und Hydra-tisierung des Lippenstifts hervorhebt (2). Der Umsatz der in über hundertvierzig Ländern ver-triebenen Marke verteilt sich gleichmäßig auf Europa, die Vereinigten Staaten und Asien.

LANCÔME
PARIS

LE ROUGE ABSOLU
MES LÈVRES SE DÉSALTÈRENT
D'UNE COULEUR SUBLIME ET GALBANTE

CRÈME DE ROUGE - GALBE ET HYDRATATION INTENSE - SPF 15

> UNE TEXTURE VOLUPTUEUSE QUI NOURRIT ET RE-HYDRATE INTENSEMENT

> UNE COULEUR GALBANTE AUX CONTOURS IMPECCABLES

> SOUPLES ET PULPEUSES... MES LÈVRES SE GORGENT DE SOIN ET DE COULEUR

24 teintes satinées. Hydratation continue 6 heures   www.lancome.com

2

„Produziere nichts Hässliches, jemand könnte es kaufen"

Dieser Aphorismus von Jean-Louis Dumas, der siebenundzwanzig Jahre lang an der Spitze von Hermès stand, ist gewiss weniger optimistisch als „Hässlichkeit verkauft sich schlecht", womit der große Designer Raymond Loewy sein Buch betitelte.

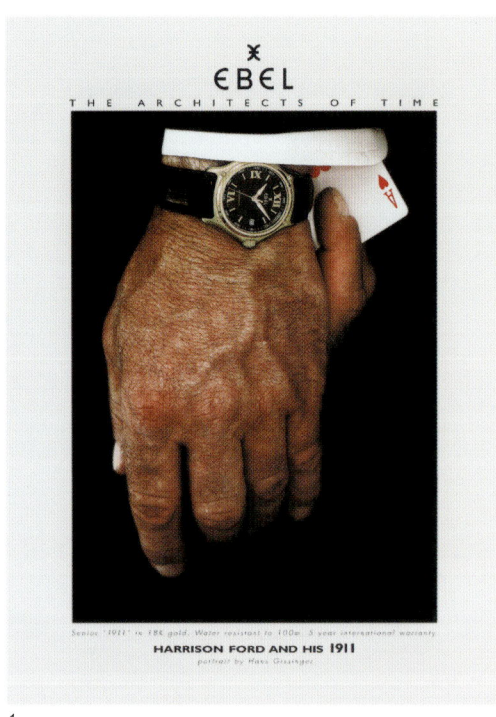

1

Die in der französischen Schweiz gelegene Region La Chaux-de-Fonds *ist für ihre Uhrentradition berühmt. Hier beginnen 1911 auch Eugène Blum und seine Frau Alice Lévy mit der Fertigung von Uhren – unter dem Firmennamen Ebel, den sie aus ihren Initialen ableiten. Er kümmert sich um technische Dinge, sie um die künstlerischen Aspekte. Im kleinen Kreis der Experten gewinnt die Marke einen guten Ruf. Als 1969 ihr Enkel Pierre-Alain Blum die Führung übernimmt, haucht er dem Unternehmen neues Leben ein. (Ebel wird 1999 von LVMH übernommen, die ihre Uhren- und Schmuck-Sparte ausbauen möchte und gelangt einige Jahre darauf in den Besitz der Luxusuhrenfirma Movado). Ebel wendet sich an die Pariser Agentur* **Publicis Étoile,** *aus der 2004 Publicis Dialog werden sollte. Die 1996 realisierte Kampagne zum Thema „Die Architekten der Zeit" zeigt die Hände berühmter Künstler, die Uhren von Ebel tragen – eine von Hans Gissinger photographierte „Porträtgalerie". Vertreten sind etwa die Schauspielerin Meg Ryan (2) und ihr Kollege Harrison Ford (1), der das aufregende Modell 1911 präsentiert, eine der erlesensten Uhren von Ebel.*

2

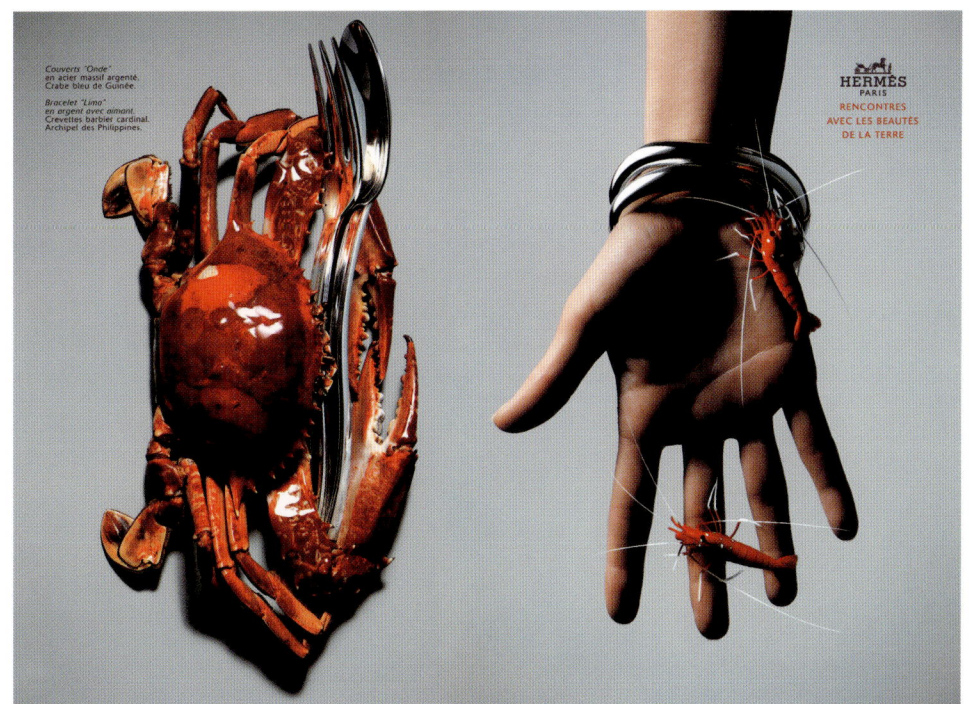

3

In Paris 1837 von dem deutschstämmigen Sattler **Thierry Hermès gegründet,** zieht Hermès 1880 nach 24, rue du Faubourg Saint-Honoré. Mit dem Aufschwung des Automobils geht man zur Fertigung von Luxusaccessoires über. So etwa entsteht 1920 zunächst als Satteltasche jene handgenähte, bestickte Tasche, die Grace Kelly 1956 in der Zeitschrift Life berühmt machen sollte. Émile Hermès entwirft 1937 die ersten Halstücher, die legendären Seidenkarrees mit 90 Zentimeter Seitenlänge. Das Gespann-Symbol entsteht 1945, 1949 folgen die ersten Krawatten und 1951 Parfums. Die Kollektionen folgen seit 1987 jedes Jahr einem neuen Leitmotiv. Im Jahr 2001 ist Hermès auf der Suche nach der Schönheit der Welt. Zwei Kampagnen entstehen, darunter zwei Anzeigen der 1997 gegründeten Agentur **Publicis EtNous**. John Clang photographiert die erste „wesenhafte Begegnung", in der Objekte von Hermès mit den Elementen des Lebens zusammentreffen: Wasser, Luft und Erde (3). Guido Mocafico ist Photograph der zweiten „Begegnung mit der Schönheit der Erde", einer Symbiose von Hermès mit natürlichen orangefarbenen Elementen: Tier, Mineral und Pflanze (4).

4

Tiefpreisversprechen

Die vorrangigste Aufgabe des modernen Massenmarkts besteht
darin, dem Verbraucher niedrige Preise zu garantieren. Für die
Werbung bedeutet dies, dass sie originelle und überzeugende Mittel
finden muss, diese Botschaft stets neu zu formulieren, ohne den
Verbraucher jemals zu langweilen.

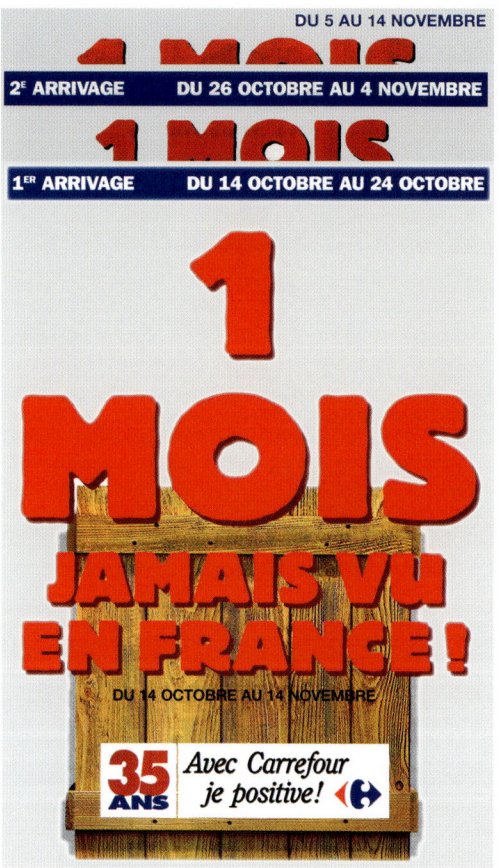

Die Agentur Success wirbt 1988 mit „Avec Carrefour je positive!" („Mit Carrefour fühle ich mich
gut") (2) – ein Neologismus, der in die Alltags-
sprache einfließen wird. Anlässlich des 35-jährigen
Jubiläums von Carrefour entsteht 1998 die Kampagne „1 noch nie dagewesener Monat", um an
jedem Tag im oft flauen Oktober Produkte in be-
grenzter Zahl zu einem sehr attraktiven Preis an-
zubieten. Auf den Titelseiten der Prospekte prangt
eine Holzkiste, um zu bekunden, dass frische
Ware eingetroffen ist (1). Die meisten Angebote
sind bereits am ersten Tag vergriffen, mitunter
sogar schon nach wenigen Stunden. Der Absatz
steigt gegenüber dem Vorjahr um 18,6 Prozent.
Die Aktion ist so erfolgreich, dass sie nun jedes
Jahr wiederholt und auch in zahlreichen anderen
Ländern durchgeführt wird, etwa in China von
Publicis Shanghai: „Die 30 am sehnlichsten er-
warteten Tage" (3). Dort findet sich auch die chinesische Fassung des Namens Carrefour: „Jia Le Fu",
was Familie, Glück und Chance bedeutet.

Sollte man an seiner Stellung des preiswerten Anbieters festhalten oder wie die Mitbewerber ein weniger schlichtes Image anstreben? Mit dieser Frage sieht sich die britische Supermarktkette Asda in den 1980er Jahren konfrontiert. Gestützt auf eine Studie über die Erwartungen der Hausfrauen spricht sich **Publicis** London 1991 für eine Rückkehr zu den traditionellen Werten aus: „Dauerhaft niedrigere Preise. Für immer" (5). Dieses Versprechen ist in einen Stein gehauen, der gut sichtbar in jeder Filiale steht. Jedes Jahr erscheinen mehr als vierzig Spots, die diese Botschaft vermitteln sollen; alle enthalten jene Szene, in der ein Kunde mit sichtlich zufriedener Miene nach dem Portemonnaie tastet: „Asda. Ein spürbarer Unterschied" (4).

4

5

Weiß ist heiß

Als „weiße Ware" bezeichnet man gemeinhin elektrische Haushaltsgeräte wie Kühlschränke, Waschmaschinen oder Toaster. Dabei haben inzwischen auch hier die Farben Einzug gehalten, und zwar mit Erfolg!

KRUPS   Beyond reason.

1

Erstes Produkt der Ende des 19. Jahrhunderts in Burgund gegründeten Firma SEB ist ihr berühmter Schnellkochtopf. Danach verlegt man sich auf Elektrogeräte für den Haushalt: 1967 erscheint eine elektrische Fritteuse und 1968 erfolgt die Übernahme der für ihre Anti-Haft-Beschichtung bekannten Firma Tefal. Das Wachstum geht weiter: Übernahme von Calor 1972 (spezialisiert auf Bügeleisen und Haartrockner), der brasilianischen Firma Arno 1997, von Volmo 1998 (Marktführer in Lateinamerika) und von All-Clad, dem amerikanischen Zweig der irischen Waterford Wedgwood im Jahr 2004. Rowenta kommt bereits 1988 hinzu. Diese Anzeige von 2002 für den Kaffeeautomaten Brunch photographierte Dimitri Tolstoï (2). Die Teilübernahme von Moulinex-Krups erfolgt 2001. Die Aufnahme für die obige Anzeige stammt von dem auf Luxuskarossen spezialisierten deutschen Photographen Markus Wendler (1). Beide Kampagnen wurden von **Publicis** kreiert.

2

3

Als Whirlpool und Philips 1989 ein Joint Venture eingehen, vereinbart man, dass ihre großen Haushaltsgeräte später allein unter dem amerikanischen Namen erscheinen sollen. Um dem Verbraucher Zeit zu geben, sich an den neuen Namen zu gewöhnen, wird gemeinsam mit der Agentur **Publicis** eine lange Übergangsperiode des Co-Marketings vereinbart. Sogar eine quantitative Zielvorgabe wird festgelegt: Whirlpool muss eine ausreichende Bekanntheit erzielen, bevor man allein diesen Namen verwendet. Das Ziel erreicht man bereits 1993, fünf Jahre früher als erwartet. Nun beginnt eine Kampagne der „Göttinnen", mit weiblichen Sinnbildern der Hitze für Küchenherde (3), der Kälte für Kühlschränke (4) oder der Sauberkeit für Waschmaschinen und Geschirrspüler. Das zunächst für Westeuropa kreierte Motto „Qualität heißt Leben" kommt später auch in Osteuropa, Asien, Afrika und sogar im Mutterland USA zum Einsatz!

4

Die Kunst der Demonstration

Drei Demonstrationen für die Wirksamkeit eines Produkts, die umso überzeugender sind, als sie den zuschauenden Verbraucher humorvoll zum Komplizen machen. Humor ist schließlich eine Waffe der Vernunft.

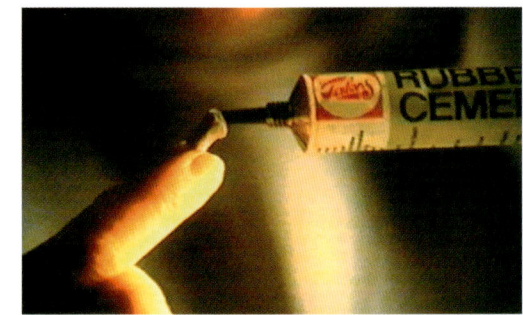
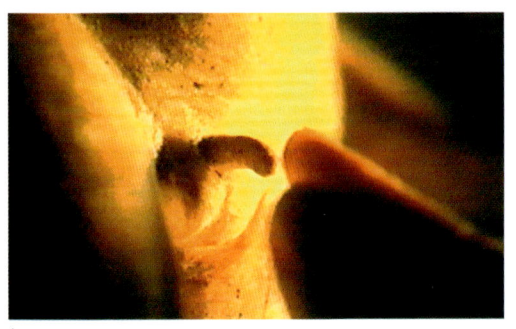
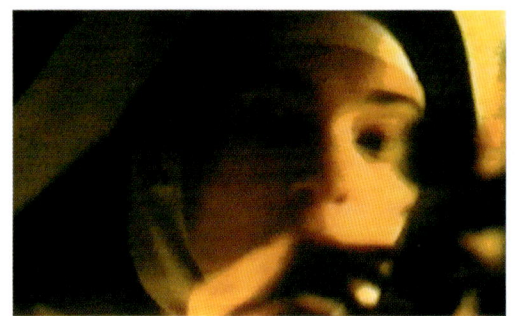

1

Ort der Handlung ist ein spanisches Kloster, wo zwei Novizinnen die Statue eines Puttos reparieren wollen, dessen winziger Penis abgebrochen ist (1). Sie bringen das Corpus delicti zur Oberin, die eine Tube Talens-Klebstoff aus der Schublade hervorzaubert. Während die Oberin das fehlende Teil wieder anklebt, ertönt eine Stimme, die über einen speziellen Vorteil des Klebstoffs aufklärt, nämlich die Möglichkeit, den anzuklebenden Gegenstand im Fall eines Versehens neu zu positionieren. Verträumt gibt daraufhin eine der Novizinnen dem Penis eine interessantere Position. Verantwortlich für den 1992 von E. Maclean gedrehten Spot zeichnet die Agentur **Casadevall Pedreño,** die 1998 zu Publicis stoßen wird. Der zweite Spot wird 1985 für Pattex, ein Produkt von Henkel, durch die Agentur **BMZ** Düsseldorf realisiert, die 1971 von Georg Baums, Thomas Mang und Peter Zimmermann gegründet wurde und seit 1992 zu Publicis gehört. Regisseur Hans-Joachim Berndt zeigt einen Lkw-Fahrer, der ein Pin-up auf die Motorhaube klebt und dabei die Tube auf dem Kotflügel ablegt und vergisst. Als er losfahren will, fällt die Tube vor das Rad und wird zerquetscht. Es hilft alles nichts: der Wagen rührt sich nicht und klebt buchstäblich am Boden. „Nur Pattex klebt wie Pattex" erscheint auf dem Bildschirm (2).

Pattex

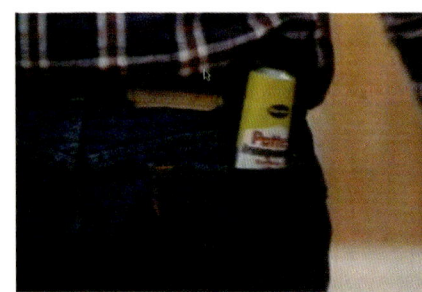

2

Mit seinen Stummelflügeln und dem bunt schillernden Gefieder ist der Kiwi ein ziemlich schräger neuseeländischer Vogel. William Ramsay, der 1906 die Kiwi-Schuhcreme entwickelte, wählte diesen Namen angeblich zu Ehren seiner neuseeländischen Frau. Heute ist die 1984 von Sara Lee übernommene Marke in fast zweihundert Ländern vertreten. Als **Publicis Casadevall Pedreño** Ende 2002 die Kampagne für Kiwi in Spanien kreierte, stehen die Marken von Sara Lee an der Spitze und Kiwi nimmt unter ihnen den ersten Platz ein, doch der Schuhcrememarkt ist weiterhin rückläufig. Daher will man für ein Ereignis sorgen, das dem gesamten Markt und folgerichtig auch dem Marktführer zugute kommt. Die von Béla Adler und Salvador Fresneda photographierten Plakate ziehen eine Parallele zwischen einem schmutzigen Auto und einem ungepflegten Schuh, die beide mit Graffitis verziert werden können: „Gibt's auch in Rot" (3), „Dreckiger Rowdy" (4).

3

4

Produkt X

Als Forschungsprojekt trägt es die schlichte Bezeichnung „Produkt X", doch als Tide in die Regale gelangt, erweist es sich als wahrer Segen für Procter & Gamble.

2

1

3

Die Entdeckung der synthetischen Waschmittel, die auch bei niedriger Temperatur und sogar bei stark kalkhaltigem Wasser wirksamer sind als Seifenlauge, war ein echter technologischer Durchbruch. Tide, 1946 von Procter & Gamble in den Vereinigten Staaten eingeführt, ist ein solches neuartiges Produkt. Die Agentur **Benton & Bowles** spielt 1950 in ihrer Kampagne mit dem Namen Tide (Flut); „Tide kommt, der Schmutz geht" (1). 1962 übernimmt Compton die Marke und bleibt auch später als **Saatchi & Saatchi** New York für sie zuständig. Zum Thema „Es gibt nur Tide" startet man 1998 eine Kampagne, die dem Verbraucher genau mitteilt, wo und wann Flecken drohen. Die Medien sind genau abgestimmt: Poster auf den Straßen für Cabriofahrer: „Schöner Tag. Verdeck offen. Blöde Taube" (3), Becher von Kaffeeautomaten: „Kein Wunder, dass man von automatisch tropfendem Kaffee spricht" (4) oder „Ketschupflaschen haben einen eigenen Kopf" (5). **Leo Burnett** USA übernimmt 1987 den Relaunch von Cheer, einer weiteren Marke von Procter & Gamble. Um zu zeigen, dass die neue Waschmittelformel die „Brillanz der Farben" wahrt, greift man auf Jobe Cerny zurück, der sein komödiantisches Talent noch des Öfteren in den Dienst der Marke stellt (2).

4

5

Ein makelloses Konzept

Eine riesige weiße Tafel und ein winziger Schmutzfleck. Die weiße Tafel steht für die internationale Strategie der Marke, welcher der Fleck auf nationaler Ebene Ausdruck verleiht. Ein makelloser kreativer Ansatz.

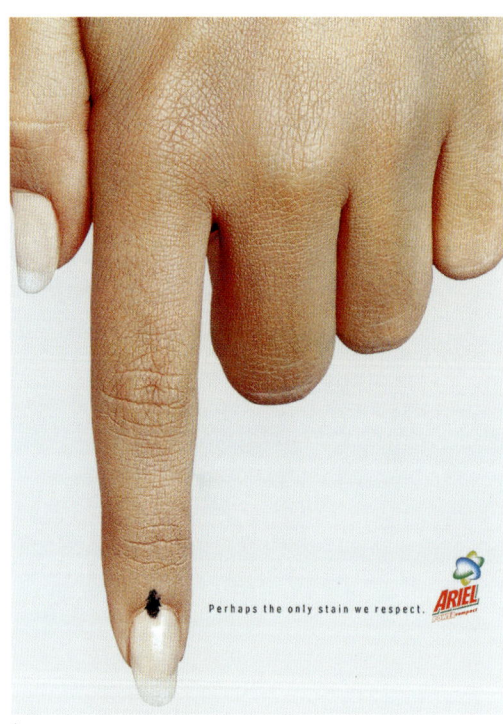

1

Synthetische Waschmittel wirken nur bei Fettflecken. *Um Abhilfe zu schaffen, entwickelt man bei Procter & Gamble enzymhaltige Waschmittel. Die Enzyme wirken wie biologische Katalysatoren, indem sie den Abbau der in Eiern, Früchten oder Blut enthaltenen Eiweiße beschleunigen. Ariel, 1967 eingeführt, ist das erste derartige Waschmittel von Procter & Gamble. Anlässlich der Wahlen zur Volkskammer („Lok Sabha") im Jahr 2001 nutzt* **Saatchi & Saatchi** *Mumbai eine typisch indische Tradition, um für Ariel zu werben und die Bürger aufzufordern, ihrer Pflicht nachzukommen. Um Wahlbetrug zu vermeiden, markiert man den linken Zeigefinger jedes Wählers mit einer Tinte, die erst nach drei Monaten verschwindet. „Vielleicht der einzige Fleck, den wir respektieren" (1), heißt es in dieser von Prasad Naik photographierten Anzeige. Der gleichen Agentur gelingt 2003 eine meisterhafte Illustration der im Rahmen der internationalen Markenstrategie verfolgten Idee des Weißen – mit einer riesigen Werbetafel, deren beredte Schlichtheit in der bunten Neonumgebung hervorsticht (2). Ariel ist eine der dreizehn Marken von Procter & Gamble, deren weltweiter Absatz die Milliarden-Dollar-Marke übersteigt.*

2

Lob der Treue

Advertising Age bringt 1987 ein Sonderheft anlässlich des hundertfünfzigsten Geburtstags von Procter & Gamble. In die Schar der Gratulanten reihen sich auch sechs Agenturen ein, die heute zur Publicis Groupe gehören.

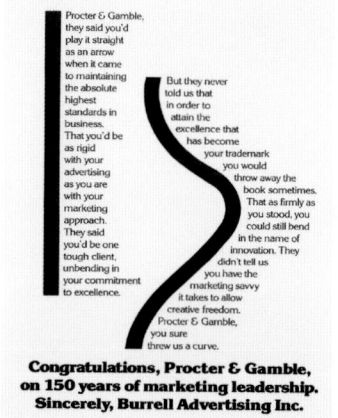

2

1

Die Agentur Leo Burnett, deren Zusammenarbeit mit P&G in das Jahr 1950 zurückreicht, zeigt sich stolz auf ihre Arbeit für Marken wie die Seifen Lava und Camay, das Shampoo Pert Plus, das Deodorant Secret, das Waschmittel Cheer und das revolutionäre Dryel Fabric Care System: „Zu Ehren einer himmlischen Partie". Die Hand, das Logo der Agentur, streckt sich dem 1882 geschaffenen Logo von Procter & Gamble entgegen, das ein halbes Jahrhundert später von dem Bildhauer Ernest Haswell überarbeitet wurde und dessen Sterne für die dreizehn ersten US-Bundesstaaten stehen (1). 1985 aus der Fusion von D'Arcy, Mac-Manus und **Benton & Bowles** hervorgegangen, gratuliert **DMB&B** zu „150 Jahren dessen, was war, ist und sein wird". „Es gab erst 26 Sterne in der Flagge. Die US-Verfassung war erst 50 Jahre alt. Die Glühbirne wird erst 42 Jahre später erfunden. Und William Procter und James Gamble hatten eine Vision" (3). In der Tat wurde Benton & Bowles bereits 1941 mit Werbung für die Seifen Ivory Snow und Zest, Prell-Shampoo, Crest-Zahncreme, Tide-Waschmittel sowie die Hygieneartikel Charmin und Pampers betraut. Kurz zuvor in den Kreis der Partner eingetreten, gratuliert **Burrell** zu „150 Jahren Marketing-Führerschaft" (2).

3

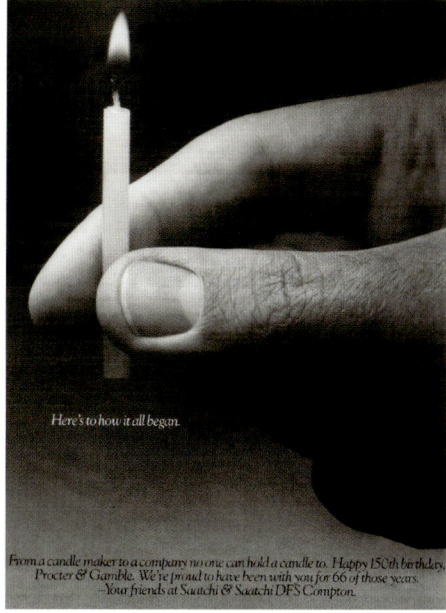

Here's to how it all began.
From a candle maker to a company no one can hold a candle to. Happy 150th birthday, Procter & Gamble. We're proud to have been with you for 66 of those years.
–Your friends at Saatchi & Saatchi DFS Compton.

4

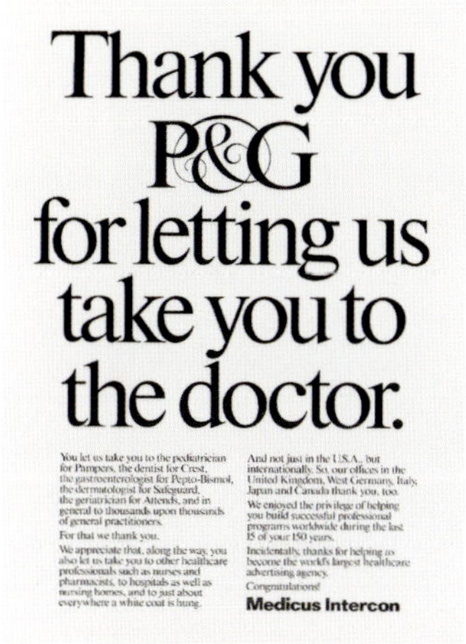

Thank you P&G for letting us take you to the doctor.
You let us take you to the pediatrician for Pampers, the dentist for Crest, the gastroenterologist for Pepto-Bismol, the dermatologist for Safeguard, the geriatrician for Attends, and in general to thousands upon thousands of general practitioners.
For that we thank you.
We appreciate that, along the way, you also let us take you to other healthcare professionals such as nurses and pharmacists, to hospitals as well as nursing homes, and to just about everywhere a white coat is hung.
And not just in the U.S.A., but internationally. So, our offices in the United Kingdom, West Germany, Italy, Japan and Canada thank you, too.
We enjoyed the privilege of helping you build successful professional programs worldwide during the last 15 of your 150 years.
Incidentally, thanks for helping us become the world's largest healthcare advertising agency.
Congratulations!
Medicus Intercon

5

Eine einzelne Kerze *zum hundertfünfzigsten Geburtstag?* ***Saatchi & Saatchi DFS Compton,*** *seit sechsundsechzig Jahren Partner von P&G, liegt ganz richtig, denn William Procter begann als Kerzenmacher (4). Für Crisco-Öl und Ivory-Seife werbend, war Compton, damals noch Blackman, 1922 die erste Agentur von P&G, gefolgt von DFS (Dancer Fitzgerald Sample) mit dem Waschmittel Oxydol. 1972 aus Benton & Bowles hervorgegangen und auf Arzneimittelwerbung spezialisiert, bedankt sich* ***Medicus*** *bei P&G dafür, dass „wir Sie zum Arzt bringen durften" (5). Die Agentur bemühte sich seit fünfzehn Jahren, Marken wie Crest und Safegard, Pampers-Windeln und das Magenmittel Pepto-Bismol zu unterstützen.* ***Ayer,*** *die sich stolz zeigt, als Amerikas älteste Agentur zugleich jüngster Partner von P&G zu sein, ist vor allem für Folgers-Kaffee, Kekse der Marke Citrus Hill und die Fruchtsäfte Crush und Hawaiian Punch zuständig (6).*

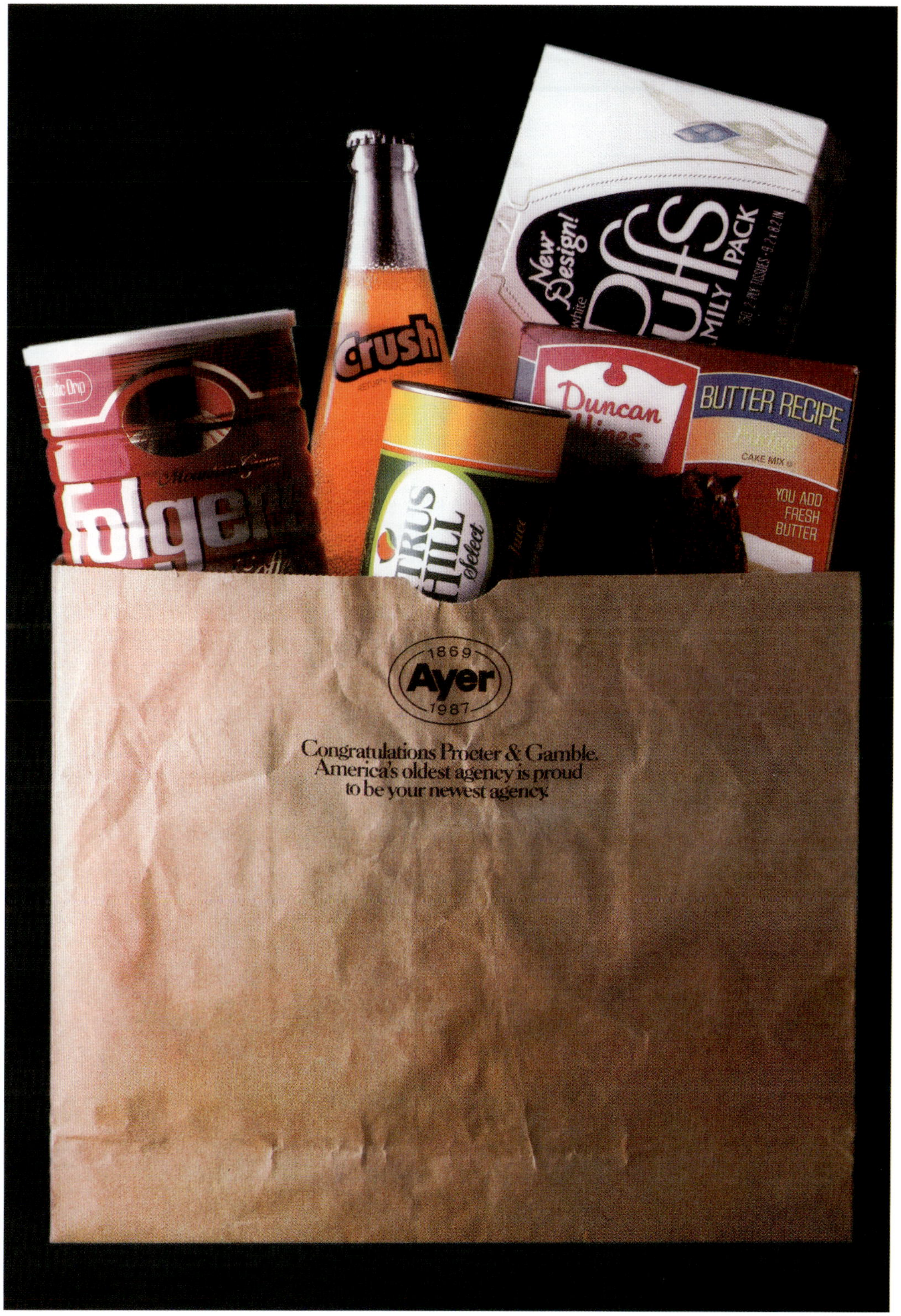

Crush
Duncan Hines
BUTTER RECIPE
CAKE MIX
YOU ADD FRESH BUTTER
New Design!
Puffs
FAMILY PACK
Citrus Hill Select
1869
Ayer
1987
Congratulations Procter & Gamble.
America's oldest agency is proud
to be your newest agency.

6

Erlebnis garantiert

Events bieten den Marken, Unternehmen und Institutionen ein besonders wirkungsvolles Instrument, ihre Botschaften zu vermitteln. Und die Zuschauer werden aus der Reserve gelockt.

1

2

Um für die bevorstehende Einführung der neuen **Business Class** von Delta Air Lines zu werben, installiert **Saatchi & Saatchi** New York gemeinsam mit der zur Publicis Groupe gehörenden Medienberatungsagentur **Zenith** USA 1997 unweit des Times Square ein „lebendes Plakat", eine Nachbildung der neuen Business Class im Maßstab 1:1 mit Bordpersonal und Passagieren aus Fleisch und Blut (1). Die Organisatoren der 1998 in Frankreich stattfindenden Fußball-WM beauftragen **Eca2** mit einem Konzept für das Begleitprogramm der Eröffnungs- und der Abschlusszeremonie. Die 1974 von Yves Pépin gegründete und seit 2004 zu **Publicis Events** gehörende Agentur für Eventwerbung konzipiert und realisiert multimediale Darbietungen weltweit. Für die Eröffnungszeremonie verwandelt man das Pariser Stade de France in einen großen Garten mit riesigen Blumen, aus denen jeweils ein gewaltiger Fußball aufsteigt (2). Starcom, die Medienberatungsagentur der Publicis Groupe, möchte 2001 in Spanien demonstrieren, dass der Ort der Produktpräsentation sorgfältig gewählt werden muss, damit die Botschaft ihre volle Kraft entfaltet. Hierzu wendet man sich an **Vitruvio Leo Burnett,** für die der Photograph Michel Selley eine Reihe von Anzeigen realisiert; sie zeigen Plakate, die in einem nicht produktgemäßen Kontext platziert sind. Das abgebildete Beispiel beweist mit viel Humor, dass der Effekt buchstäblich ortsabhängig ist (3).

3

4

5

6

Das Jahr 2000 wird auf der ganzen Welt mit
*großen Festivitäten begrüßt. In Paris erhält die
Agentur **Eca2** von der Société Nouvelle d'Exploit-
ation de la Tour Eiffel den Auftrag, ein Feuerwerk
auszurichten, das – nach fast einjähriger Vorbereitung und auf die Hundertstel Sekunde genau
berechnet – am 31. Dezember 1999 drei Minuten
vor Mitternacht beginnt und exakt sechs Minuten
vierundfünfzig Sekunden dauert. Eine Millionen
Menschen scharen sich um den Eiffelturm und
250 TV-Sender zählen insgesamt zwei Milliarden
Fernsehzuschauer (4). In Japan wird am 25. März
2005 die internationale Ausstellung Aichi 2005
zum Thema „Die Weisheit der Natur", Schnitt-
punkt von Ökologie, nachhaltiger Entwicklung und
neuen Technologien eröffnet. Mit dem Programm
für den Pavillon von Toyota betraut man die
Agentur **Dentsu**, während Eca2 für die Animation
zuständig ist. Nach zweijähriger Vorbereitung entsteht die Darbietung „Life is Movement", bei der
neben Artisten und Technikern ein umfangreiches
Equipment zum Einsatz kommt. Ein halbes Jahr
lang werden täglich 14 Shows gezeigt – eine Art
Oper des 21. Jahrhunderts mit dreißig futuristi-
schen Prototypen der individuellen Mobilität (selbst
gesteuerte, mit dem Intelligent Transport System
ausgestattete „i-units") und drei Transportrobo-
tern (6). Nach dem Übernahmeangebot von Sanofi-
Synthélabo an Aventis versammeln sich 2005 die
10.000 Mitarbeiter des neuen Konzerns in Las
Vegas zu einer von **Publicis Events** ausgerichteten
dreitägigen Veranstaltung, die neben den offiziellen
Reden zahlreiche Darbietungen und vor allem
einen Auftritt der Sängerin Sheryl Crow umfasst (5).*

Inspiration zum Träumen

Der Mensch lebt nicht vom Brot allein, sondern auch von Hoffnungen und Gefühlen. Die Werbung erweitert ihre Kompetenz auf diese Bereiche, indem sie sich an Musikfreunde und Kunstliebhaber wendet und all jene anrührt, die ihre Träume wahr werden lassen wollen.

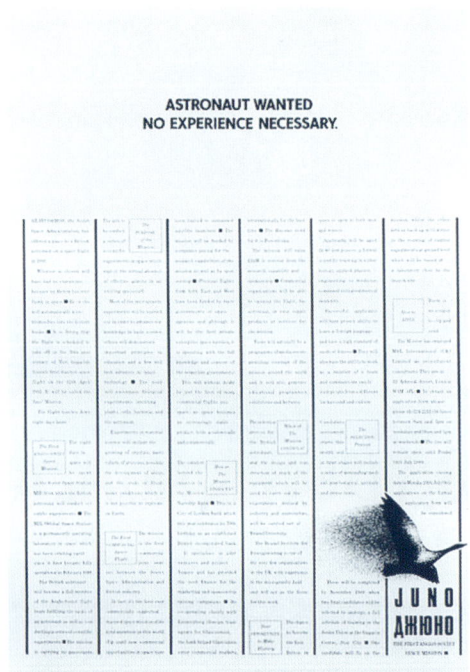

1

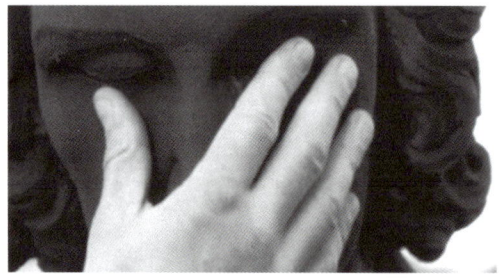 

2

Glavcosmos sucht 1989 nach britischen Kandidaten für einen Flug zur Raumstation Mir. Um den männlichen oder weiblichen Teilnehmer an der „Mission Juno" zu finden, kreiert **Saatchi & Saatchi** UK die Anzeige „Astronaut gesucht. Keine Erfahrung notwendig" (1). Obwohl nur einmal erscheinend, hat sie 1.500 Antworten zur Folge, darunter die von Helen Sharman, die 1991 zur ersten britischen Kosmonautin wird. Zu Beginn des neuen Jahrtausends leidet Argentinien unter einer schweren Wirtschaftskrise. Um dem Zoo von Buenos Aires zu Geld zu verhelfen, realisiert **Del Campo Nazca Saatchi & Saatchi** 2001 eine von Julieta Garcia Vazquez photographierte Kampagne: „Viel mehr für viel weniger bekommen" (3). Der Konzern Times of India eröffnet 1999 in Mumbai sein erstes Fachgeschäft für Musik, Bücher und Videos – Planet M. **Ambience D'Arcy** kreiert 2001 die Anzeige „Für eingefleischte Musikfans" (4). Als 2002 die Moldau über die Ufer tritt, ist die Prager Karlsbrücke in Gefahr. **Leo Burnett** wird von der Stadtverwaltung mit einer Spendenaktion beauftragt. Auf die die Brücke säumenden Heiligenstatuen anspielend, realisiert Jakub Kohák den Spot „Es sind Heilige, doch sie sind nicht unsterblich" (2).

3

4

Aaach-tung!

Im Zuge des grundlegenden geopolitischen Wandels sehen sich auch die Aufgaben der Streitkräfte verändert. Sich freiwillig zu melden, bedeutet für einen jungen Mann oder eine junge Frau jedoch weiterhin eine folgenreiche Entscheidung.

2

1

Anfang der 1970er Jahre sieht sich das Image der US-Armee durch den verlustreichen Vietnamkrieg schwer belastet. Seit Ende der Wehrpflicht 1973 ist sie nun jedoch wieder eine reine Berufsarmee und daher auf Rekrutierungsaktionen angewiesen. Hierzu konzipiert **N.W. Ayer & Son** bereits 1971 eine Kampagne, die neue Werte herausstellt und die Offenheit gegenüber den Mitmenschen höher bewertet als die traditionellen Tugenden des Kriegers. 1974 wird daraus „Komm' zu denen, die zur Armee gekommen sind" (1). 1980 vollzieht sich eine weitere bedeutende Veränderung: Der US-Kongress verabschiedet die systematische Erfassung aller Achtzehnjährigen, um die Wehrpflicht im Bedarfsfall wieder einführen zu können. Unterdessen bleibt es bei einer zunehmend technisierten Berufsarmee und 1983 lanciert Ronald Reagan die Strategische Verteidigungsinitiative SDI zur Abwehr von Nuklearraketen im Weltraum. Im gleichen Jahr realisiert die Agentur eine weitere Rekrutierungskampagne, diesmal mit dem Slogan „Die Armee. Hier werden Träume wahr" (2). Zum schlechten Image des Soldatenberufs gesellt sich Ende der 1990er Jahre noch ein demographisches Problem: Die so wichtige Altersgruppe von 17 bis 24 Jahren schrumpft beträchtlich. Im Auftrag der US-Armee lanciert **Leo Burnett** eine Kampagne zum Thema „Ein Soldat, eine Armee", die die menschlichen Werte (6) und die Achtung der individuellen Persönlichkeit betont, wenngleich der Gemeinsinn unvermindert wichtig bleibt: „Jeder von uns hat einen anderen Namen, doch wir alle haben das Recht erworben, Soldaten genannt zu werden" (4). Innovativ ist die Kampagne auch darin, dass sie in Form eines Internet-Feuilletons die neunwöchige Grundausbildung schildert.

3

4

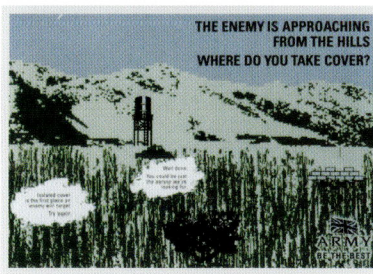

5

Die britische Armee sieht sich in den 1990er Jahren mit einem ähnlichen Rekrutierungsproblem konfrontiert. Die Gesamtzahl der potenziellen Bewerber geht aus demographischen Gründen zurück und auch die sinkende Arbeitslosigkeit wirkt sich nachteilig aus. Das Ende des Kalten Kriegs stellt die Aufgaben der Streitkräfte in Frage. In diesem Kontext startet *Saatchi & Saatchi* UK 1994 die Kampagne „Sei der Beste", etwa mit dieser Anzeige von 1997, die eine Formel aus dem Ersten Weltkrieg aufgreift: „Dein Land braucht dich" (3). Es gilt jedoch nicht nur mehr Rekruten zu gewinnen, sondern auch das Image der Armee zu verändern und zu vermitteln, dass sie ein Spiegelbild der nationalen Vielfalt sein will: „Großbritannien ist ein multiethnisches Land, das eine multiethnische Armee benötigt". Im Jahr 2000 bedient sich die Kampagne auch der elektronischen Medien; in einem interaktiven Internet-Spiel heißt es etwa: „Der Feind rückt von den Hügeln aus vor. Wo gehst du in Deckung?" (5).

6

Das Haus Europa

Angesichts der Komplexität des Hauses Europa bisweilen desorientiert, wollen die Europäer aufgeklärt werden. Und in der Tat reagieren sie mit Begeisterung, sofern es die Botschaft versteht, sie einzubeziehen.

2

EUROPE. WE ARE BUILDING A DEMOCRACY
Responsible for its environment.

17 JUIN 1984
Your Voice In Europe
The European Parliament

1

Die Ausbildung jenes lebenswichtigen Organs, wie es die europäische Demokratie darstellt, dauert nicht weniger als siebenundzwanzig Jahre. Den Anfang bildet 1952 eine beratende Versammlung, deren Mitglieder von den nationalen Parlamenten bestimmt werden. 1962 gibt man sich die symbolträchtige Bezeichnung Parlament und 1979 bestimmen die Europäer ihre Abgeordneten erstmals in direkter Wahl. 1984 beschließt man eine für alle zehn Mitgliedsstaaten identische sechswöchige Informationskampagne. **Publicis** konzipiert eine Kampagne zum Thema „Eine Demokratie vereint uns: Europa" (3). Vier TV-Spots handeln von den neuen Rechten der Bürger, der Solidarität im Angesicht der Krise, dem Umweltschutz und der Kooperation mit den Beitrittskandidaten. Jedes Thema wird von Europaabgeordneten sämtlicher Parteien und Länder präsentiert, hier etwa von dem Dänen Kent Kirk, der Britin Joyce Quin und dem Griechen Konstantinos Gontikas: „Juni 1984. Ihre Stimme in Europa" (2). In Deutschland, Dänemark und den Niederlanden entscheidet man sich aus rechtlichen Gründen für Anzeigen in Zeitungen und Zeitschriften (1).

UNE DEMOCRATIE NOUS REUNIT L'EUROPE.

3

4

6

5

„Das Direktorium der Europäischen Zentralbank hat sich für die Agentur Publicis entschieden." So wird die Agentur im November 1999 offiziell mit der Kampagne für die Einführung des Euro am 1. Januar 2002 beauftragt. Die Eurozone wird aus zwölf Ländern bestehen: Belgien, Deutschland, Finnland, Frankreich, Griechenland, Irland, Italien, Luxemburg, Niederlande, Österreich, Portugal und Spanien. Die Währungsumstellung macht es notwendig, mit den neuen Scheinen und Münzen vertraut zu werden. Neben der reinen Information kommt es auch darauf an, dass die Europäer Vertrauen in ihre neue Währung setzen (4), (5), (7). Überdies wird die Agentur auch mit der Organisation der feierlichen Präsentation der neuen Währung am 31. August 2001 am Sitz der Europäischen Zentralbank in Frankfurt/Main beauftragt (6).

7

Roter Rahmen, blauer Stift

Angriffspunkt für den Journalisten oder kreative Idee für den Werber – es ist alles eine Sache des Standpunkts. Alles, ausgenommen die Informationsfreiheit!

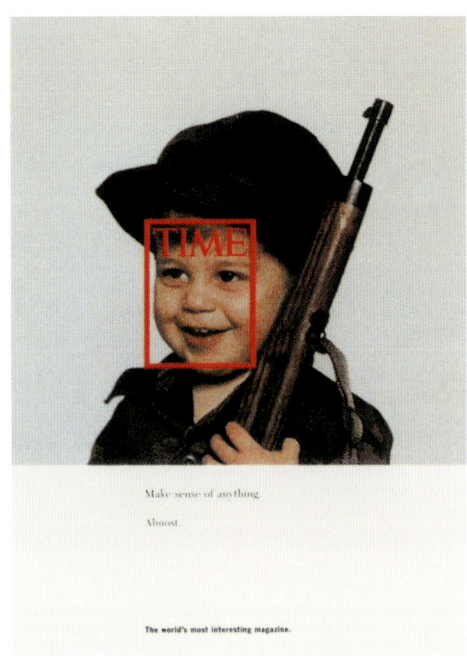

TIME
Make sense of anything.
Almost.
The world's most interesting magazine.

1

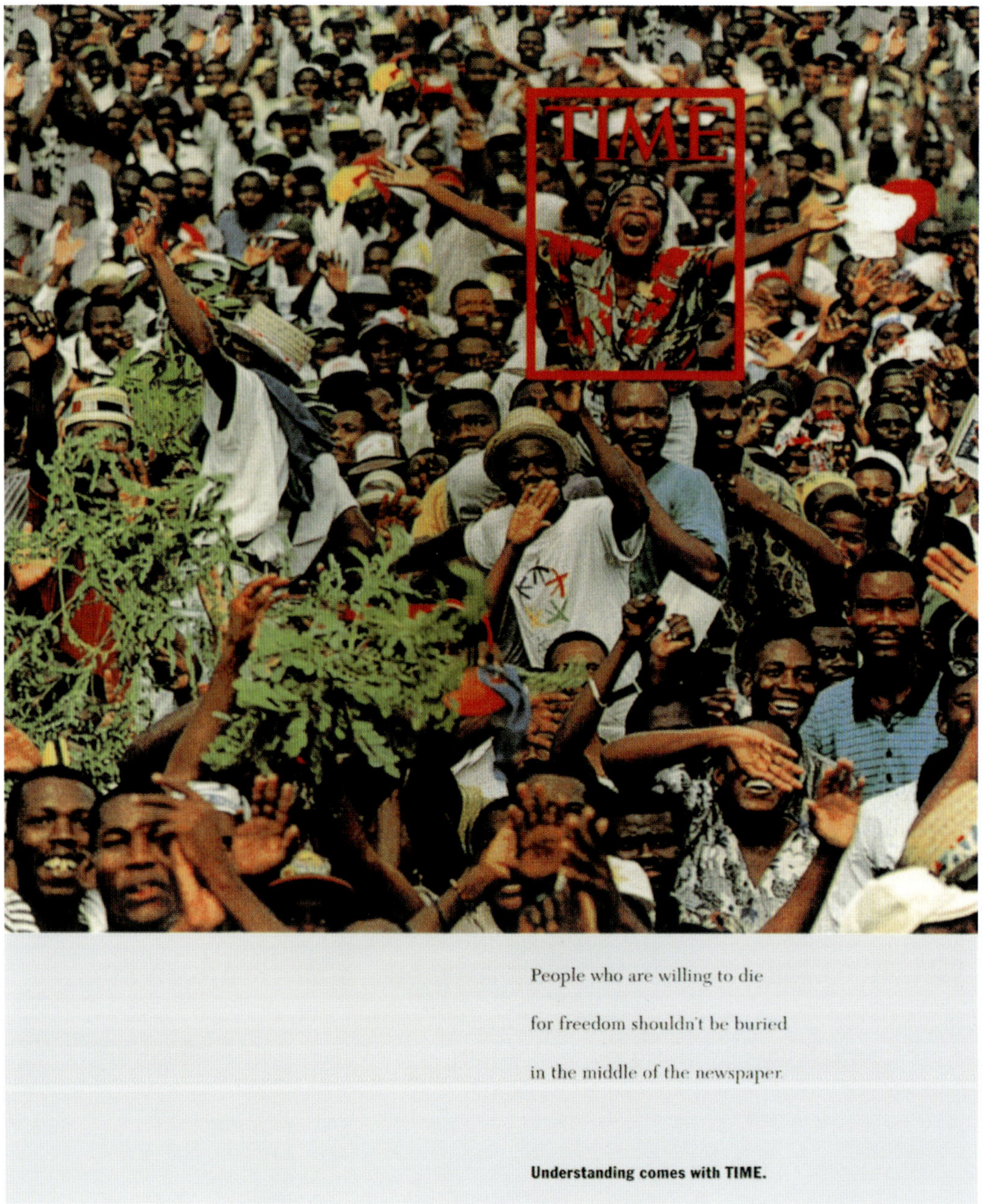
TIME
People who are willing to die
for freedom shouldn't be buried
in the middle of the newspaper.
Understanding comes with TIME.

2

Hartnäckig.
Neue Zürcher Zeitung
Neue Zürcher Zeitung

3

Time*, das 1923 von Briton Hadden und Henry Luce gegründete** *führende amerikanische Wochenmagazin, ist ein wahrhaftes Monument. Einmalig sind sein freier Ton und der Schreibtick seiner Journalisten, die sich einer umgekehrten Satzstellung befleißigen. Im Ernst: Time schuf die Tradition der „Person des Jahres“ und jenen roten Rahmen, der die Titelseite wie ein visuelles Erkennungszeichen umgibt. 1989 erfolgt die Übernahme der Gruppe Time Warner, der vor allem AOL, CNN und Warner Bros gehören. Die Agentur* ***Fallon, *die im Februar 2000 zu Publicis stoßen wird, beginnt 1991 eine Kooperation mit Time, die fünfzehn Jahre fortbestehen wird. Die erste 1994 erscheinende Kampagne verwendet bereits den roten Rahmen, wie in diesem Beispiel aus 1998: „Das interessanteste Magazin der Welt“ (1). Später bleibt der Rahmen, doch der Slogan wird zu „Das Verstehen kommt mit der TIME/Zeit“ (2). Die 1780 gegründete Neue Zürcher Zeitung übernimmt diverse lokale Presseorgane und bietet nun auch elektronische Ausgaben an.* ***Publicis Farner*** *Zürich kreiert das Symbol des blauen Bleistifts, das man lange Zeit erfolgreich einsetzt, um die Qualitäten der Zeitung zum Ausdruck zu bringen, etwa 1995 in dieser von Mathias Zuppiger photographierten Anzeige (3).*

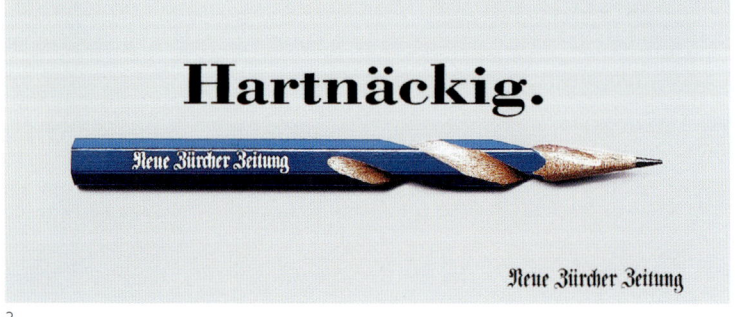

Die 1967 von Jann Wenner in San Francisco
gegründete Zeitschrift Rolling Stone hat ein
Problem: die Kluft zwischen der wirklichen Leser-
schaft und der Vorstellung, die sich die Werber
von ihr machen. Diese nämlich betrachten den
typischen Leser als eine Art klammen Althippie,
weshalb sie das Blatt in ihren Medienplänen nicht
berücksichtigen – was selbstredend die Einnahmen
des Magazins beschränkt. Die Kampagne von
Fallon beginnt 1985 just zu jenem Zeitpunkt,
da die Zeitschrift nach New York geht, um der
Werbewelt näher zu sein: „Wahrnehmung. Wirklichkeit" (4). Die Kampagne erweist sich als sehr
effizient, denn der Werbeanteil nimmt innerhalb
von fünf Jahren um 82 Prozent zu. Nach dem
Tod Titos im Mai 1980 verschärfen sich die Span-
nungen zwischen den Völkern, aus denen sich
Jugoslawien seit 1919 zusammensetzt. Als erste
Teilrepublik verkündet Slowenien seine Unabhängigkeit im Juni 1991. Auf das mit den Gewalttätig-
keiten einhergehende Problem der Zensur macht
eine Vereinigung unabhängiger Journalisten mit
einem von Alexander Kujucer für **Saatchi & Saatchi**
Jugoslawien photographierten Plakat aufmerksam (5). Campaign Brief Asia, ein seit 1996 monat-
lich erscheinendes Fachblatt, setzt sich für eine
kreativere regionale Werbung ein. **Saatchi &
Saatchi** Hongkonk präsentiert im Jahr 2002 mit
einem Photo von Stanley Wong die unerwarteten
Folgen einer guten Idee (6).

4

5

6

Gegen das Elend

Das Informationszeitalter hat die Welt merklich kleiner werden lassen. Wenn wir den Fernseher einschalten oder ins Internet gehen, steht das ganze Leid dieser Welt vor der Tür und fordert unser aktives Mitgefühl.

2

1

3

Es gibt zahlreiche Organisationen, die jenen ein Ohr schenken, die aufgrund von Einsamkeit oder Depressionen einen Suizid ins Auge fassen. Eine der allerersten entstand 1953 in Großbritannien auf Initiative des jungen Londoner Priesters Chad Varah. Der Daily Mirror tauft diese entstehende Bewegung den „Telefondienst des guten Samariters" – ein Name, der sich durchsetzen wird. Ab 1991 realisiert **Saatchi & Saatchi** UK mehrere Kampagnen, darunter auch ein Spot und das von Barney Edwards photographierte Plakat „Ist da jemand?" (1). Oft heißt es, im Kino würde das Blut durch Ketchup ersetzt. Im wahren Leben aber ist Blut unersetzlich. Von diesem Gedanken ausgehend wirbt **Leo Burnett** Mumbai 1999 mit dem Plakat von Vipul Patel für das Blutspenden: „Das Leben ist kein Film" (2). Anti-Personen-Minen sind seit der Konvention von Ottawa 1997 verboten, werden jedoch in zahlreichen Konfliktzonen weiterhin eingesetzt. Am Ende seiner Amtszeit im Jahr 2001 versucht der kolumbianische Staatspräsident das Problem zu lösen und beauftragt **Leo Burnett** Bogota mit der von Reini Farias photographierten Kampagne „Keine weiteren Landminen" (3).

Das Rote Kreuz wurde von dem Schweizer Henri Dunant gegründet, nachdem dieser 1859 die blutige Schlacht von Solferino miterlebt hatte. Die Aufgabe der Organisation besteht in der unterschiedslosen Versorgung sämtlicher Verwundeten und Kriegsgefangenen, im Bedarfsfall auch der Zivilbevölkerung. 1986 wird daraus die Internationale Rotkreuz- und Rothalbmond-Bewegung. *Casadevall Pedreño & PRG* ist seit den 1980er Jahren für die Werbung des Roten Kreuzes von Katalonien zuständig. Um für das spanische Rote Kreuz Mitglieder zu gewinnen, wirbt man 1999 für die eigene Website (4), die den Surfer über vier wesentliche Dinge informiert: Wo ist Hilfe am dringendsten nötig? Wann ist Hilfe gefragt (Photo: Q. Sakamaki)? Was kann man tun? Warum ist Soforthilfe notwendig (Photo: José Manuel Navia)? *Saatchi & Saatchi* Wellington realisiert 1995 einen zwischen Fresko und Graffiti angesiedelten Spendenaufruf. Hier abgebildet ist eines von drei Themen, die Evan Purdie auf die Stadtmauern malte: „Wohin wir auch gehen, überall herrscht Unheil" (5).

4

5

Gegen die Ungerechtigkeit

Unsere Gesellschaft beweist eine erhöhte Sensibilität für moralische Fragen. Und sie verabschiedet sich von einem Tabu, indem sie sich das Recht der Einmischung in private Angelegenheiten nimmt.

2

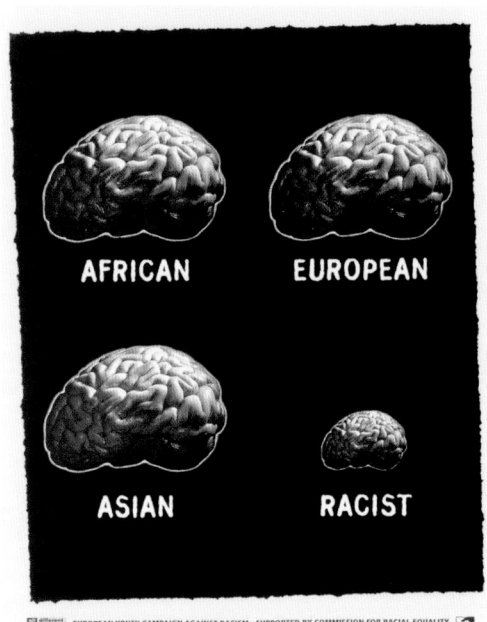

AFRICAN   EUROPEAN

ASIAN   RACIST

EUROPEAN YOUTH CAMPAIGN AGAINST RACISM · SUPPORTED BY COMMISSION FOR RACIAL EQUALITY

1

Die 1679 vom englischen Parlament verabschiedete, die persönliche Freiheit vor Willkür schützende Habeas-Corpus-Akte inspirierte die Philosophen der Aufklärung und die Theorie der Menschenrechte. Getreu dieser Tradition gab es in Großbritannien bereits 1965 ein erstes Antidiskriminierungsgesetz („Race Relations Act"), dem 1968 und 1976 eine zweite und dritte Fassung folgten (nun mit eindeutigen Sanktionen). 1997 wird die „Commission for Racial Equality" gegründet, die zwei bereits bestehende Einrichtungen ersetzt und mit sämtlichen juristischen Mitteln ausgestattet wird, um gegen Rassismus in jeglicher Form angehen zu können. **Saatchi & Saatchi** UK erhält 1993 den Auftrag, ein Sensibilisierungsprogramm zum Grundthema „Alle anders, alle gleich" (1) zu entwickeln. 1995 wird die Agentur mit Anzeigen für „Anti-slavery International" betraut, um der Öffentlichkeit bewusst zu machen, dass es weltweit noch hundert Millionen Sklaven gibt. Der Titel der Anzeige bedient sich eines unerträglich aggressiven, herabwürdigenden Tons: „Lies das, du Stück Scheiße" (3) – eben jenes Tons, in dem der Besitzer zu seinem Leibeigenen spricht.

If you're offended by this advertisement, you should be.

Nobody should be treated like this.

Yet unfortunately, there are millions of people around the world who are.

For many, a verbal lashing is the very least they have to worry about.

In Brazil, for example, Amazonian estate workers face a punishment called 'the trunk'.

A man who hasn't felled his quota of trees, is stripped, tied up and left in a hollowed out tree-trunk for three days.

As if that isn't punishment enough, the trunk is first smeared with honey to attract ants and other insects.

In India, children face similar horrors. Kids as young as six are sold to work in carpet factories.

When the loom-masters can't find enough children to buy, they kidnap them.

The kids are made to work all day. If they slow down at all, they are not allowed to sleep at night. If they make a mistake, they are beaten.

One child was doused with paraffin and set ablaze because he asked for time off. Six others were so viciously beaten for just playing, one of them died.

In Nepal, slavery is just as widespread. Ten year old girls are abducted and sold into prostitution in India.

First, they have to go through a 'grooming' period. Stripped naked, they are locked in a tiny room for days at a time without food.

They are burnt with cigarettes, beaten and raped until eventually they become totally submissive. Only then will they fetch the highest prices from Bombay's brothel keepers.

Just as prostitution can be a form of slavery, so can marriage.

In many parts of the world parents still control who their daughters wed. Who they choose very much depends on what the groom's family offers in exchange. The bride's welfare matters little.

Consequently, there are many women forced to marry against their will. Some even as young as nine. One twelve year

old Nigerian girl hated her husband so much, she kept trying to run away from him.

To stop her, he hacked off both her legs. As you can see, slavery isn't a thing of the past.

Nor is it just a problem of the Third World.

In Britain alone, there have been 1700 cases of abused domestic servants reported since 1987. Most of them are young girls from poor backgrounds overseas. They see working in Britain as an answer to their problems.

But when they get here, they are often treated no better than animals. Many are made to sleep on the floor and just fed scraps. They have to work an 18 hour day. If they complain, they're beaten or caned. Some aren't even allowed out. Some are raped.

The list of atrocities goes on and on.

There are still over 100 million slaves in the world. Each one probably has a story as pain-filled as these.

Anti-Slavery International campaigns for the abolition of slavery. We know that it's only by making the facts of these people's lives known and by bringing slavery out into the open that we'll ever destroy it.

Indeed, by lobbying and by raising world awareness of these issues, we've persuaded governments and the UN to tackle the problem.

In some countries like Thailand, India and Pakistan we've even pushed them into changing the law.

None of this would have been possible without the help of our supporters. They have sent letters and asked questions of individuals, companies and governments all around the world.

To keep the pressure on them, we need your help in our forthcoming campaigns.

If you'd like to be involved, fill out the coupon below and become a member. In time, we'll make sure no one knows what it feels like to be treated as a slave.

ANTI-SLAVERY
INTERNATIONAL

Anti-Slavery International, Stableyard, Broomgrove Rd, London SW9 9TL. Tel: 0171-924 9555. Fax: 0171-738 4110.

READ THIS YOU PIECE OF SHIT.

I would like to join ASI: £15 Individual membership ☐ £5 Student, Unwaged ☐ I would/would not like more information. Name ___
Address ___ Postcode ___ I would like to donate £___ Payment can be made by cheque or postal order (payable to Anti-Slavery International) or by credit card. Mastercard☐ Visa☐ Amex☐ Diners☐ Number☐☐☐☐☐☐☐☐☐☐☐☐☐ Expires ☐☐☐☐

3

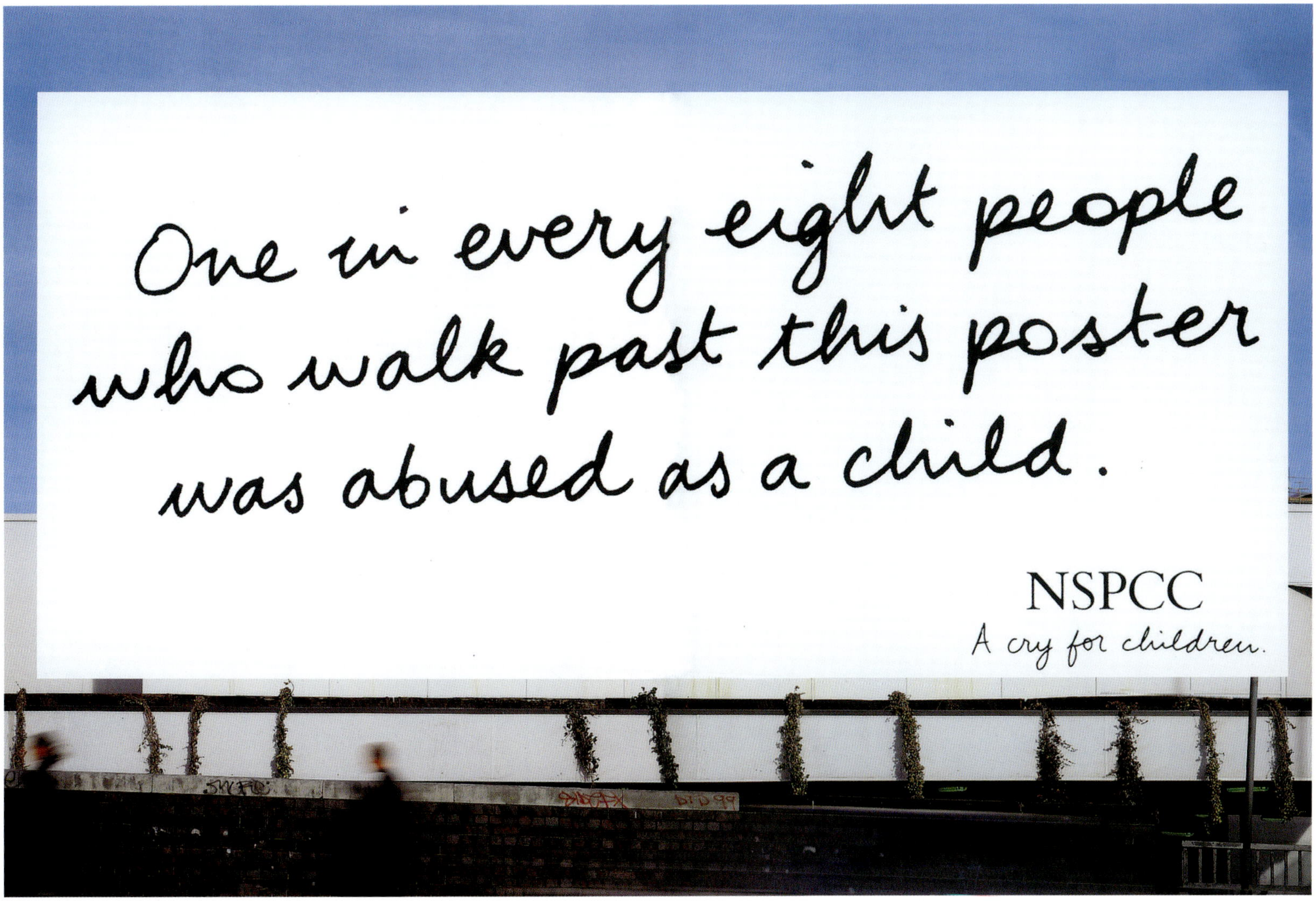

One in every eight people who walk past this poster was abused as a child.

NSPCC
A cry for children.

4

Für UNICEF, den 1946 gegründeten und seit fünfundzwanzig Jahren in China präsenten Kinderhilfsfonds der UN, produziert **Saatchi & Saatchi** Beijing 2001 unter der Regie von Li Wei Ran den Spot „Eines Tages wird ein fremdes Kind Sie beschützen oder unterstützen. Geben Sie ihm die Chance, wie Ihr eigenes Kind aufzuwachsen" (2). Die NSPCC (Nationale Gesellschaft zur Prävention von Gewalt an Kindern) wurde 1884 von Reverend Benjamin Waugh gegründet. **Saatchi & Saatchi** UK kreiert 1994 dieses Plakat: „Einer von acht Menschen, die an diesem Plakat vorbeigehen, wurde als Kind misshandelt" (4). Ein 2002 von Frank Budgen realisierter Spot zeigt einen wütenden Vater, der seinen Sohn zunehmend brutaler malträtiert, wobei allein der Knabe als Trickfigur dargestellt wird. Anfangs rappelt er sich immer wieder auf, doch schließlich trifft ihn ein besonders schwerer Hieb: „Echte Kinder sind keine Stehaufmännchen" (5).

5

Gegen die Abhängigkeit

Bisweilen kann die Gesellschaft die Forderung erheben,
das Individuum vor sich selbst zu schützen. Sonst nämlich
würde das individuelle Verhalten Folgen haben, deren Kosten
von der Gemeinschaft als zu hoch eingeschätzt werden.

2

1

3

Auf Betreiben des Werberats Ad Council realisiert
N.W. Ayer 1985 in den Vereinigten Staaten eine
Kampagne für den National Council on Alcoholism
(heute das National Council on Alcoholism & Drug
Dependence – NCADD). Der selbst betroffene
Baseballspieler Bob Welch bezeugt: „Ich bin der
lebende Beweis dafür, dass man für einen Drink
nicht sterben muss" (1). Im Jahr 2000 kreiert
Publicis Casadevall Pedreño & PRG in Spanien für
das alkoholfreie Bier San Miguel 0,0 % eine von
Sisco Soler photographierte Kampagne, die zeigt,
was man nach Genuss dieses Bieres alles tun
kann, etwa Auto fahren (2). Louis Hagopian, Präsident der Agentur **N.W. Ayer,** wird 1985 Präsident
der Vereinigung der amerikanischen Werbeagenturen (AAAA). Im Jahr darauf kann er seine Kollegen überzeugen, der Regierung eine Partnerschaft
für ein drogenfreies Amerika vorzuschlagen: „Es
besteht die Chance, dass Marihuana dein Leben
nicht ruiniert. Und dass russisches Roulette dich
nicht umbringt." (3).

5

EACH DRINK YOU
HAVE BEFORE DRIVING
IMPAIRS
YOUR JUDGEMENT.

4

Der Ad Council betraut Leo Burnett USA 1985 mit einer Kampagne für die „National Highway Traffic Safety Administration". Die Agentur kreiert Vince und Larry – zwei Dummys, wie man sie aus Crashtests kennt: „Danke, dass Sie mich zum Krüppel gemacht haben"(6). Innerhalb von fünf Jahren steigt die Gurtanlegequote von 21 auf 70 Prozent und die beiden Helden sind derart populär, dass sie bis 1999 zum Einsatz kommen. 1993 kreiert **Saatchi & Saatchi** Singapur unter der Regie von Larry Shiu für die Verkehrspolizei einen Spot über die Gefahren von Alkohol am Steuer. Gedreht ist er aus der Sicht eines Auto-fahrers, der auf einer Stadtautobahn unterwegs ist. Ein erstes Glas erscheint vor den Augen des Zu-schauers, dann ein zweites und drittes. Jedes Mal wirkt der Verkehr noch etwas verschwommener. Plötzlich: quietschende Bremsen und ein gewaltiger Rums: „Jedes Glas Alkohol vor Fahrtantritt beein-trächtigt Ihr Urteilsvermögen"(4). In einer 1994 von **Saatchi & Saatchi** Neuseeland realisierten und von Peter Bannan photographierten Plakatkam-pagne heißt es lakonisch: „Tempo tötet"(5).

"THANKS TO YOU, MY LIFE'S A WRECK".

YOU COULD LEARN A LOT FROM A DUMMY. BUCKLE YOUR SAFETY BELT.

6

Gegen AIDS

Bewusstseinsbildung und Mittelbeschaffung, so wichtig sie auch sein mögen, sind nicht die einzigen Ziele einer AIDS-Kampagne, die sich vor allem um eine Änderung des individuellen Verhaltens bemüht.

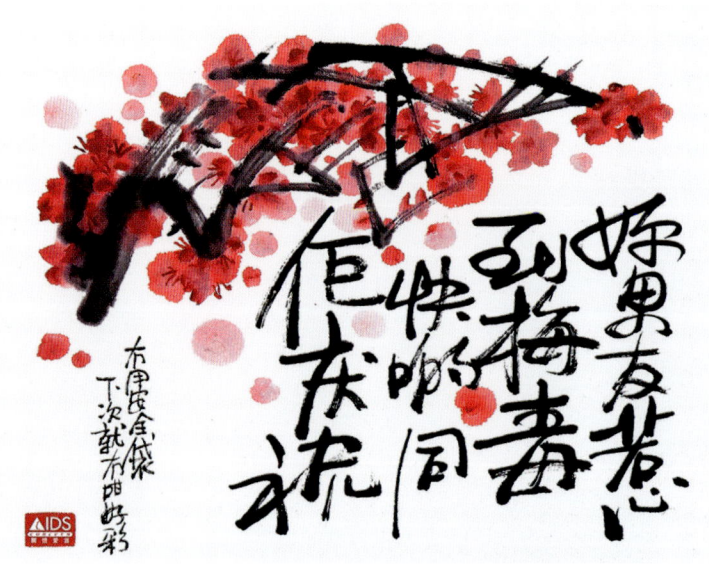

2

COVER YOUR LOVER.

1

Die ersten AIDS-Fälle werden 1981 in den Vereinigten Staaten dokumentiert. Ein Team vom Pariser Institut Pasteur veröffentlicht im Mai 1983 in dem Fachblatt Science die erste Beschreibung des Virus, damals noch als LAV (Lymphadenopathy Associated Virus) bezeichnet. 1985 ist die Sequenzierung des nun HIV genannten Virus abgeschlossen und die ersten Nachweisverfahren erscheinen. **Leo Burnett** Hongkong realisiert 1996 eine Anzeige für Aids Concern, die der Verbreitung des Virus in besonders gefährdeten Gemeinschaften begegnen will. Die Illustration des aus Kanton gebürtigen Künstlers Ah Chung steht in scharfem Kontrast zu den Worten „Sie können von Glück sagen, denn Sie haben nur die ‚Rose von Vietnam' (eine Geschlechtskrankheit). Nehmen Sie ein Kondom, denn beim nächsten Mal ist es vielleicht mit dem Glück vorbei" (2). **Leo Burnett** Mumbai wendet sich 1997 mit „Denk' daran" an die indische Öffentlichkeit (5). Die von D. Radhakrishnan stammende Anzeige erscheint nur ein einziges Mal in dem Erotikmagazin Debonair, doch ein führender Homosexueller begeistert sich für die Anzeige und lässt sie in Form von Postern in Schwulenkreisen verbreiten.

HELP PREVENT, TREAT AND CURE AIDS. SEPTEMBER 21, 2003 aidswalktoronto.org

AIDSWALK
TORONTO

3

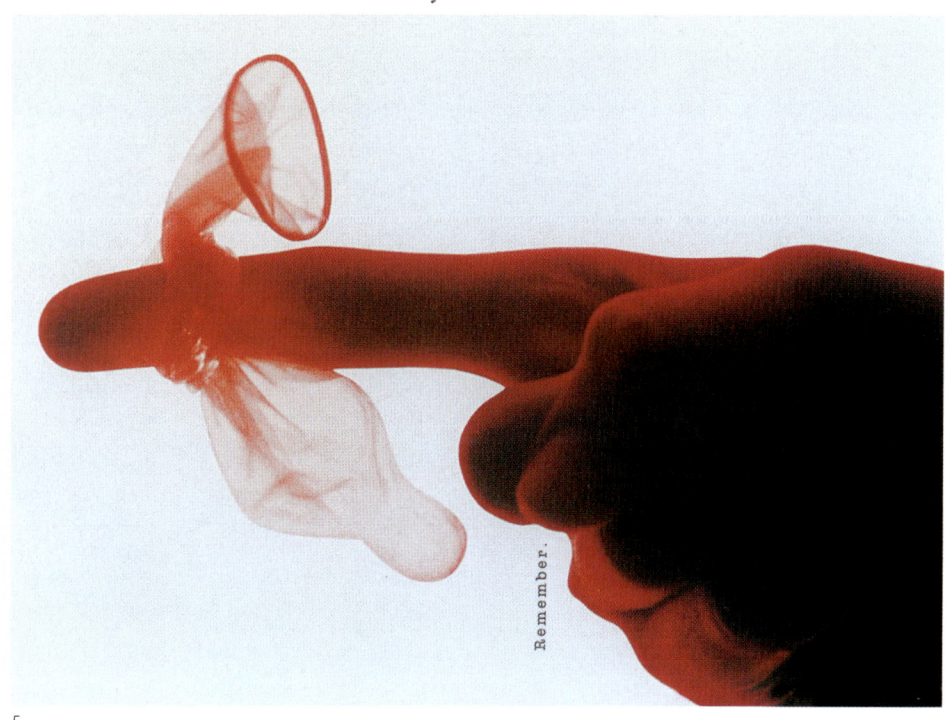

PENIS WITHOUT A CONDOM.
Get free ones by calling 250-8629.

4

Saatchi & Saatchi Singapur konzipiert 1998 eine Anzeige für den Aktionstag gegen AIDS. In dem Text wendet sich eine Frau an ihre Geschlechtsgenossinnen: „Ein Drittel der sechs Millionen HIV-Positiven im Jahr 2000 sind Frauen. Wenn er Sie liebt, soll er das beweisen, indem er ein Kondom verwendet. Wenn Sie verheiratet sind, kann Ihnen Ihr Mann einen bösen Streich spielen, wie AIDS. Und falls Sie noch nie Kondome gekauft haben, heute ist der Tag gekommen! Nur zu! Kichern oder erröten Sie so viel Sie wollen. Besser vor Scham sterben als an AIDS. Sagen Sie ihm: entweder mit Kondom oder gar nicht!" (1). Im Jahr darauf wirbt **Badillo Nazca Saatchi & Saatchi** Puerto Rico für die Iniciativa Comunitaria de Investigación AIDS noch unverblümter: „Penis ohne Kondom. Gratis erhältlich unter 250-8629" (4). **Publicis** Toronto arbeitet für das 1983 gegründete Aids Committee of Toronto (ACT), das sich um Prävention, Aufklärung und Unterstützung der Erkrankten und ihrer Angehörigen kümmert. 2003 entsteht ein von Shin Sugino photographiertes Plakat, das den alljährlichen Marsch gegen AIDS ankündigt (3).

5

Für die Zukunft

Auf der ganzen Welt hat man erkannt, dass der Schutz von Flora und Fauna, der maßvolle Umgang mit den Ressourcen und die Wahrung des natürlichen Gleichgewichts die Zukunft maßgeblich mitbestimmen werden.

1

Die Stiftung Seub Nakhasathien ist nach einem für das riesige Naturreservat Huai Kha Khaeng verantwortlichen Waldhüter benannt, das im Osten Thailands unweit der Grenze zu Myanmar gelegen ist. Sie verfolgt das Ziel, die einzigartige Tier- und Pflanzenwelt vor menschlichen Übergriffen jeder Art zu schützen. **Leo Burnett** Bangkok kreiert 2001 diese von Boonsunh Chalard photographierte Anzeige: „Jeder in den Wald geschlagene Straßenkilometer tötet 290 Wildtiere. Ganz zu schweigen von den Bäumen" (1). Die 1986 gegründete Stiftung S.O.S. Mata Atlântica bemüht sich um den Schutz des atlantischen Urwaldsaums. **F Nazca Saatchi & Saatchi** São Paulo bringt 1999 diese von Rodrigo Ribeiro photographierte Anzeige (2).

2

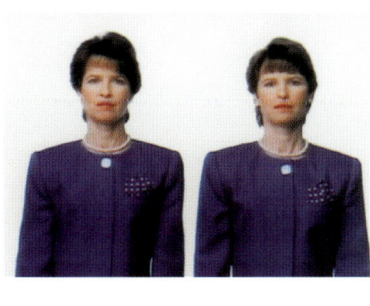

Während der berüchtigten Dorschkrise in Kanada riefen der Minister für Fischerei und viele Robbenfänger zu einer verstärkten Robbenjagd auf, da angeblich Sattelrobben die Dorsche fräßen. **BBH** klärte mit dieser 1992 für den International Fund for Animal Welfare (IFAW) entworfenen Anzeige die Öffentlichkeit auf (3). Um die Mittelbeschaffung effizienter zu gestalten, schlägt der kalifornische Umweltverband (Environmental Federation of California) den Interessenten die Einrichtung eines Dauerauftrags vor, der die Möglichkeit bietet, den Verwendungszweck der ganzjährig fließenden Geldzuwendungen anzugeben. **Team One** Los Angeles realisiert 1992 zwei Spots. In einem von ihnen (4) erscheinen zwei Frauen auf dem Bildschirm. Eine Stimme erklärt: „Eine von diesen beiden Frauen (…) spendet einen Teil ihres Gehalts an EFC. Welche es ist, wissen Sie vielleicht nicht. Doch ein Elefant vergisst nichts".

4

Für das Leben

Freiwillige, die ein ganz schlichtes T-Shirt tragen, um mit den Menschen ins Gespräch zu kommen – kann man sich eine bescheidenere Kommunikation vorstellen? Sich dafür entscheiden, nach dem Tod ein Stück von sich abzugeben – kann man sich einen besseren Entschluss denken?

1

Eine Organtransplantation bedeutet für viele Patienten eine letzte Überlebenschance. Naturgemäß kann es den Angehörigen der Spender Probleme bereiten, diese denkbar großzügige Geste zu akzeptieren. Um die Bevölkerung anzuregen, über diese quälende Frage nachzudenken, führt das brasilianische Gesundheitsministerium regelmäßig landesweite Organspendekampagnen durch. Das brasilianische Gesundheitssystem ist auf dem Transplantationssektor seit langem sehr leistungsfähig, doch es gibt weiterhin zu viele Empfänger, die zu lange warten müssen. Die Kampagne soll daher für die Notwendigkeit der Organspende sensibilisieren, die erforderlichen Maßnahmen erläutern und die ethische Rechtmäßigkeit bekräftigen. Die im September in São Paulo gestartete Kampagne 2005 gipfelt in einer landesweiten Themenwoche, an der die Agenturen Publicis Brasília und São Paulo mitwirken. Eine der Aktionen besteht darin, dass Freiwillige in Großstädten wie São Paulo, Rio de Janeiro, Belo Horizonte, Pôrto Allegre und Recife auf die Passanten zugehen. Damit sie in den Menschenmengen gut erkennbar sind, will man ihnen ein besonderes Outfit verpassen. So entsteht die Idee mit den fünftausend T-Shirts, die teilweise verschenkt werden (1), (2).

2

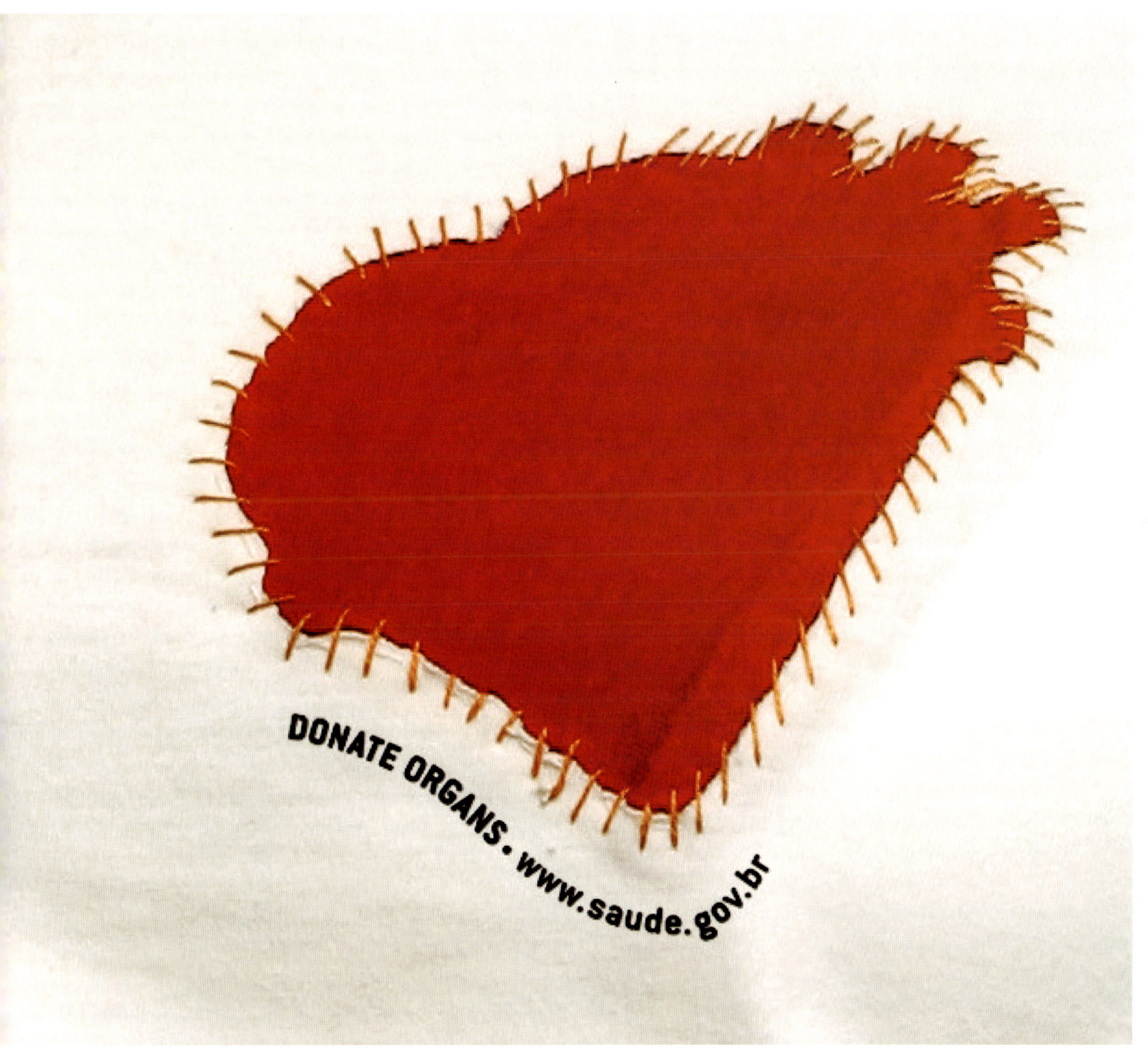

DONATE ORGANS . www.saude.gov.br

Ausblick

2006-

David Droga
Pat Fallon
Miguel Angel Furones
John Hegarty
Bob Isherwood
Linda Kaplan Thaler

Nein ist schwerer als ja

von David Droga   *Worldwide Chief Creative Officer, Publicis*

Vom Radiowecker, der sie morgens aus dem Schlaf reißt bis zum Spielfilm, der sie nachts einschlafen lässt – in einem bisher unbekannten Maß ist es uns heute möglich, überall und in jeder Form mit den Verbrauchern zu kommunizieren. Alles ist eine potenzielle Leinwand, wahlweise auch eine improvisierte Kanzel. Wir besitzen sowohl die Technologie als auch das Know-how, die Menschen mit unseren Botschaften zu umgeben, Tag für Tag und rund um die Uhr.

Da unsere Branche jedoch durch rasante Innovationen und ungeduldige Werbekunden geprägt ist, gilt es unser wirkliches Kapital zu bewahren: das Verständnis für den Verbraucher. Ohne dieses würden wir nur Ablehnung provozieren. Sicher sind TV-Spots von dreißig Sekunden und ganzseitige Anzeigen nicht mehr für alle Kunden das Richtige. Was aber nicht unbedingt bedeutet, dass der Übergang zu Online- oder SMS-Werbung effizienter ist. Und allein die Tatsache, dass man auf einer Toilette oder einer Popcornschachtel werben kann bedeutet noch nicht, dass dies die richtige Lösung ist.

Wir müssen dafür sorgen, dass wir uns als Branche nicht durch unsere eigene Cleverness verführen lassen. Wann nämlich überschreiten wir jene verschwommene Linie zwischen genialer Kommunikation und aufdringlichem Marketing? Jeder Verbraucher ist anders, doch sie alle vereint eine menschliche Wahrheit. Wenn die Botschaft für sie nicht relevant ist, wollen sie nichts darüber erfahren. Dies gilt für die unverblümte Tiefpreisaktion ebenso wie für die raffinierteste verdeckte Kampagne.

„Dass du es kannst, heißt nicht unbedingt, dass du es auch tun solltest." Als mein Vater dies vor vielen Jahren zu mir sagte, erschien mir das als behelfsmäßige Binsenweisheit, um mich durch die Unwägsamkeiten meiner Jugendjahre zu geleiten. Heute im Beruf bedeuten mir diese Worte wohl jedoch mehr als in meiner pickeligen Jugend.

Den Verbraucher verstehen bedeutet viel mehr als nur zu wissen, wann und wie man ihn anspricht. Man muss nämlich auch wissen, wann man es bleiben lässt. Lösungen brauchen Optionen. Doch Optionen sind keine Lösungen.

Sechs führende Köpfe der internationalen Werbeszene äußern sich zu den großen künftigen Herausforderungen an die Kommunikationsindustrie.

Wem gehört die Marke wirklich?

von Pat Fallon   Chairman, Fallon Worldwide

Die lange während Kampagne Red Border/ Know Why des Time Magazine nutzt das gesamte Umfeld als Medium. Mustergültiges Beispiel ist dieses Billboard mit einem Pendel in Gestalt des rot umrandeten Time Magazine, das zwischen George W. Bush und John Kerry, den Kontrahenten im US-Präsidentschaftswahl- kampf 2004, hin und her schwingt.

Im September 2003 musste ein junger iPod-Besitzer feststellen, dass ein neuer Akku so viel kosten würde wie das ganze Gerät. Er drehte einen Kurzfilm über die mit Apple erlittene Schlappe und stellte ihn ins Internet. Prompt kündigte Apple einen neuen Ersatzakku an. Dan Rather, altge- dienter Nachrichtenmann bei CBS, wurde gefeuert, nachdem Blogger empört auf eine „60 Minutes"-Sendung während des US-Präsidentschafts- wahlkampfs 2004 reagiert hatten.

Worum geht es? In einer Welt, in der jeder einzelne Mensch Medieninhalte bereitstellen kann, würden nur naive Kunden annehmen, dass sie ihre Marken tatsächlich besitzen und kontrollieren. Wie diese Beispiele zeigen, kann die breite Öffentlichkeit sogar Markenikonen in die Knie zwingen, so sie es denn will.

Dieselbe Öffentlichkeit kann aber auch ein unübertroffen leistungs- fähiges Marketinginstrument sein. Indem er die Menschen an der Marke als einer öffentlichen Person teilhaben lässt, kann ein Werbekunde inten- sive Mundpropaganda auslösen. Und falls jemand per Videokamera und PC einen Werbespot kreieren will, nur zu! Vor allem, wenn er in der ganzen Welt verbreitet wird und er die Werbeeinschaltung humorvoll kommentiert. Unseren Kunden rate ich: Verfolgen Sie die Ihrer Marke geltenden Blogs und beteiligen Sie sich gelegentlich, doch stets mit offenem Visier.

Mitunter wird sich jemand Freiheiten erlauben, die den Auftraggeber nervös machen. So etwa landete die Marke eines unserer Kunden schließ- lich im Titel eines schlüpfrigen Rap-Songs. Wir verzichteten auf den Gang zum Gericht. So hielt der Markenname in einer nicht genehmigten, dafür aber authentischen Weise Einzug in die Populärkultur.

Es ist an der Zeit, dass wir die Öffentlichkeit als Mitvermarkter ansehen. Sie besitzt schließlich alle Instrumente – einfache, multimediale Ausgabe von Inhalten, Verbreitung per E-mail, Blogs, Podcasts etc. – und ist zum Mitmachen bereit. Wie David Ogilvy einmal betont hat, existiert die Marke in den Köpfen der Verbraucher. Diese verfügen nun jedoch über die Möglichkeiten, der ganzen Welt ihre persönliche Sichtweise zu vermitteln. Das ist eine der zentralen Fragen, mit denen sich Kunden wie Agenturen in den nächsten Jahren werden auseinandersetzen müssen. Hier werden Einfallsreichtum, Raffinement und Urteilskraft gefragt sein. Und das ist doch, ehrlich gesagt, eine aufregende Sache.

Romeo @Juliet.com

von Miguel Angel Furones *Worldwide Chief Creative Officer, Leo Burnett*

Aus der Emotion wurde ein Virus, der das gesamte elektronische Netz durchwandert.

Qian Fuzhang ist ein Schriftsteller, der in China durch seine Liebesgeschichten sehr berühmt wurde. Besonderen Ruhm erlangte er jedoch wegen des Mediums, durch das er seine Geschichten verbreitet: das Handy. Zweimal täglich erhalten seine Leser eine Kurzepisode aus siebzig Schriftzeichen. Sie zahlen per SMS und warten gespannt auf das nächste „Kapitel".

Man sagt, es gebe nichts Intimeres als die Liebe. Im Fall von Qian erreichen die Schmetterlinge im Bauch den Leser indes per Satellit, per Rückfahrkarte in die Stratosphäre, aus der die Leidenschaften auf den Displays der Handys landen, so als seien sie vom Himmel gekommen.

Vielleicht ist dies die Globalisierung der dritten Generation. Die erste betraf die Technologie, die zweite die Ökonomie und nun stehen wir vor der Globalisierung der Gefühle. Möglich wurde dies durch den Umstand, dass die neuen Leser mit der elektronischen Literatur aufwachsen. Internet-Foren und SMS haben ihnen eine neue Sprache gegeben, in der sie ihre Gefühle ebenso zum Ausdruck bringen können, wie frühere Generationen dies etwa mit der Sprache Goethes taten.

Wenn das die Richtung angibt und wenn eine Textbotschaft das Innerste der menschlichen Seele nicht weniger stark anzurühren vermag als ein Haiku, dann kann die Kraft der mit anderen geteilten Emotionen ein bislang unvorstellbares Ausmaß erreichen.

Gutenberg förderte den Sprung vom Bild zum Text. Ihm haben wir die Demokratisierung der Texte zu verdanken, um Ideologien und Gefühle zu vermitteln, die die Welt verändert haben.

Heute indes ist der Sprung unendlich weiter: Texte können empfangen, gelesen, umgeschrieben und sofort an Gleichberechtigte und Gleichgesinnte auf der ganzen Welt gesendet werden. Aus der Emotion wurde ein Virus, der das gesamte elektronische Netz durchwandert.

All dies bewirkt, dass unsere Arbeit als Werber weit komplexer ist als früher. Ganzheitlicher. Intellektueller. Genau das ist aber auch der Grund, warum sie – zum Glück – auch aufregender ist.

Jugendliches Denken

von John Hegarty Chairman & Worldwide Creative Director, BBH

Moderne Interpretation von Shakespeares „Ein Sommernachtsraum" und ein neuerlicher Beweis dafür, dass Levi's Anti Fit Jeans das Original sind.

Die entwickelten Konsumgesellschaften stehen im Zeichen der Über-alterung. Wie man auf nationaler Ebene mit diesem Phänomen umgeht, wird einen Einfluss auf das künftige Wirtschaftswachstum haben. Kunden und Agenturen stehen indes nicht vor dem Problem, wie sie eine alternde, sondern wie sie eine sich verjüngende Bevölkerung ansprechen sollen.

Es gibt da nämlich eine weit verbreitete Fehleinschätzung, wonach ältere Menschen auch alte Dinge wollen. Wie Ihnen jedoch jeder ältere Mensch versichern wird, will er alles andere, nur nicht alt sein. Wir müssen uns daher stets vergegenwärtigen, dass wir es mit jener Generation zu tun haben, die mit Rock 'n' Roll groß wurde, sich die Haare wachsen ließ und die Protestbewegung schuf. Die Frauen verbrannten ihre BHs und die Männer ihre Einberufungsbescheide. Dies war die Ära der Befrei-ung von den Zwängen. Die heutige Generation 55+ ist jünger als die 55+ von vor zehn Jahren. Und dieser Trend wird fortbestehen. Da wir länger leben, wollen wir auch jünger leben.

Die wirkliche Aufgabe besteht in Folgendem: Wie wenden wir uns an eine Altersgruppe, die scharfsinniger, flotter und „jünger" ist als je zuvor? Auch diese Generation wird für Überzeugendes offen sein, nicht aber für leeres Geschwätz. Dies sind nämlich Menschen, die der Zeit aus nahe liegenden Gründen einen hohen Wert beimessen. Die an die Marken gestellte Notwendigkeit, einen greifbaren Mehrwert zu schaffen, erstreckt sich auch auf ihre Werbekampagnen. Einschmeichelnde, geist-lose, klischeehafte Werbung, die auf Halbwahrheiten und allgemeinen Irrtümern beruht, wird nur einen kurzen Atem haben. Vielmehr werden Redlichkeit, Einfallsreichtum und Originalität Werte darstellen, die gesucht und belohnt werden.

Alles Dinge, mit denen wir Werber uns bisher eher schwertun.
Es ist Zeit, dass wir alle mehr Pfiff beweisen.

Zynische Konsumenten, Schrumpfende Budgets, TiVo, Fragmentierte Medien, Furcht vor Prozessen, Zensur – Tolle Zukunftsaussichten

von Bob Isherwood   Worldwide Creative Director, Saatchi & Saatchi

Ein Hund rennt in das Heck eines geparkten Auos. Einblendung: „Der neue Celica. Sieht schnell aus".

Zur Erinnerung: ich schreibe dies am 16. November 2004.

Kreativität ist eine Konstante. Was sich verändert, sind die Ausdrucksmittel kreativer Gedanken und die entsprechenden technologischen und gesellschaftlichen Herausforderungen. Hier ein Beispiel: Bis Mitte der 1990er Jahre konnten wir auf den meisten Märkten für Autos nicht mit dem Argument Geschwindigkeit werben.

Saatchi & Saatchi begegnete dem Problem mit Humor. Ein Toyota Celica parkt am Rand einer Vorstadtstraße. Plötzlich stürmt ein Hund wild bellend aus der Zufahrt eines nahe gelegenen Hauses und knallt mit unvermindertem Tempo gegen das Heck des geparkten Autos. Winselnd und mit eingezogenem Schwanz macht sich der Hund auf den Rückweg. Über dem stehenden Wagen erscheint ein schlichter, lakonischer Titel: „Sieht schnell aus".

Kreativität hat auch Antworten auf die in den USA und Großbritannien weit verbreiteten Festplattenrekorder (TiVo) parat, etwa die Entwicklung von überzeugenden Ideen für Programminhalte ausgehend von den Marken der Kunden.

Und in der Welt der TiVo wird langweilige Werbung einfach nicht ausreichen. Anstatt die Leute weiterhin wie Konsumsklaven zu behandeln, müssen wir sie als Menschen mit Herz und Verstand ansehen.

Die beste Werbung hat es stets verstanden, emotionale Bande zu knüpfen. Bis heute standen uns dafür selbstverständlich nur die Augen und Ohren des Publikums zur Verfügung.

Doch stellen Sie sich zukünftige Kinos vor, deren Luft in jeder Szene mit neuen Gerüchen erfüllt ist.

Stellen Sie sich Außenwerbung vor, die die Gerüche des beworbenen Produkts ausströmt, sei es das edle Aroma der Ledersitze einer Luxuskarosse oder den appetitlichen Geruch von frisch gebackenem Brot.

Wie wäre es mit „Mundtelephonen", um den Geschmack von Speisen und Getränken zu erleben? Oder mit „Fingertelefonen" um zu vermitteln, wie sich eine Löwenmähne anfühlt – oder Jennifer Anistons Lippen?

Sciencefiction kann urplötzlich real werden. Und wenn dies geschieht, sind der Kreativität Tür und Tor geöffnet.

Ist die Zukunft der Kreativität durch sozialen Wandel, Gesetze, Technologie, Zynismus oder Zensur bedroht? Kristallkugeln!

Gehör finden und es richtig machen

von Linda Kaplan Thaler CEO & Chief Creative Officer, The Kaplan Thaler Group

Die Kampagne von Continental Airlines war gerade wegen ihrer Schlichtheit so erfolgreich. Diese Anzeige unterstreicht, dass Continental weiß, was für den Kunden wichtig ist und dass man sich um die Grundbedürfnisse kümmert – anstatt die „Freuden" der Flugreise zu zelebrieren.

Unsere Aufgabe besteht darin, als Fürsprecher unserer Kunden und ihrer Marken aufzutreten. Was aber auch heißt, dass es bestimmte Produkte gibt, die unsere Agentur weder zu bewerben noch zu promoten gewillt ist.

Die meisten konsumierten Produkte stellen jedoch in sich kein Gesundheitsrisiko dar, sofern sie mit Sinn und Verstand gehandhabt werden. Das gilt speziell für die Fast-food-Industrie, einer häufig anvisierten Zielscheibe von Verbraucherschutz-Gruppierungen. Dann und wann ein Cheeseburger mit Pommes frites führt sicher nicht unmittelbar zu einer lebensbedrohlichen Erkrankung. Maßvoll konsumiert, hat Alkohol sogar einen positiven Begleiteffekt, wenngleich er im Übermaß genossen lebensgefährlich sein kann. Es ist stets die konsumierte Menge, die ein Gesundheitsrisiko nach sich ziehen kann und dafür ist allein der Verbraucher verantwortlich, weder der Hersteller noch die Werbeagentur.

Dennoch können wir als Branche für eines sorgen: Bei der Werbung für diese Produkte deutlich machen, wie sie maßvoll konsumiert werden und darauf achten, keine Werbung für alkoholische Getränke zu kreieren, die Minderjährige zum Kauf verlockt.

Zudem können wir uns mit unseren Kunden zusammensetzen, um sie vor missverständlichen Botschaften zu warnen, taktvoll auf Medienereignisse hinzuweisen, die womöglich das falsche Ziel anvisieren oder zu verhindern, dass sie unangemessene, vielleicht gar schädliche Botschaften vermitteln.

Jung und Alt, Frauen und Männer sämtlicher
Hautfarben und Berufe ziehen gemeinsam an
einem Strang. Dies ist das Thema des 2004 unter
der Regie von Ian Wilson für die South African
Breweries, der größten Brauerei des Landes, entstandenen Spots, der zeigen soll, dass Heraus-
ragendes erreicht werden kann, wenn Menschen
gemeinsam auf ein Ziel zuarbeiten. Kreiert wurde
der Spot von der Agentur **Publicis** Johannesburg.
Er endet mit einer schier unglaublichen Szene:
die vereinten Kräfte bewirken, dass die Kontinente einander näher rücken! In Wahrheit hat
der Spot, bei dem Mitarbeiter der Brauerei mit-
wirkten, keine Berge versetzt. Nein, viel mehr:
er verhalf den Südafrikanern zu neuem Vertrauen
– in sich selbst und in die Zukunft.

1842-2006

Akteure

Francis Wayland Ayer

John Bartle, Nigel Bogle, John Hegarty

William B. Benton

Chester W. Bowles

Beispielhafte Persönlichkeiten, die in der Geschichte der Werbung oder der Publicis Groupe eine Rolle gespielt haben.

Advertising Age. Von G.D. Crain Jr. 1930 in Chicago gegründete Fachzeitschrift, die weltweit Standards setzt. Das britische Pendant heißt Campaign (1968), das französische Stratégies (1971).

Advertising Council. 1942 in den Vereinigten Staaten gegründete Fachorganisation, um dem Glaubwürdigkeitsverlust der Werbung zu begegnen. Der Universitätsdozent und Werber John Webb Young spielt bei der Gründung eine maßgebliche Rolle. Während des Zweiten Weltkriegs mobilisiert der Ad Council die Öffentlichkeit, um sich nach Kriegsende mit allgemeinen zivilen Anliegen zu befassen. Gaben den Anstoß zur Gründung vergleichbarer Organisationen in Mexiko und Japan.

Alliance Graphique Internationale (AGI). Beginnt 1950 in Basel als „Club" aus fünf international renommierten Künstlern, die bereits für die Werbung gearbeitet haben. Fünf Jahre später zählt die AGI bereits 48 Mitglieder und veranstaltet im Pariser Musée des Arts décoratifs eine erste Ausstellung zum Thema „Kunst und Werbung weltweit". Elf Länder sind vertreten, u.a.: die Schweiz (Hans Erni, Herbert Leupin und Donald Brun), die Vereinigten Staaten (Herbert Bayer, Joseph Binder, Leo Lionni und Paul Rand), Großbritannien (George Him und Jan Le Witt) und Frankreich (Jean Carlu, A.M. Cassandre, Paul Colin, André François, Marcel Jacno, Jacques Nathan, Raymond Savignac und Bernard Villemot). Publicis ist als einzige Werbeagentur vertreten. Der Saal, in dem die Ausstellung stattfand, erhält 2006 den Namen Bleustein-Blanchet.

Ambience. Von Ashok Kurien 1987 in Mumbai gegründete Agentur. Fusioniert 1999 mit D'Arcy und schließt sich 2002 mit Publicis zu Ambience Publicis zusammen.

American Advertising Museum. 1986 in Portland (Oregon) gegründetes Museum für Werbung, dessen Archiv bis ins 18. Jahrhundert zurückreicht.

American Association of Advertising Agencies (AAAA). Die 1904 gegründeten Associated Advertising Clubs of America lancieren 1911 die Kampagne „Truth in Advertising" (Wahrheit in der Werbung). Drei Jahre später wird die Gründung eines Weltverbands vorgeschlagen. Der aus 111 Mitgliedern bestehende amerikanische Zweig wird 1917 zur AAAA. Im gleichen Jahr wird in London die Association of British Advertising Agencies gegründet, die 1927 zum Institute of Incorporated Practitioners in Advertising (IPA) wird. Ähnliche Organisationen entstehen später, z.B. 1972 in Frankreich die Association des Agences Conseil en Publicité (1980 in Association des Agences Conseil en Communication umbenannt).

Arc Worldwide. 2004 gegründetes Netz aus Marketingagenturen von Publicis und Bcom3, bestehend aus Frankel (1962 von Bud Frankel in Chicago gegründet), IMP (International Marketing and Promotions, 1968 in London gegründet), Semaphore Partners (2002 aus der Fusion von Giant Step und Novo hervorgegangene Agentur) und iLeo (entstanden durch Fusion der Leo Burnett Consumer Group mit chemistri und Leo Burnett Database Marketing Services). Der Name „Arc" geht auf D'Arcy zurück.

Arge. Von Emilio Pardo Soleparte 1959 in Madrid gegründete Agentur. Fusioniert 1990 mit Publicis und firmiert ab 1999 als Publicis España.

Ariely. Von Amnon Ariely 1965 in Tel Aviv gegründete Agentur. Fusioniert 1997 mit Publicis.

Art Directors Club. 1920 in New York gegründet. Vergleichbare Organisationen sind Design & Art Direction (London 1962) und der Club des Directeurs Artistiques (Paris 1968). Herausgabe eines Jahrbuchs mit den besten nationalen Kampagnen.

Association of National Advertisers (ANA). 1899 als Association of American Advertisers gegründet und seit den 1920er Jahren unter dem heutigen Namen firmierend. Pendants in anderen Ländern sind etwa die Incorporated Society of British Advertisers (Großbritannien 1900) und die Union des annonceurs (Frankreich 1916).

Ayer, Francis Wayland (1848–1923). Als Sohn des Schulrektors Nathan Wheeler Ayer in Lee (Massachusetts) geboren. Wird im Sezessionskrieg im Alter von 14 Jahren für fünf Jahre Lehrer. Ein Freund seines Vaters, Verleger von „The National Baptist", bietet ihm nach dem Krieg eine Kommission von 25 Prozent für sämtliche verkauften Werbeflächen an. 1869 beschließt er, eine eigene Agentur zu eröffnen, die er nach seinem Vater benennt: N.W. Ayer. Er erfindet den „transparenten Vertrag" (open contract), sieht sich als Dienstleister für den Anzeigenkunden (und nicht mehr für die Medien) und etabliert die ethischen Grundlagen der Werbung.

Badinter, Élisabeth (geb. 1944). Abschluss in Philosophie und Dozentin an der École Polytechnique. Zahlreiche Veröffentlichungen in der Tradition der Aufklärung und Simone de Beauvoirs: „Die Mutterliebe. Geschichte eines Gefühls vom 17. Jahrhundert bis heute" (Piper 1982), „Ich bin Du. Die neue Beziehung zwischen Mann und Frau" (Piper 1987), „XY, Die Identität des Mannes" (Piper 1993), „Les passions intellectuelles" (Fayard 1999, 2002), „Fausse route" (Odile Jacob 2003). Sie ist die Tochter von Marcel Bleustein-Blanchet und Vorsitzende des Aufsichtsrats der Publicis Groupe.

Barthes, Roland (1915-1980). Einer der bedeutendsten französischen Vertreter des Strukturalismus und der Semiologie – Disziplinen, die er auf Konsumartikel und Erscheinungsformen der Kommunikation anwendet.

Marcel Bleustein-Blanchet

Basic. Von Tony Mercado und Herminio Ordonez 1978 in Manila gegründete Agentur. Wird 1996 im asiatisch-pazifischen Raum zum ersten Partner von Publicis.

BBH (Bartle Bogle Hegarty). Von John Bartle, Nigel Bogle und John Hegarty 1982 in London gegründete Agentur. 1997 übernimmt die Leo Burnett Group 49 Prozent. Büros in New York, Singapur, Tokyo und São Paulo werden eröffnet. Schließt sich 2002 mit der Publicis Groupe zusammen. Zum Logo wird das für geistige Unabhängigkeit stehende, 1982 für ein Levi's-Plakat kreierte schwarze Schaf.

Bcom3 Group. Im Jahr 2000 aus der Fusion der MacManus Group und der Leo Group hervorgegangene Holding, an der sich Dentsu später mit 20 Prozent beteiligen wird.

BCP (Bouchard, Champagne, Pelletier). Erste französischsprachige Agentur in Québec, 1963 von Jacques Bouchard, Paul Champagne und Pierre Pelletier gegründet. Fusioniert 1996 mit Publicis.

Beacon Communications. 2001 von Bcom3 in Tokyo gegründete Agentur als Joint Venture von Leo Burnett und D'Arcy in Japan. Dentsu ist im Besitz einer bedeutenden Beteiligung.

Benton & Bowles. 1929 von William B. Benton (1900–1973) und Chester W. Bowles (1901–1986) in New York gegründete Agentur; dritter Partner wird 1932 Atherton W. Hobler (1890–1974). Obgleich Benton 1936 und Bowles 1941 ausscheiden, hält die Agentur an ihrem Namen fest. Als Ted Bates 1940 ausscheidet, um eine eigene Agentur zu gründen, nimmt er Rosser Reeves und den Kunden Colgate-Palmolive mit, der indes rasch durch Procter & Gamble ersetzt wird. Die Agentur schließt sich 1985 mit D'Arcy-Masius-MacManus zu DMB&B zusammen.

Bernbach, William (1911–1982). Gründet 1949 mit Ned Doyle und Maxwell Dane in New York die Agentur DDB. Der Amerikaner war eine der markantesten Persönlichkeiten der gesamten Branche und trug in den 1960er Jahren mit denkwürdigen Kampagnen wie „You don't have to be Jewish to love Levy's", „Think small" (für Volkswagen) und „We try harder" (für Avis) zur kreativen Erneuerung bei.

Bleustein-Blanchet, Marcel (1906–1996). Gründer und Präsident von Publicis und einer der Pioniere der modernen Werbung in Frankreich. Wird am 21. August 1906 geboren und wächst in Montmartre auf. Als er in jungen Jahren beschließt, in die Werbung zu gehen, entgegnet sein Vater: „Du wirst Wind verkaufen", worauf er erwidert: „Und was treibt die Mühlen an?" Mit 20 gründet er Publicis, abgeleitet aus „publicité" (Werbung) und der Sechs, seiner Glückszahl. Da die Agentur Havas den Werbemarkt in den Printmedien dominiert, macht er sich auf, die neuen Medien jener Zeit zu erobern. Er gründet mit Radio-Cité seinen eigenen Hörfunksender, für den er von den Werbekunden gesponserte Sendungen erfindet. Zugleich interessiert er sich für ein zweites, viel verspre-

chendes Medium, das Kino, und übernimmt die Werbung für zahlreiche Filmtheater. Um auch Zeitungsinserate zu vermarkten, gründet er 1938 Régie-Presse. Dann setzt der Zweite Weltkrieg jeglicher beruflichen Aktivität ein Ende. In London arbeitet Bleustein unter dem Namen Blanchet bei General de Gaulle als Presseoffizier von General Koenig, dem Kommandeur der Streitkräfte des Freien Frankreich. Im Zuge der Befreiung nach Paris zurückgekehrt, nennt er sich fortan Marcel Bleustein-Blanchet. Die Neugründung von Publicis erfolgt 1946. 1948 gewinnt die Agentur mit Colgate-Palmolive und Nescafé ihre ersten internationalen Großkunden. 1957 erfolgt der Umzug nach 133, avenue des Champs-Élysées in das ehemalige Hotel Astoria (diente 1950 als provisorisches Hauptquartier von SHAPE, den von General Eisenhower kommandierten Supreme Headquarters of the Allied Powers in Europe). 1958 eröffnet Bleustein-Blanchet in Paris den ersten „Drugstore Publicis" und gründet 1960 eine Stiftung, die Fondation de la vocation. Zusammen mit Gallup und Dichter setzt er sich für Meinungsumfragen und Motivforschung ein. Die Agentur firmiert nun unter dem Namen Publicis Conseil. Am 27. September 1972 steht das Publicis-Gebäude in Flammen. Tags darauf, als die Büros nur mehr Ruinen sind, ruft er von einem benachbarten Balkon aus seinen auf der Straße zusammenstehenden Mitarbeitern zu: „Publicis macht weiter!" Zu diesem Zeitpunkt beginnt neben der regionalen auch die internationale Expansion durch Übernahme der beiden europäischen Agenturnetze Intermarco und Farner. 1987 überträgt Marcel Bleustein-Blanchet die Geschäftsleitung an Maurice Lévy, der im Jahr darauf die Vereinbarung einer Allianz mit dem amerikanischen Agenturnetz Foote Cone & Belding bekannt gibt – die nicht viel später wieder gelöst wird, doch inzwischen konnte Publicis auf internationaler Ebene sehr rasch Präsenz und Glaubwürdigkeit erlangen. Marcel Bleustein-Blanchet stirbt am 21. April 1996. Der gesamte Berufsstand trauert. Seit langem auf diese Aufgabe vorbereitet, übernimmt seine Tochter Élisabeth Badinter den Vorsitz des Aufsichtsrats.

Bloom. Von Sam Bloom 1952 in Dallas gegründete Agentur. Fusioniert 1991 mit FCA!, 1993 mit Publicis. Schließt sich 2003 mit D'Arcy USA zu Publicis USA zusammen.

BMZ. Von Georg Baums, T. Mang und Peter Zimmermann 1971 in Düsseldorf gegründete Agentur. Fusioniert 1990 mit Publicis. Das sich 1992 über sechs Länder erstreckende Agenturnetz schließt sich 1993 mit FCA! zu FCA!BMZ zusammen.

Bromley. Auf die Kommunikation mit der lateinamerikanischen Bevölkerung der Vereinigten Staaten spezialisierte Agentur, von Lionel Sosa 1981 unter dem Namen Sosa & Associates in 'San Antonio (Texas) gegründet. Fusioniert 1989 mit DMB&B und nimmt im Jahr 2000 nach Eintritt von Ernest Bromley ihren heutigen Namen

Marcel Bleustein-Blanchet beim Sender N.B.C.
1938 während eines Aufenthalts in New York (1).
In der Kanzel eines Bombers der Alliierten
1944 (2). Umzug von Publicis in das ehemalige
Hotel Astoria, wo Marcel Bleustein-Blanchet das
Eisenhower-Museum gründet (3). Im Angesicht der
Flammen in der Nacht des 27. September 1972,
umgeben von seiner Tochter Élisabeth Badinter
und Jean Pierre-Bloch, einem langjährigen
Freund (4). 1977 zusammen mit dem Pianisten
Arthur Rubinstein bei der Verleihung des Preises
Bourse de la Vocation (5). 1978 in seinem Büro
im Gespräch mit Maurice Lévy (6). 1990 auf den
Champs-Élysées anlässlich des Erntedankfests (7).

Leo Burnett

Thomas J. Burrell

Richard Compton

John P. Cunningham

Glen Sample

an. Seit 2002 mit Publicis Sanchez & Levitan (Miami) vereinigt.

Brose. 1947 in Frankfurt/Main von Hanns W. Brose gegründet, der zwischen den beiden Weltkriegen als Berater etwa für Odol und Henkel tätig war. Die Agentur wird 1978 von Benton & Bowles übernommen.

Burnett, Leo Noble (1892–1971). Geboren in St. Johns (Michigan), wohin seine Familie neun Jahre zuvor gezogen war. Wählt den von seinem Vater verwendeten Stift (Alpha 245) als Firmensymbol. Einer der führenden Köpfe der internationalen Werbeszene. Vereint sämtliche Haupttugenden, wie er sie 1967 in zwanzig Punkten in seiner Rede „Wann Sie meinen Namen von der Tür entfernen können" vor seinen neunhundert Mitarbeitern zusammenfasste. Beginnt 1915 bei Cadillac in Detroit als Redakteur des Magazins für die eigenen Autoverkäufer, wo er MacManus, seinem ersten Mentor, begegnet. Wird schließlich Werbeleiter bei Cadillac, dann bei La Fayette Motors in Indianapolis. Wechselt als Chefkreativer in die Agentur von Homer McKee, der ihn die Attraktivität des „warm sell" (im Gegensatz zum „soft" und zum „hard sell") entdecken lässt. Wechselt 1930 in das Chicagoer Büro der Agentur Erwin, Wasey und eröffnet, ermutigt durch drei seiner Kunden, am 5. August 1935 mit fünf Mitarbeitern seine eigene Agentur im Palmer House Hotel. Ab 1955 rangiert seine Agentur dauerhaft unter den amerikanischen Top Ten.

Burrell. Auf die Kommunikation mit der schwarzen Bevölkerung der Vereinigten Staaten spezialisierte Agentur, 1971 von Thomas J. Burrell und Emmett McBain in Chicago gegründet. Publicis erwirbt 1999 einen Anteil von 49 Prozent.

Calkins, Earnest Elmo (1868–1964). Einer der Pioniere der modernen Werbung in den USA. Konnte bereits Anfang des 20. Jahrhunderts als Theoretiker wie Praktiker seine Gedanken über die Kreation von Werbekonzepten und ihre systematische Verwirklichung durchsetzen.

Casadevall Pedreño. Von Luis Casadevall und Salvador Pedreño 1991 in Barcelona gegründete Agentur. Fusioniert 1998 mit Publicis.

Cassandre, A.M. (1901–1968). Pseudonym des in Russland geborenen französischen Lithographen, Malers und Schöpfers von Schrifttypen Adolphe Mouron. Bekannt sind vor allem seine Plakate, die avantgardistische Strömungen (Kubismus, Surrealismus und Neue Sachlichkeit) mit den Notwendigkeiten der Absatzwerbung vereinen.

Chaitra. 1972 von vierzehn Werbern in Mumbai gegründete Agentur. Die Agentur Leo Burnett, die sich seit 1995 an dem Projekt beteiligt, über-

nimmt 1999 die Kontrolle, um Leo Burnett Indien zu gründen.

Coiner, Charles T. (1898–1989). Der Amerikaner gilt wegen seiner innovativen Verwendung der Kunst in der Werbung als einer der einflussreichsten Art Directors des 20. Jahrhunderts. Während seiner langen Karriere bei N.W. Ayer & Son (1924–1964) weckte er das Kunstinteresse der breiten Öffentlichkeit wie der Unternehmen.

Compton. Oscar H. Blackman gründet 1908 eine Agentur in New York, die 1909 nach Eintritt von Frederick Ross in Blackman-Ross umbenannt wird. Als dieser neue Partner die Agentur 1920 wieder verlässt, erhält sie ihren alten Namen zurück. Als man 1921 Procter & Gamble als Kunden gewinnt, beginnt eine bis heute fortbestehende Geschäftsbeziehung. 1934 zieht die Agentur ins Rockefeller Center und wird von drei Mitarbeitern – Richard Compton, Alfred Stanford und Leonard T. Bush – übernommen. 1935 erhält sie den Namen ihres neuen Präsidenten: Compton. Übernimmt 1943 J. Stirling Getchell und 1960 im Zuge der beginnenden Internationalisierung eine größere Beteiligung an S.T. Garland in London, aus der Garland Compton wird. Die Expansion setzt sich fort: Australien 1962, Philippinen 1963, Italien und Frankreich 1964 (mit R.L. Dupuy), Hongkong 1968 etc.

Conill. Rafael Conill gründet 1953 auf Kuba die Agentur Mestre, Conill and Co., die sich 1968 unter dem Namen Conill in New York niederlässt und auf die Kommunikation mit der lateinamerikanischen Gemeinschaft spezialisiert ist. Die Agentur wird 1987 von Saatchi & Saatchi übernommen und 2002 in das karibisch-lateinamerikanische Agenturnetz Nazca Saatchi & Saatchi integriert.

Cunningham & Walsh. Die 1919 unter dem Namen Newell-Emmett in New York gegründete Agentur kreierte den ersten Radio-Jingle für Pepsi-Cola („Pepsi-Cola hits the spot"). 1950 trennen sich die neun Direktoren; zwei von ihnen, Fred Walsh (1875–1964) und Kreativdirektor John P. Cunningham (1898–1985) übernehmen die Agentur. 1982 von Mickelberry aufgekauft, wird die Agentur 1986 von Ayer übernommen.

Dancer Fitzgerald Sample. Von Hill Blackett und Glen Sample 1923 unter dem Namen Blackett Sample gegründete Agentur. Der Eintritt von Frank Hummert 1927 führt zur Umbenennung in Blackett Sample Hummert. Als sich Blackett 1944 zurückzieht, schließt sich Glenn Sample mit H. Mix Dancer und Cliff Fitzgerald, zwei Ehemaligen von BSH, zu Dancer Fitzgerald Sample zusammen. 1948 zieht die Agentur nach New York, um der entstehenden Fernsehindustrie näher zu sein. 1969 verbündet sich DFS mit Agenturen von Dorland in Großbritannien und Deutschland;

Frank Hummert

William C. D'Arcy

Abraham De la Mar

Pat Fallon

Francis Elvinger und Dr. Rudolf Farner

1971 gesellt sich die Agentur Fortune Australien hinzu. 1979 besitzt DFS ein Netz aus 46 Agenturen in 19 Ländern. 1986 wird DFS von Saatchi & Saatchi übernommen und mit Dorland (1981 erworben) zu DFS Dorland Worldwide fusioniert. 1987 schließlich wird der DFS-Teil dieses Netzes mit Saatchi & Saatchi Compton vereinigt.

D'Arcy. Von William Cheever D'Arcy und sechs Partnern 1906 in Saint Louis gegründete Agentur. Eröffnet Büros in Atlanta, Cleveland, New York, Toronto, Los Angeles, Mexiko und Chicago. Fusioniert 1971 mit MacManus John & Adams sowie 1972 mit Masius Wynne-Williams und deren europäischem Agenturnetz. Umbenennung in D-MM und 1985 Zusammenschluss mit Benton & Bowles zu DMB&B. 1999 Rückkehr zum Namen D'Arcy. Übernahme durch Bcom3 im Jahr 2000 und durch die Publicis Groupe in 2002.

D'Arcy, William Cheever (1873–1948). Beginnt seine Karriere in einer Agentur in Saint Louis (Missouri), wo er 1906 seine eigene Agentur gründet. Erster Kunde ist Coca-Cola. Spielt 1911 eine maßgebliche Rolle als Mitinitiator der Bewegung „Truth in advertising" auf der Tagung der Associated Advertising Clubs of the World. Mitunterzeichner der „Declaration of the Advertising Principles" 1913. Gewinnt 1915 Anheuser-Busch, die führende Brauerei in Saint Louis, als Kunde, deren Marke Budweiser die Agentur bis 1995 betreuen wird. Mitwirkung bei dem 1936 begonnenen Projekt Riverfront Memorial („Tor zum Westen"), einem von Eero Saarinen entworfenen monumentalen Bogen entlang des Mississippi.

De la Mar. Von Abraham De la Mar 1880 in Amsterdam gegründete Agentur. Ausgangspunkt des 1960 durch Kooperation mit der französischen Agentur Elvinger entstandenen europäischen Agenturnetzes Intermarco, das 1972 von Publicis übernommen wird.

Dentsu. Die Ursprünge der Agentur reichen bis 1901 zurück, als Hoshiro Mitsunaga zugleich der Telegraphic Service Co. und der Werbeagentur Japan Advertising vorsteht. Er erreicht, dass die Zeitungen, die seine Eilmeldungen verwenden, ihn in Form von Werbeflächen entlohnen. Ab 1936 konzentriert sich die Firma auf werbliche Aktivitäten, um 1943 sechzehn Firmen zu übernehmen und neben Tokyo auch Büros in Osaka, Nagoya und Kyushu zu eröffnen. Ab 1955 unter dem Namen Dentsu Advertising auftretend, wird sie 1974 zur weltweit umsatzstärksten Agentur. Im Jahr 2000 Beteiligung an Bcom3, die 2002 von Publicis übernommen wird. Dentsu erwirbt 15 Prozent der neu gebildeten Publicis Groupe.

Dichter, Ernest (1907–1991). Der in Wien geborene Begründer der Motivforschung eröffnet 1946 ein Institut in New York. Vor allem bekannt durch seine bahnbrechenden Studien über den Plymouth (eine Marke der Chrysler-Gruppe) und die Ivory-Seife von Procter & Gamble.

Duke University. 1924 in Durham (North Carolina) gegründet; beherbergt das Archiv D'Arcy (D'Arcy, Benton & Bowles, D-MM und DMB&B).

Elvinger. Von Francis Elvinger 1923 in Paris gegründete Agentur. Übernimmt 1972 das Agenturnetz Intermarco-Farner und fusioniert danach mit Publicis Conseil.

Fallon. 1981 von Pat Fallon (geb. 1945) und Thomas McElligott (geb. 1943) in Minneapolis gegründete Agentur. Vertretungen in New York, London, São Paulo, Singapur, Hongkong und Tokyo. Fusioniert im Jahr 2000 mit Publicis.

Farner. 1951 von Dr. Rudolf Farner (1917–1984) in Zürich gegründete Agentur, der Nestlé 1955 seine Agentur BEP (Lausanne) überträgt. Zu dem entstehenden Netzwerk zählen vor allem Agenturen in Italien, Österreich und Deutschland. Das 1973 von Publicis übernommene Agenturnetz wird in das 1972 erworbene Netz von Intermarco integriert. So entsteht das erste europäische Agenturnetz von Publicis.

FCA!. Von Jean Feldman, Philippe Calleux und Alain Ossard 1966 in Paris gegründete Agentur. Eröffnet mehrere Büros hauptsächlich in Europa und schließt sich 1993 mit Publicis zusammen. Die französische Agentur fusioniert mit Success, während sich die Agenturnetze von FCA! und BMZ zu FCA!BMZ zusammenschließen.

Festival International de la Publicité. 1954 von Jean Mineur als Festival International du Film Publicitaire geschaffen. Zunächst abwechselnd in Venedig und Cannes veranstaltet, ab 1984 ausschließlich in Cannes. Weitere Wettbewerbe: Clio Awards (1959), der von der New York American Marketing Association vergebene Effie (1968) und der Euro Effie (1996).

Freud. Von Matthew Freud 1985 in London gegründete PR-Agentur. Gelangt 2005 als Teil der Division „Public Relations & Corporate Communications" zur Publicis Groupe.

Gallup, George W. (1901–1984). Amerikaner und Pionier der Meinungsforschung. Kommt von D'Arcy und der Northwestern University 1932 zu Young & Rubicam, wo er eine Forschungsabteilung einrichtet. Gründet 1935 das American Institute of Public Opinion und startet 1947 seine berühmten „Gallup-Umfragen".

Gebrauchsgraphik. Von Prof. K.H. Frenzel 1924 in Berlin geschaffene zweisprachige (deutsch/englisch) Fachzeitschrift für Graphiker. 1950 Umzug nach München, 1971 Umbenennung in Novum Gebrauchsgraphik, 1996 in Novum – World of Graphic Design.

Getchell, J. Stirling (1899–1940). In New York geboren. In Mexiko Teilnahme am Krieg gegen Pancho Villa in den Reihen von General Pershing. Nach Ausübung diverser Berufe 1925 wieder in New York bei George Batten (der künftigen Agentur BBDO), wo er sich ein Büro mit W. B. Benton und C.B. Bowles teilt; danach zu J. Walter Thompson. Gründet 1931 seine eigene Agentur: J. Stirling Getchell. Kooperiert mit Ernest Dichter und bringt seine Agentur unter die landesweiten Top Ten. 1943 von Compton übernommen.

J. Stirling Getchell

Graphics. Von Mustapha Assad 1973 in Beirut gegründete Agentur. Errichtet ein Netzwerk, das sich über sieben benachbarte Länder erstreckt. Fusioniert 1999 mit Publicis.

Graphis. Von Walter Herdeg 1944 in Zürich gegründetes Magazin mit dem Untertitel „The International Journal of Visual Communication". 1986 Umzug nach New York infolge der Übernahme durch den aus Norwegen stammenden Graphiker und Verleger B. Martin Pedersen, der als Bote bei Benton & Bowles begonnen hatte.

Hal Riney & Partners. 1986 von Hal Riney (geb. 1932) in San Francisco gegründete Agentur. Eröffnet Vertretungen in New York, Chicago und Atlanta und firmiert seit dem Zusammenschluss 1998 mit Publicis als Publicis & Hal Riney.

Hal Riney

Havas, Charles (1783–1858). Gründet 1832 in Paris die weltweit erste Presseagentur, in der Julius Reuter und Bernhard Wolf arbeiten werden (die künftigen Gründer der Nachrichtenagentur Reuters in Großbritannien bzw. der Finanzagentur Wolfs Büro in Deutschland). Beginnt sich Ende der 1830er Jahre für Werbung zu interessieren, muss jedoch Anfang der 1850er Jahre an die 1845 von Charles Duveyrier gegründete Société Générale d'Annonces verkaufen. Die in Havas umbenannte SGA ist 1920 zugleich als Presseagentur und Anzeigenmakler tätig. Nach dem Zweiten Weltkrieg wird die Presseagentur unter dem Namen Agence France Presse ausgegliedert. 1968 Gründung der Werbeagentur Havas Conseil, 1991 Übernahme der Agentur RSC&G (Roux, Séguéla, Cayzac & Goudard). Seit 2002 wieder unter dem ursprünglichen Namen Havas firmierend, steht der Konzern heute weltweit an sechster Stelle.

Linda Kaplan Thaler

Hemisphere. 1971 von Virgilio A. Yuzon und Gregorio D. Garcia III in Makati (Philippinen) gegründete Agentur. Fusioniert 1983 mit Leo Burnett.

History of Advertising Trust. 1974 im englischen Norwich gegründetes zentrales Studienarchiv der britischen Werbung.

Hopkins, Claude C. (1866–1932). Wird im Alter von 41 Jahren von Albert Lasker bei Lord & Thomas als Werbetexter eingestellt. Dort erscheint 1923 sein Buch „Scientific Advertising" („Wissenschaftlich werben, wirtschaftlich werben", Forkel 1954), wonach Werbung allein dem Verkauf dient. 1927 erscheinen seine Memoiren: „My Life in Advertising" („Propaganda, meine Lebensarbeit", Verlag für Wirtschaft und Verkehr 1928).

Intermarco. Agenturnetz niederländischen Ursprungs mit bis zu rund zwanzig Agenturen in einem Dutzend europäischen Ländern, darunter auch Elvinger in Frankreich. 1972 Übernahme durch Publicis. Mit dem Agenturnetz von Farner fusioniert, ab 1986 unter dem Namen Publicis auftretend.

Intermarco-Farner. 1973 von Publicis durch Zusammenschluss der Agenturen von Intermarco (1972 übernommen) und Farner (1973) geschaffenes Netzwerk, 1979 um die britische Agentur McCormick Richards erweitert.

Interpublic. 1961 von Marion Harper Jr, der 1948 die Nachfolge von H.K. McCann als Direktor von McCann-Erickson angetreten hatte, geschaffene Holding. Die heutige weltweite Nr. 3 besteht aus den sechs Divisionen McCann, FCB, Lowe, Draft, Constituent Management und Interpublic Aligned Companies und ist in 130 Ländern vertreten.

Jackson Wain. Von Hadley Cousins 1946 in Sydney gegründete Agentur. Erste australische Agentur mit eigenen Auslandsvertretungen. Fusioniert 1970 mit Leo Burnett.

Kaplan Thaler Group. Von Linda Kaplan Thaler 1997 in New York gegründete Agentur. Fusioniert 1999 unter Wahrung der eigenen Persönlichkeit mit der MacManus Group.

Lápiz. Beginnt 1987 in Chicago als Abteilung von Leo Burnett USA, die auf die Kommunikation mit der lateinamerikanischen Gemeinschaft spezialisiert ist. Wird 1999 zu einer eigenständigen Agentur und fusioniert 2002 als Anteilseigner von Bcom3 mit der Publicis Groupe.

Lasker, Albert Davis (1880–1952). Tritt 1898 bei der 1881 in Chicago gegründeten Agentur Lord & Thomas ein, die er zusammen mit Charles Erwin leiten wird. Fördert Talente wie John E. Kennedy und Claude C. Hopkins. Überlässt die Agentur 1942 dreien seiner Direktoren: Emerson Foote (New York), Fairfax Cone (Chicago) und Tom Belding (Los Angeles), die sie in FCB umtaufen. Sie zählt weiterhin zu den führenden Agenturen der USA.

Leo Burnett

Theodore F. MacManus

Leonard „Mike" Masius

Leo Burnett. *Von Leo Burnett 1935 in Chicago gegründete Agentur. Eröffnung von Büros in New York (1941), Los Angeles (1946), Toronto (1952) und Montréal (1959). Die Übernahme der Detroiter D.P. Brothers & Co. gestattet die Zusammenarbeit mit General Motors. Erwirbt 1969 die britische Agentur The London Press Exchange mit ihren Vertretungen in Europa und Afrika sowie 1970 die australische Agentur Jackson Wain & Co. als Sprungbrett nach Asien. Komplettiert ihre internationale Expansion durch Übernahme skandinavischer Agenturen und 1980 der deutschen Lürzer Conrad. Schließt sich 1981 im Mittleren Osten mit Homsy & Chebab zusammen und fasst 1991 in Mitteleuropa Fuß, 1992 auch in China. 1997 Beteiligung an BBH und Start von Starcom (ehemals Leo Burnett Media).*

Leo Group. *1999 aus Leo Burnett, Starcom und dem Anteil von 49 Prozent an BBH gebildete Holding, der außerdem zahlreiche Marketing-Dienstleister angehören. Fusioniert im Jahr 2000 mit der MacManus Group und dem Anteilseigner Dentsu zu Bcom3.*

Leupin, Herbert *(1916–1999). Schweizer Plakatkünstler. Die Baseler Schule, die er gemeinsam mit Stoecklin, Brun und Birkhauser vertritt, dominierte zwanzig Jahre lang die Werbung in der Schweiz.*

Lévy, Maurice *(geb. 1942). Wird 1971 von Publicis eingestellt, um ein EDV-System einzurichten. Wird 1973 Generalsekretär von Publicis Conseil, 1976 Generaldirektor und 1984 deren Präsident. 1986 zum Vizepräsidenten der Publicis AG ernannt, kümmert er sich um das operative Geschäft. Um eine geordnete Nachfolge bemüht, modifiziert Marcel Bleustein-Blanchet 1988 die Statuten und gründet einen Aufsichtsrat, dessen Vorsitz er selbst übernimmt und ein Direktorium, mit dessen Vorsitz er Maurice Lévy betraut. Auf dessen Initiative entsteht ein Programm der internationalen Expansion, das Publicis zum führenden Agenturnetz in Europa und dann auch zu einem der weltweiten Hauptakteure macht. Stets genau auf die Erwartungen der Entscheidungsträger achtend, erkennt er rasch die Notwendigkeit eines diversifizierten Dienstleistungsangebots. Hierzu müssen jedoch die Vielfalt der Kulturen und die Persönlichkeiten der Hauptelemente, aus denen sich der Konzern zusammensetzt, garantiert bleiben. Im Frühjahr 2001 fordert er in einem Vortrag beim amerikanischen Verband der Werbeagenturen (den „4A") zu einer umfassenden Reflexion über ganzheitliche Kommunikation auf. In all den Jahren erlebte der Konzern ein stetiges Wachstum, eine ständige Verbesserung der kreativen Qualität und eine Innovation des Diensts am Kunden. Maurice Lévy ist Mitbegründer des ICM (Institut zur Erforschung von Gehirn und Rückenmark) und Präsident des Palais du Tokyo, einem Treffpunkt der Kreativen in Paris. Außerdem ist er Mitglied des Konsultativkomitees der Banque de France und seit 2002 Co-Präsident des French-American Business Council. 2004 wurde er von der Franko-Amerikanischen Stiftung mit dem „Benjamin Franklin Award" ausgezeichnet und von der Hebräischen Universität Jerusalem mit dem „Scopus Award". Maurice Lévy ist Kommandeur der Ehrenlegion und des nationalen Verdienstordens.*

Loewy, Raymond *(1893–1986). Der als Begründer des Industriedesign angesehene Amerikaner entwarf Produkte, Verpackungen und Logos für mehr als zweihundert Firmen. Eine seiner bekanntesten Kreationen ist die Packung der Lucky-Strike-Zigaretten.*

London Press Exchange. *1892 in London gegründete Agentur. Schuf ein internationales Netzwerk aus vierundzwanzig Agenturen in neunzehn Ländern. Mit der Übernahme durch die Agentur Leo Burnett beginnt 1969 deren internationale Expansion.*

Lürzer, Conrad. *Von Walter Lürzer und Michael Conrad 1975 in Frankfurt/Main gegründete Agentur. Fusioniert 1980 mit Leo Burnett. Lürzer scheidet 1982 aus, um das Fachmagazin Lürzers Archiv zu gründen. Conrad wird in den 1990er Jahren Kreativdirektor von Burnett.*

MacManus. *1911 von Theodore F. MacManus (1872–1940) in Detroit gegründete Agentur. Fusioniert 1934 mit der im Jahr zuvor ebenfalls in Detroit gegründeten Agentur W.A.P. John & Jim A. Adams zu MacManus, John & Adams. 1971 Zusammenschluss mit D'Arcy.*

MacManus Group. *1996 im Zuge der Übernahme von Ayer, Medicus, Televest und MS&L (Manning, Selvage & Lee) durch DMB&B entstandene Holding. Fusioniert 1999 mit der Kaplan Thaler Group und schließt sich in 2000 mit der Leo Group zu Bcom3 zusammen.*

Manning, Selvage & Lee. *Unter dem Namen Selvage und Lee 1938 von Morris M. Lee Jr. und James Selvage in New York gegründete PR-Agentur. Fusioniert 1972 mit Farley Manning Associates und nimmt dabei seinen bis heute gültigen Namen an. 1980 Übernahme durch Benton & Bowles sowie Integration in die PR-Division von Leo Burnett. Seit 2005 Teil von „Public Relations & Corporate Communications" der Publicis Groupe.*

Markkinointi Topitörmä. *Von Topi Törmä 1962 in Helsinki gegründete Agentur. Fusioniert 1993 mit Oy, der Agentur von Erkki Yrjölä, und wird 1996 zu Publicis International Oy.*

Masius. *Ursprünglich Londoner Büro der amerikanischen Agentur Lord & Thomas. Die Leitung übernimmt 1929 der Amerikaner Leonard Michael Masius, der sich 1943 von der Muttergesellschaft* trennt, um mit Ferguy Ferguson eine eigene Agentur zu gründen: Masius & Ferguson. Nach dem Fortgang von Ferguson und dem Eintritt von Jack Wynn-Williams wird daraus Masius, Wynn-Williams – Ende der 1960er Jahre eine der führenden Agenturen in Europa, die 1976 mit D'Arcy MacManus zu D'Arcy-MacManus Masius fusioniert.

McCann, Harrison King (1880–1962). Gründet 1981 in New York eine Agentur. Erweitert seine Aktivitäten früh auf London, Paris und Berlin. Schließt sich 1930 mit der 1902 gegründeten Agentur von Alfred W. Erickson zu McCann Erickson zusammen. Übernimmt 1954 die Agentur Marschalk & Pratt, deren Persönlichkeit jedoch gewahrt bleibt, damit sie sich um die Mitbewerber der Kunden von McCann Erickson kümmern kann. Die erste Holding der Werbeindustrie erhält 1960 den Namen McCann Erickson Inc. und wird 1961 zu Interpublic.

McCormick Richards. Von John McCormick und Tom Richards 1969 in London gegründete Agentur. Fusioniert 1979 mit Intermarco-Farner und wird zu McCormick Intermarco Farner. Fusioniert 1989 mit Publicis und vollzieht einige bedeutende Übernahmen wie die der Agentur Geers Gross.

MC&D. 1989 aus der Werbeabteilung von Siemens hervorgegangene Agentur mit Sitz in München und Erlangen. 1991 von Publicis übernommen.

McLuhan, Marshall (1911–1980). Kanadischer Mediensoziologe. Veröffentlicht 1964 „Understanding Media". Betont den Vorrang des Mediums gegenüber der Botschaft und die sozialen Auswirkungen der elektronischen Kommunikation.

Médias & Régies Europe. Division der Publicis Groupe für die Vermarktung von Werbeflächen. Geht auf die 1938 in Paris gegründete Régie-Presse zurück; später kommen die Bereiche Kino (Jean Mineur, Cinéma & Publicité, Mediavision), Radio (Régie 1) und Verkehrsmittelwerbung (Omni Media Cleveland) hinzu.

Medicus. Von E. Dent, W.G. Castagnoli und L. Lesser gemeinsam mit Benton & Bowles 1972 in New York gegründete Agentur für medizinische Kommunikation. Fusioniert 2003 mit der Publicis Healthcare Groupe.

Mojo. Von Alan Morris (Mo) und Alan Johnston (Jo) 1979 in Sydney gegründete Agentur. Eröffnet Büros in Melbourne, Brisbane (Australien) und Auckland (Neuseeland). Fusioniert 1997 mit Publicis.

Mundocom. Verlagsagentur, 1995 hervorgegangen aus der Fusion der zu Publicis Conseil (Paris) gehörenden Mundoprint und der zu Intermarco (Amsterdam) gehörenden Mundocom.

Musée de la Publicité. Bereits 1899 von Roger Marx konzipiertes und 1978 von Geneviève Gaëtan-Picon in Paris zunächst als „Plakatmuseum" gegründetes Museum, das 1982 seinen heutigen Namen erhält.

Museum of Broadcast Communication. Von Bruce DuMont 1987 in Chicago gegründet.

Museum of Television and Radio. Von William S. Paley 1975 in New York als Museum of Broadcasting gegründet und seit 1990 unter dem heutigen Namen firmierend. 1996 in Los Angeles eröffnet.

National Museum of American History. Eines der Museen der Smithsonian Institution, 1964 in Washington als Museum of History and Technology gegründet und seit 1980 unter seinem heutigen Namen firmierend. Besonders hervorzuheben ist die Sammlung Ayer.

Nazca. Agenturnetz von Saatchi & Saatchi in Lateinamerika und der Karibik, 1994 unter Federführung von Angel Collado-Schwarz von einer Gruppe regional Verantwortlicher eingerichtet.

Nelson. Von Wayne K. Nelson 1987 in New York gegründete Agentur für medizinische Kommunikation. Fusioniert im Jahr 2000 mit Publicis und wird 2003 in Publicis Healthcare integriert.

Norton. Von Geraldo Alonso 1946 in São Paulo gegründet, 1996 von Publicis übernommen. Fusioniert als Publicis Norton 2003 mit Salles D'Arcy, firmiert ab 2005 als Publicis.

N.W. Ayer & Son. Von Francis W. Ayer 1869 in Philadelphia gegründete Agentur. 1877 Übernahme von Coe, Wetherill & Co., den Nachfolgern der Agentur Volney B. Palmer. Wird 1974 mit dem Gang nach New York zu N.W. Ayer. Übernahme von Cunningham & Walsh 1986 und der MacManus Group 1999. Fusioniert 2001 mit der Kaplan Thaler Group.

Ogilvy, David (1911–1999). Geboren in England. Unterbricht 1931 sein Studium, arbeitet für kurze Zeit in der Küche des Pariser Hotels Majestic und, nach England zurückgekehrt, als Haustürverkäufer von Küchenherden. Verfasst einen Ratgeber für Verkäufer, den sein älterer Bruder, der bei der Agentur Mather & Crowther arbeitet, seinen Chefs zeigt, die ihn daraufhin engagieren. 1938 erreicht er, dass man ihn in die Vereinigten Staaten schickt, wo er verschiedene Berufe ausübt und drei Jahre bei George Gallup arbeitet. Unterstützt durch die englischen Agenturen Mather & Crowther und Benson gründet er 1948 seine eigene Agentur in New York. Zur Leitfigur aufgestiegen, veröffentlicht er 1963 den Dauerbrenner „Confessions of an Advertising

Man" („Geständnisse eines Werbemannes",
Econ 2000), in dem er seine Auffassung von
Werbung veranschaulicht; als Beispiele dienen
eigene Großkampagnen etwa für Hathaway-
Hemden, Schweppes oder Rolls-Royce.

Ogilvy & Mather. *Unter dem Namen Hewitt,
Ogilvy, Benson & Mather (HOB&M) 1948 in
New York gegründete Agentur mit Anderson
Hewitt als Präsidenten und David Ogilvy als für
Marktforschung zuständigem Vizepräsidenten.
Fusioniert 1965 mit Mather & Crowther und
firmiert seit dem Ausscheiden Hewitts als Ogilvy
& Mather International, seit 1985 als Ogilvy
Group. Wird 1989 von der WPP-Gruppe über-
nommen.*

Omnicom. *1986 gegründete Holding, gebildet
vor allem aus drei großen Agenturnetzen (BBDO,
DDB und TBWA) und zwei Maklernetzwerken
(OMD und PHD). Weltweiter Marktführer 2004.*

Palmer, Volney B. *(1799–1864). Gründet 1842 in
Philadelphia die erste Werbeagentur überhaupt
und eröffnet vier Jahre später Büros in New York,
Boston und Baltimore. Wie damals üblich, vermittelt er Werbeflächen zwischen Printmedien
und Anzeigenkunden, doch er genießt eine
Sonderstellung, da er sich als alleinigen Repräsentanten von 1200 der landesweit rund 2000
Publikationen betrachtet. Sein „system of advertising" besteht darin, dass er die Anzeigen für
seine Kunden selbst entwirft und gestaltet –
womit die Grundlagen der modernen Werbung
geschaffen sind.*

Partnership in Advertising. *Von Vasco Zoio und
Greg Muller 1974 in Johannesburg gegründete
Agentur. Fusioniert 1993 mit Publicis.*

Prakit. *Von Prakit Apisarnthanarax 1978 in Bangkok gegründete Agentur. Ein Unternehmensteil
fusioniert 1997 mit Publicis und firmiert nun als
Prakit Publicis, nach 2004 als Publicis Thailand.*

Publicis. *1926 von Marcel Bleustein-Blanchet
gegründete Agentur. 1957 Umzug auf die
Champs-Élysées, Ende der 1960er Jahre Umbenennung in Publicis Conseil. Stammagentur
des Netzwerks Publicis und der späteren Publicis
Groupe.*

Publicis Consultants. *1993 in Paris gegründete
Agentur für strategische Kommunikation. Heutige
Betätigungsfelder sind Unternehmens- und
Finanzkommunikation, Industriemarketing, Presse-
kontakte, Publikation und auch die Stellenver-
mittlung. Internationale Präsenz vor allem durch
Johnston & Associates und Winner & Associates
in den Vereinigten Staaten. Seit 2005 Teil von
„Public Relations & Corporate Communications"
der Publicis Groupe.*

Publicis Dialog. *1996 aus der Fusion von Publicis
Direct und ID Marco Polo (FCA!-Gruppe) hervorgegangene Pariser Agentur für Customer Relationship Marketing. Wird 1998 zu Publicis Dialog;
unter diesem Namen entsteht ein weltweites
Netzwerk vergleichbarer Agenturen.*

Publicis Groupe. *2002 aus der Übernahme von
Bcom3 durch Publicis hervorgegangene Holding.
Umfasst drei weltweit vertretene Agenturnetze
(Publicis, Leo Burnett und Saatchi & Saatchi),
zwei multizentrische Kreativnetzwerke (BBH und
Fallon) sowie zwei regionale Agenturen (Kaplan
Thaler Group und Beacon Communications). Die
Division Mediaagenturen besteht aus zwei Netzen
(ZenithOptimedia und Starcom MediaVest) sowie
den „Specialized Agencies and Marketing Services"
(SAMS). Als weitweit viertgrößte Werbeholding ist
die Publicis Groupe in über hundert Ländern und
fast zweihundert Städten vertreten.*

Roberts, Kevin *(geb. 1949). Beginnt seine Karriere Ende der 1960er Jahre als Markendirektor
des berühmten britischen Couturiers Mary Quant.
Wird Marketing-Direktor von Gilette und Procter
& Gamble (Europa und Mittlerer Osten) und Präsident von Pepsi (Mittlerer Osten, später Kanada).
Geht 1989 als Generaldirektor der Brauerei Lion
Nathan nach Auckland (Neuseeland) und 1997
zu Saatchi & Saatchi. Heute in New York als
Präsident von Saatchi & Saatchi und Mitglied
des Direktoriums der Publicis Groupe.*

Rockwell, Norman *(1894–1978). Der populärste
amerikanische Illustrator und mit seinem Realismus
anrührende Chronist des Alltagslebens illustrierte
von 1916 bis 1963 nicht weniger als 322 Titelseiten
der Saturday Evening Post.*

Romero. *Von Paulino Romero unter dem Namen
Paulino Romero y Asociados 1951 in Mexiko gegründete Agentur. 1996 als erste lateinamerikani-
sche Agentur von Publicis übernommen, die 2002
auch Arredondo de Haro aufkauft und beide zu
Publicis Arredondo de Haro vereinigt.*

Rowland. *Von Herb Rowland 1957 in New York
gegründete PR-Agentur. In 2000 von Saatchi &
Saatchi übernommen und seit 2005 Teil von
„Public Relations & Corporate Communications"
der Publicis Groupe.*

Rubicam, Raymond *(1892–1978). Zunächst
Redakteur bei N.W. Ayer & Son. Gründet 1923
mit John Orr Young die Agentur Young & Rubicam.
1926 Umzug nach New York, 1931 Eröffnung
eines Büros in Chicago und Einstellung von George
Gallup als Leiter einer der ersten in einer Werbeagentur anzutreffenden Abteilungen für Marktforschung. Young scheidet 1935 aus, Rubicam
1944. Das seit 1998 börsennotierte Agenturnetz
wird im Jahr 2000 von WPP übernommen.*

Volney B. Palmer

PUBLICIS

Saatchi & Saatchi. Von den Brüdern Charles und Maurice Saatchi 1970 in London gegründete Agentur. 1974 Übernahme von Notley, weiterer Zuwachs 1975 durch Aufkauf von Garland Compton. Erlangt 1979 größere Bekanntheit durch die Kampagne für die britischen Konservativen und wird 1986 nach Übernahme von Ted Bates, Dancer Fitzgerald Sample und Backer & Spielvogel zum führenden weltweiten Agenturnetz. Ausscheiden der beiden Gründer in 1995, Übernahme durch Publicis im Jahr 2000.

Saatchi & Saatchi Healthcare. Beginnt 1944 in New York, als Paul Klemtner die auf medizinische Kommunikation spezialisierte Agentur Klemtner Advertising gründet. 1979 Übernahme durch Compton und Integration von Saatchi & Saatchi Healthcare mit ihren drei Agenturen Saatchi & Saatchi Healthcare Advertising, Saatchi & Saatchi Consumer Healthcare und Saatchi & Saatchi Healthcare Innovations. Saatchi & Saatchi Healthcare fusioniert 2003 mit der Publicis Healthcare Communications Group.

Salles. Von Mauro Salles 1966 unter dem Namen Mauro Salles Publicidade in São Paulo gegründete Agentur. Wird 1977 zu Salles Inter-Americana und geht 1982 eine Partnerschaft mit DMB&B ein. In 2000 Umbenennung in Salles D'Arcy, 2002 Fusion mit Publicis. 2003 Fusion mit Publicis Norton zu Publicis Salles Norton, seit 2005 nur mehr Publicis.

Sanchez & Levitan. Von Fausto Sanchez und Aida Levitan 1986 in Miami gegründete Agentur für die Kommunikation mit der lateinamerikanischen US-Bevölkerung. Publicis übernimmt 2001 einen Anteil von 49 Prozent und zugleich die Kontrolle über die Siboney-Agenturen in Dallas und Los Angeles. Diese drei fusionieren zu Publicis Sanchez & Levitan und werden 2002 von Bromley übernommen.

Savignac, Raymond (1907–2002). Einer der bedeutendsten französischen Plakatkünstler der zweiten Hälfte des 20. Jahrhunderts. Wird 1949 durch Eugène Schueller, den Gründer von L'Oréal, entdeckt und durch sein Plakat mit der Monsavon-Kuh berühmt.

SMW. Von Lewis Smith, Tona Matthew und Frank Waldock 1975 in Toronto gegründete Agentur. 1998 von Publicis übernommen.

Starcom MediaVest Group. In 2000 von Bcom3 gebildetes Netzwerk von Mediaagenturen, vereint The Media Centre (die 1991 gegründete und 1997 in MediaVest umbenannte Medienabteilung von DMB&B) und Starcom (die 1999 eingerichtete Medienabteilung von Leo Burnett). 2002 von der Publicis Groupe übernommen, ist sie heute mit hundertzehn Büros und sechsundsiebzig Ländern das weltgrößte Netz von Mediaagenturen.

Steichen, Edward J. (1879–1973). Aus Luxemburg stammender amerikanischer Photograph, der der Werbephotographie zu hohem künstlerischen Anspruch verhalf. Wegbereiter für mehrere Generationen bedeutender Photographen wie Richard Avedon, Irving Penn oder William Klein.

Thompson, James Walter (1847–1928). Beginnt 1868 als Buchhalter bei der New Yorker Agentur Carlton & Smith, die Werbeeinschaltungen in religiösen Magazinen vermittelt. 1877 Aufkauf der Agentur und Umbenennung in J. Walter Thompson. Thompson begreift, dass er mehr Werbeflächen verkaufen wird, wenn er auch den Inhalt der Anzeigen liefern kann. So stellt er Redakteure und Illustratoren ein, die er in einer Sonderabteilung zusammenfasst – eine bedeutende Neuerung.

Vigilante. Von Marc Stephenson Strachan und Danny Robinson 1997 in New York gegründete Agentur (in Partnerschaft mit Leo Burnett), die ihren Kunden urbane Modeströmungen vermittelt.

Vitruvio. Von Miguel Angel Furones 1980 in Madrid gegründete Agentur. 1990 mit Leo Burnett zu Vitruvio Leo Burnett fusioniert.

Warhol, Andy (1928-1987). Anfänglich Werbegraphiker. Schuf Tausende von Bildern in seiner New Yorker „factory", Filmemacher, Produzent, Verleger und vor allem Künstlerikone der 1970er Jahre. Sein Werk setzt einen Standard für die amerikanische Kunst in der zweiten Hälfte des 20. Jahrhunderts.

Welcomm. Von Tae-Hyoung Kim, Woo-Duk Park und Ae-Ran Moon 1987 in Seoul gegründete Agentur. Fusioniert 1999 mit Publicis.

Wet Desert. Von Lee Yuen Hong unter dem Namen Union 1945 in Kuala Lumpur (Malaysia) gegründete Agentur. 1970 Umbenennung in Union Forty Five. Die Gründung von Adsell Advertising 1973 durch seine Tochter führt 1997 zur Entstehung der Holding Wet Desert, die 1998 mit Publicis fusioniert.

WPP. 1985 von Martin Sorrell, dem ehemaligen Finanzdirektor von Saatchi & Saatchi gegründete Holding, deren Beteiligung an Wire & Plastic Products (Hersteller von Einkaufswagen für Supermärkte) als Grundlage für den Aufbau eines Werbekonzerns dient. Nimmt dank Übernahme von J. Walter Thompson (1987), Ogilvy & Mather (1989), Young & Rubicam (2000) und Cordiant (2003) weltweit Rang zwei ein.

ZenithOptimedia. Netzwerk von Mediaagenturen, 2001 hervorgegangen aus der Fusion von Zenith (1988 Saatchi & Saatchi, London) und Optimedia (1989 Publicis, Paris). Die Gesamtkontrolle geht 2003 auf die Publicis Groupe über.

Charles und Maurice Saatchi

SAATCHI & SAATCHI

Bibliographie

Titelseite von „The Ayer Idea in Advertising" von Francis W. Ayer (1912).

Geschichte der Werbung

Bargiel, Réjane
 150 ans de publicité
 2004 Paris: Union Centrale des Arts décoratifs

Bertherat, Marie
 100 ans de Pub
 Vorwort von Marcel Bleustein-Blanchet
 1994 Paris: Éditions Atlas

Cohen Selinger, Iris
 The Advertising Century. Sonderausgabe
 1999 New York: The Advertising Age

Datz, Philippe
 Histoire de la publicité depuis les temps
 les plus reculés jusqu'à nos jours
 1918 Paris: J. Rothschild

French, George
 20th Century Advertising
 1926 New York: Van Nostrand

Holme, Bryan
 Advertising: Reflexions of a Century
 1982 New York: The Viking Press

McDonough, John; Egorf, Karen und
Reid, Jacqueline
 Encyclopedia of Advertising.
 The Advertising Age
 2002 New York: Fitzroy Dearborn

Meyerson, Jeremy und Vickers, Graham
 Rewind. Forty Years of Design & Advertising
 2002 London: Phaidon Press

Pollay, Richard W.
 Information Sources in Advertising History
 1979 Westport, Conn.: Greenwood Press

Saunders, Dave
 20th Century Advertising
 Vorwort von Rupert Howell
 1999 London: Carlton

Schuwer, Philippe
 Histoire de la publicité
 1965 Lausanne: Rencontre

Spiess, Dominique
 100 ans d'histoire à travers la publicité
 Vorwort von Anne-Claude Lelieur
 1987 Lausanne: Edita

Turner, Ernest Sackville
 The Shocking History of Advertising!
 1953 New York: E.P. Dutton & Company

Wood, James Playsted
 The Story of Advertising
 1958 New York: Ronald Press

Zur Westen, Walter von
 Reklamekunst
 1914 Bielefeld: Velhagen & Klasing

Geschichte nach Ländern

Anikst, Mikhail
 Soviet Commercial Design of the Twenties
 1986 London: Thames and Hudson

Benevolo, Marco
 L'arte della pubblicità.
 Le grandi campagne del ventesimo secolo
 1995 Mailand: Lupetti

Bouchard, Jacques
 La publicité: toute la publicité, rien que
 la publicité
 1967 Ottawa: Les Éditions de la Table Ronde

Bruneau, Pierre
 Magiciens de la publicité
 1956 Paris: Gallimard

Bryden-Brown, John
 Ads That Made Australia
 1981 Lane Cove: Sydney, Doubleday

Chessel, Marie-Emmanuelle
 La publicité: Naissance d'une profession
 1900-1940
 1998 Paris: CNRS

Elliott, Blanche Beatrice
 A History of English Advertising
 1962 London: B.T. Basford

Falabrino, Gian Luigi
 Effimera & bella: Storia della pubblicità italiana
 1990 Turin: Gutenberg 2000

Fox, Stephen
 The Mirror Makers: A History of American
 Advertising and Its Creators
 1984 New York: William Morrow

Goodrum, Charles, Dalrymple, Helen
 Advertising in America. The First 200 Years
 1990 New York: Harry N. Abrams

Gracioso, Francisco und Penteado Whitaker J.
 50 Años de Vida e Propaganda Brasileiras
 2001 São Paulo: Mauro Ivan Marketing

Kellner, Joachim
 50 Jahre Werbung in Deutschland.
 1945 bis 1995
 1995 Düsseldorf: Kunstpalast

Kenehisa, Tching
 La publicité au Japon. Image de la société
 1984 Paris: Maisonneuve et Larose

Marchand, Roland
 Advertising: The American Dream
 Making Way for Modernity, 1920-1940
 1985 Berkeley: University of California Press

Martin, Marc
 Trois siècles de publicité en France
 1992 Paris: Éditions Odile Jacob

Mayer, Martin
Madison Avenue, U.S.A.
1958 New York: Harper & Brothers

Mayer, Martin
Whatever Happened to Madison Avenue:
Advertising in the '90s
1991 Boston: Little, Brown & Company

Nevett, Terry R.
Advertising in Britain: A History
Published on behalf of The History of
Advertising Trust
1982 London: William Heinemann

Presbrey, Frank
The History and Development of Advertising
1929 New York: Doubleday, Dorand & Co

Printer's Ink
Fifty Years: 1888-1938
1938 New York: Printer's Ink Publishing

Raventós Rabinat, José M.
Cien años de publicidad española 1899-1999
2000 Barcelona: Mediterránea Books

Shudson, Michael
Advertising, the Uneasy Persuasion: Its Dubious
Impact on American Society
1984 New York: Basic Books

Strasser, Susan
Satisfaction Guaranteed: The Making of the
American Mass Market
1998 New York: Pantheon

Weisser, Michael
Deutsche Reklame. 100 Jahre Werbung
1870-1970
Ein Beitrag zur Kunst-und Kulturgeschichte
1985 München: Edition Deutsche Reklame

Geschichte nach Medien

Bleustein-Blanchet, Marcel
Les ondes de la liberté, 1934-1984
1984 Paris: Jean-Claude Lattès

Fraser, James
The American Billboard: 100 Years
1991 New York: Harry N. Abrams

Hettinger, Herman S.
A Decade of Radio Advertising
1933 Chicago: The University of Chicago Press

Lelieur, Anne-Claude
De Bébé Cadum à Mamie Nova
1999 Paris: Bibliothèque Forney

Maltin, Leonard
The Great American Broadcast
A Celebration of Radio's Golden Age
1997 New York: Dutton

Mineur, Jean
Balzac 00.01.
Vorwort von Jean Anouilh
1981 Paris: Plon

Mollerup, Per
Marks of Excellence.
The history and taxonomy of trademarks
1997 London: Phaidon Press

Poppe, Fred C.
The 100 Greatest Corporate and Industrial Ads
1983 New York: Van Rostand Reinhold Comp.

Sterling, Christopher H. und Kittross, John. M.
Stay Tuned: A Concise History of American
Broadcasting
1978 Belmont, Kal.: Wadsworth Publishing Co.

Timmers, Margaret
The Power of the Poster
1998 London: V&A Publications

Weill, Alain
L'Affiche dans le monde
1984 Paris: Somogy

Agenturmonographien

Davis, Howard; Dunning, Deanne; Lynch,
Brad and Tedesco, Kevin
125 Years of Building Brands
1994 New York: Ayer

Fallon, Ivan
The Brothers: The Rise & Rise of
Saatchi & Saatchi
1988 London: Hutchinson

Hower, Ralph M.
The History of an Advertising Agency:
N.W. Ayer & Son at Work, 1869-1939
1939 Cambridge, Mass.: Harvard
University Press

Kaplan, Linda und Koval, Robin
Bang! Getting your Message Heard in
a Noisy World
2003 New York: Doubleday

Kleiman, Philip
The Saatchi & Saatchi Story
1987 London: Weidenfeld & Nicolson

Lefebure, Antoine
Havas, Les arcanes du pouvoir
1992 Paris: Grasset

Levenson, Bob
Bill Bernbach's Book: A History of the Advertising
that Changed the History of Advertising
1987 New York: Villard Books

Rowsome, Jr., Frank
They Laughed When I Sat Down.
An Informal History of Advertising in Words
and Pictures
1959 New York: McGraw-Hill Book Company

Sartory, Karel
De vierde vrijheid
1955 Amsterdam: A. De la Mar

Thompson, Mark
Social Work. Saatchi & Saatchi's Cause-Related
Ideas Saatchi
2000 London: -273 Publishers

Webber, Gordon
Our Kind of People.
The Story of the First 50 Years at
Benton & Bowles
1979 New York: Benton & Bowles

Anthologien

Bernstein, David
Advertising Outdoors. Watch this Space!
1997 London: Phaidon Press

Heimann, Jim
All-American Ads 20s-80s
Einleitung von Willy Wilkerson
2001 Köln: Taschen

Hunt, Robert
The Advertising Parade: An Anthology of Good
Advertisements Published in 1928
1930 New York: Harper

Margolin, Victor; Brichta, Ira und Brichta, Vivian
The Promise and the Product
1979 New York: Macmillan Publishing

Watin-Augouard, Jean
Marques de toujours
Vorwort von Maurice Lévy
2003 Paris: Larousse

Watkins, Julian Lewis
The 100 Greatest Advertisements
Who Wrote Them and What They Did.
Vorwort von Raymond Rubicam
1959 New York: Dover Publications

Erinnerungen und Biographien

Applegate, Edd
The Ad Men and Women: A Biographical
Dictionary of Advertising
1994 Westport, Conn.: Preager Publishers

Barnum, Phineas Taylor
Struggles and Triumphs
1869 New York: J.S. Redfield

Barthélémy
À travers le monde de la publicité
1972 Paris: Stock

Burnett, Leo
Communications of an Advertising Man
1961 Chicago: Leo Burnett Company, Inc.

Burnett, Leo
100 Leo's. Wit & Wisdom from Leo Burnett
1995 Chicago: NTC Business Book

Bleustein-Blanchet, Marcel
Sur mon antenne.
Souvenirs d'une radio libre
1947 Paris: Marcel Dodeman

Bleustein-Blanchet, Marcel
La rage de convaincre
1970 Paris: Robert Laffont
The Rage to Persuade. Memoirs of a French
Advertising Man.
Vorwort von David Ogilvy
1982 New York: Chelsea House
Ikna hirsi, Bir fransiz reklamcinin
auilari
Önsöz David Ogilvy
1995 Istanbul: Yorum Ajans
Shori eno Jonetsu
2003 Tokyo: Dentsu

Bleustein-Blanchet, Marcel
La nostalgie du futur
1976 Paris: Robert Laffont

Bleustein-Blanchet, Marcel
Mémoires d'un lion
1988 Paris: Olivier Perrin

Bleustein-Blanchet, Marcel
Les mots de ma vie
1990 Paris: Robert Laffont

Bleustein-Blanchet, Marcel
La traversée du siècle
Unter Mitwirkung von Jean Mauduit
1994 Paris: Robert Laffont

Bleustein-Blanchet, Marcel
Les enfants de la radio
Im Gespräch mit Jean Mauduit
1998 Baume-les-Dames, France: IME

Brose, Hanns W.
Die Entdeckung des Verbrauchers.
Ein Leben für die Werburg
1958 Düsseldorf: Econ

Cone, Fairfax M.
With All its Faults.
A Candid Account of Forty Years in Advertising
1969 Boston: Little, Brown & Company

Dupont, Wladir
Geraldo Alonso. O homen, o mito
1991 São Paulo: Editora Globo

Farner, Rudolf Dr.
Erfolg in der Werbung
1983 Zürich: C.J. Bucher

Germon, Marcel
Marcel Bleustein-Blanchet, Monsieur Publicité
Présenté par Jean Boissonat
1990 Paris: Jacques Grancher

Hopkins, Claude C.
My Life in Advertising
1927 New York: Harper

Kufrin, Joan
Leo Burnett, Star Reacher
1995 Chicago: Leo Burnett Company, Inc.

Lasker, Albert D.
The Lasker Story As He Told It
1963 Chicago: Advertising Publications

Loewy, Raymond
Never Leave Well Enough Alone
1951 New York: Simon & Schuster

Lorin, Philippe
5 Giants of Advertising
2001 Paris: Assouline

MacManus, Theodore F.
The Sword - Arm of Business
1927 New York: The Devin-Adair Company Rivers

Ogilvy, David
Ogilvy on Advertising
1983 New York: Crown

Rowell, George P.
Forty Years an Advertising Agent
1906 New York: Franklin Publishing Company

Sarnoff, David
Speech Can Change your Life
1970 New York: Doubleday

Séguéla, Jacques
Ne dites pas à ma mère que je suis dans
la publicité... Elle me croit pianiste
dans un bordel
1979 Paris: Flammarion

Young, James Webb
The Diary of an Ad Man
1944 Chicago: Advertising Publications Inc.

Bildende Kunst

Baldassari, Anne
Art & Pub 1890-1990
1991 Paris: Centre Georges Pompidou

Bogart, Michelle H.
Artists, Advertising and the Borders of Art
1995 Chicago: The University of Chicago Press

Branshaw, Percy V.
Art in Advertising: A Study of British and
American Pictorial Publicity
1925 London: Press Art School

Cogniat, Raymond
Art et publicité dans le monde
1955 Paris: Musée des Arts décoratifs

Guyon, Lionel
Architecture & Publicité
Vorwort von Marcel Bleustein-Blanchet
1990 Paris: Pierre Mardaga

Henderson, Sally und Landau, Robert Billboard Art.
Einleitung von David Hockney
1981 London: Angus & Robertson

Hoffman, Barry
The Fine Art of Advertising
2002 New York: Harry N. Abrams

Hornung, Clarence P.
Handbook of Early Advertising Art
1947 New York: Dover Publications

Lelieur, Anne-Claude
Savignac, affichiste
2001 Paris: Bibliothèque Forney

Massey, John
Great Ideas 1950-1976
1976 Chicago: Container Corporation of America

Rogue, Georges
Ceci n'est pas un Magritte: Essai sur Magritte
et la publicité
1983 Paris: Flammarion

Schneider, Danielle
La pub détourne l'art
1999 Genf: Éditions du Tricorne

Sobieszek, Robert A.
The Art of Persuasion: A History of Advertising
Photography
1988 New York: Harry N. Abrams

Stoltz, Donald Robert
The Advertising World of Norman Rockwell
1985 New York: Harrison House

Varnadoe, Kirk und Gopnik Adam
High & Low: Modern Art and Popular Culture
1990 New York: The Museum of Modern Art

Warhol, Andy
The Philosophy of Andy Warhol
From A to B and Back Again
1975 New York: Harcourt Brace Jovanovich

Theorie und Praxis

Aaker, David
Building Strong Brands
1995 New York: Free Press

Abruzzesse, Alberto
Metafore della pubblicità
1988 Genua: Costa & Nolan

Arren, Julien
Sa Majesté la publicité
1914 Tours: Alfred Mame & Fils

Ayer, Francis Wayland
The Ayer Idea in Advertising
1912 Philadelphia: N.W. Ayer & Son

Baker, Stephen
Visual Persuasion
1961 New York: McGraw-Hill

Bates, Charles Austin
Good Advertising
1896 New York: Holmes

Berger, Warren
Advertising Today
2001 London: Phaidon Press

Bleustein-Blanchet, Marcel
La publicité et ses métiers
1985 Paris: Chotard et associés

Brochand, Bernard und Landrevie, Jacques
Publicitor
1983 Paris: Dalloz

Calkins, Earnest Elmo
The Business of Advertising
1905 New York: D. Appleton & Company

Calkins, Earnest Elmo und Holden, Ralph
Modern Advertising
1915 New York: D. Appleton & Company

Chandor, P.
Advertising and Publicity
1967 London: The English Universities Press

Coombs, Anne
Adland. A True Story of Corporate Drama
1990 Port Melbourne: William Heinemann

Cummings, Bart
Advertising's Benevolent Dictators
1984 Chicago: Crain Books

De Bono, Edward
Serious Creativity: Using the Power of Lateral
Thinking to Create New Ideas
1992 New York: Harper Collins

Dru, Jean-Marie
Le saut créatif
1984 Paris: Jean-Claude Lattès

Dru, Jean-Marie
  Disruption: Overturning Conventions and
  Shaking up the Marketplace
  1996   New York: John Wiley & Sons

Dzamic, Lazar
  No-Copy Advertising
  2001   Crans-près-Céligny: RotoVision

Elvinger, Francis
  La lutte entre l'industrie et le commerce
  La marque, son lancement, sa vente,
  sa publicité
  1922   Paris: Librairie d'Économie commerciale

Fonteix, J.B. und Guérin, Alexandre
  La publicité méthodique
  1922, Paris: Société Française de Publications
  périodiques et de Publicité

Gérin, Octave-Jacques und Espindael, Charles
  La publicité suggestive. Théorie et pratique
  Vorwort von Walter Dill Scott
  1911   Paris: Dunod et Pinat

Gilson, Clive; Pratt, Mike; Roberts,
Kevin und Weymes, Ed
  Peak Performance
  2000   New York: Texere

Hopkins, Claude C.
  Scientific Advertising
  Einleitung von David Ogilvy
  1966   New York: Bell Publishing Company

Hyman, Sidney
  The Lives of William Benton
  1969   Chicago: The University of Chicago Press

Kanner, Bernice
  The 100 Best TV Commercials... and
  Why They Worked
  Vorwort von Michael Conrad
  1999   New York: Random House

Kapferer, Jean-Noël
  Reinventing the Brand
  2001   London: Kogan Page

Key, Wilson Bryan
  Subliminal Seduction
  1973   New York: Penguin Books

Lagneau, Gérard
  Le faire-valoir. Une introduction à la sociologie
  des phénomènes publicitaires
  Vorwort von Marcel Bleustein-Blanchet
  1969   Paris: Sabri

Lagneau, Gérard
  La sociologie de la publicité
  1976   Paris: Presses Universitaires de France

Leduc, Robert
  Le pouvoir publicitaire
  1974   Paris: Bordas

Lévy, Maurice und O'Donoghue, Dan
  New Trends in the Promotion of Companies and
  Brands to Stakeholders: A Holistic Approach in
  Marketing Communication in "New Approaches,
  Technologies and Styles", Dan Kimmel,
  Allan J., Herausgeber
  2005   London: Oxford University Press

Ogilvy, David
  Confessions of an Advertising Man
  1963   New York: Atheneum

Opdycke, John B.
  The Language of Advertising
  Einleitung von Percy S. Straus
  1925   New York: Isaac Pitman & Sons

Pavitt, Jane
  Brand.New
  2000   London: V&A Publications

Péninou, Georges
  Intelligence de la publicité: étude sémiotique
  1972   Paris: Robert Laffont

Plas, Bernard de und Verdier, Henri
  La Publicité
  1947   Paris: Presses Universitaires de France

Pope, Daniel
  The Making of Modern Advertising
  1983   New York: Basic Books

Pringle, Hamish und Thompson, Marjorie
  Brand Spirit. How cause related marketing
  builds brands
  1999   Chichester: John Wiley & Sons

Reeves, Rosser
  Reality in Advertising
  1961   New York: Alfred A. Knopf

Roberts, Kevin
  Lovemarks
  The Future beyond brands
  2004 New York: Power House Books

Scott, Walter Dill
  The Psychology of Advertising
  1902   Boston: Small, Maynard & Co.

Sell, Henry
  The Philosophy of Advertising
  1882   London: Sell's Advertising Offices

Victoroff, David
  Psychosociologie de la publicité
  1970   Paris: Presses Universitaires de France

Victoroff, David
  La publicité et l'image
  1978   Paris: Denoël/Gonthier

Weil, Pascale
  New Mindscapes in Consumption and
  Communication
  1996   Schidan: Scriptum Books

Weiterführende Literatur

Barthes, Roland
  Mythen des Alltags
  1964   Frankfurt/M.: Suhrkamp

Baudrillard, Jean
  La société de consommation. Ses mythes, ses
  structures
  1970   Paris: Gallimard

Bourdieu, Pierre
  Die feinen Unterschiede
  1982   Frankfurt/M.: Suhrkamp

Dichter, Ernest
  Psychology of Everyday Living
  1947   New York: Barnes & Noble

Dichter, Ernest
  Strategie im Reich der Wünsche
  1961   Düsseldorf: Econ

Galbraith, John Kenneth
  Gesellschaft im Überfluss
  1963   München/Zürich: Knaur

Kash, Rick
  The New Law of Demand and Supply:
  The Revolutionary New Demand Strategy for
  Faster Growth and Higher Profits
  2002   New York: Doubleday

Keynes, John Maynard
  Allgemeine Theorie der Beschäftigung,
  des Zinses und des Geldes
  1936   München/Leipzig: Duncker & Humblot

Klein, Naomi
  No Logo
  2001   München: Riemann

Lévi-Strauss, Claude
  Strukturale Anthropologie
  1967   Frankfurt/M.: Suhrkamp

Lipovetsky, Gilles
  Narziss oder Die Leere
  2000   Hamburg: Europäische Verlagsanstalt

Marcuse, Herbert
  Der eindimensionale Mensch
  1967   Frankfurt/M.: Suhrkamp

Marcus-Steiff, Joachim
  Les études de motivation
  Vorwort von Marcel Bleustein-Blanchet
  1961   Paris: Hermann

McLuhan, Marshall
  Die Gutenberg-Galaxis
  1968   Düsseldorf: Econ

McLuhan, Marshall
  Die magischen Kanäle. Understanding Media
  1992   Düsseldorf: Econ

Meadows, Donella H.; Meadows, Dennis L.;
Randers, Jœrgen; Behrens III, William W.
  Die Grenzen des Wachstums. Bericht des Club
  of Rome zur Lage der Menschheit
  1972   München: Deutsche Verlags-Anstalt

Packard, Vance
  Die geheimen Verführer
  1958   Düsseldorf: Econ

Propp, Vladimir
  Morphologie des Märchens
  1975   Frankfurt/M.: Suhrkamp

Register

Photonachweis

11: Jean-Luce Huré; 15: Stephanie Owen; 16: Charles E. Martin, 1966, from cartoonbank.com © VG Bild-Kunst, Bonn 2008; 23: Savignac, „Garap", 1953 © VG Bild-Kunst, Bonn 2008; 28: Leonetto Cappiello, „Kub", 1911 © VG Bild-Kunst, Bonn 2008; 29: Pablo Picasso, „Paysage aux affiches", 1912 © Succession Picasso/VG Bild-Kunst, Bonn 2008; 30: Achille Lucien Mauzan, „Prestito Credito Italiano", 1917 © VG Bild-Kunst, Bonn 2008; 34–35: courtesy of The Coca-Cola Company; 36–39: Uneeda® and Nabisco® are registered trademarks of KF Holdings and used with permission; 37: courtesy of Morton's Salt, a division of Rohm and Hass Company; „Cracker Jack" advertisement provided courtesy of Frito-Lay Inc; 40–41: © R.J. Reynolds Tobacco Company; 48: Philips Company Archives; 52: Lucian Bernhard/Rosen, „Reklame Schau", 1931 © VG Bild-Kunst, Bonn 2008; 54: Sonia Delaunay, „Le rêve", 1922 © L & M Services B.V. The Hague 20080103; Stuart Davis, „Odol", 1924 © VG Bild-Kunst, Bonn 2008; 55: René Magritte, „Ceci n'est pas une pipe", 1928 © VG Bild-Kunst, Bonn 2008; Kurt Schwitters, „Pelikan", 1924, © VG Bild-Kunst, Bonn 2008; 58–59: courtesy of The Coca-Cola Company; 60: Cassandre, „Dole", 1938 © MOURON. CASSANDRE. Lic 2008-24-01-02 www.cassandre.fr; Georgia O'Keeffe, „Dole", 1940 © VG Bild-Kunst, Bonn 2008; 63: Norman Rockwell, „The First Corn on the Cob", 1938–1940, Green Giant advertisement; Works by Norman Rockwell. Printed by permission of the Norman Rockwell Family Agency. © 2008 Norman Rockwell Family Entities; 66: © R.J. Reynolds Tobacco Company; 70–71: Cassandre, „Ford V8", 1938 © MOURON. CASSANDRE, Lic 2008-24-01-02 www.cassandre.fr; 75: Photographs by Edward Steichen. Reprinted with permission of Joanna T. Steichen; 80: Philips Company Archives; 83: Albert Champeaux, „Le petit mineur"; 86: Jean Carlu, „Production", 1942 © VG Bild-Kunst, Bonn 2008; 87: Paul Colin, „La Libération", 1944 © VG Bild-Kunst, Bonn 2008; 88: „Save Time", ads provided by Kellogg's Company, all rights reserved, used with permission; „Texaco" images are copyrighted by Chevron Corporation U.S.A. Inc and used with permission; Jean Carlu, „CCA", 1943 © VG Bild-Kunst, Bonn 2008; 92–93: Herbert Leupin, „Pause", 1953, 1957, copyright by C&T Leupin, 5415 Nussbaumen, Switzerland, courtesy of The Coca-Cola Company; 94–95: courtesy of The Coca-Cola Company; 97: Norman Rockwell, „Pigtails" 1954, „Freckles" 1954, „Boy with string", „Girl with string" 1954, © 2008 The Norman Rockwell Family Entities, Stevan Dohanos, „Kellogg's", 1955 © VG Bild-Kunst, Bonn 2008, Kellogg's Company advertisements, ads provided by Kellogg's Company, all rights reserved, used with permission; 102–103: Savignac, „Maggi", 1959, 1964, posters and stills © VG Bild-Kunst, Bonn 2008; 106: Maxwell House® is a registered trademark of KF Holdings and used with permission; 107: „Nescafé", by courtesy of Société des produits Nestlé S.A., registered trademark owners of NESCAFÉ, NESTLÉ and the Red Mug; 108–109, 110–111: Philip Morris, Marlboro and Virginia Slims ads courtesy of Altria Group; 116: Cassandre, „Concentration", 1937 MOURON.CASSANDRE, Lic 2008-24-01-02 www.cassandre.fr; 117: Ben Shahn, „CCA", 1956 © VG Bild-Kunst, Bonn 2008; René Magritte, „CCA", 1963 © VG Bild-Kunst, Bonn 2008; 118: „Berliet", courtesy of Fondation de l'Automobile Marius Berliet, Lyon; 119: Jacques Nathan, „Shell", v. 1950 © VG Bild-Kunst, Bonn 2008; 120–121: Bell Telephone System – Courtesy of AT&T Archives and History Center; 121: Norman Rockwell, „The Lineman", AT&T advertisement © 2008 The Norman Rockwell Family Entities, Courtesy of AT&T Archives and History Center; 122–123: Philips Company Archives; 125: Norman Rockwell, „Portrait of Patricia Patterson" 1958, „Portrait of Mike Hayward" 1958, „Portrait of Janie Carroll" 1957 © 2008 The Norman Rockwell Family Entities, Crest advertisements; 126: Savignac, „André", 1952 © VG Bild-Kunst, Bonn 2008; 127: René Gruau, „Gaine et soutien-gorge Jacques Fath", 1955 © René Gruau, www.renegruau.com; 129: Savignac, „Le Figaro", 1952 © VG Bild-Kunst, Bonn 2008; 132–133: James Rosenquist, „President Elect", 1960 © VG Bild-Kunst, Bonn 2008; 134–135: Andy Warhol, „The American Man", 1964, „Coca-Cola Bottles" 1962 © 2008 Andy Warhol Foundation for the Visual Arts/ARS, New York; 136: Poster and photograph by Richard Avedon. © 2008 The Richard Avedon Foundation; 140: Paul Colin, „Prénatal", 1950 © VG Bild-Kunst, Bonn 2008; Jeanloup Sieff, „Prénatal", 1962 © The Estate of Jeanloup Sieff; 141: Jean Effel, „Ptipo", 1974, © VG Bild-Kunst, Bonn 2008; courtesy of Société des produits Nestlé S.A., registered trademark owners of NESCAFÉ, NESTLÉ and the Red Mug; 143: Andy Warhol, „Campbell's Soup", 1964 © 2008 Andy Warhol Foundation/ARS, NY/TM Licensed by Campell's Soup Co. All rights reserved; 150–151: Philip Morris, Marlboro and Virginia Slims ads courtesy of Altria Group; 156: „Texaco" images are copyrighted by Chevron Corporation U.S.A. Inc and used with permission; 158: Farman & March; 165: Caroline Schultz; 166–167: Bell System, Yellow Pages – Courtesy of AT&T Archives and History Center; 178: Jeanloup Sieff, „Rosy", 1962 © The Estate of Jeanloup Sieff; 182–183: Jeanloup Sieff, „Dim", 1975 © The Estate of Jeanloup Sieff; 187: Jacques Henri Lartigue, „Woolmark" © Ministère de la Culture – France/AAJHL; 188: Savignac, „Bic", 1960, 1965, 1966 © VG Bild-Kunst, Bonn 2008, with permission from the BIC company; 190: Pablo Picasso, „Mère et enfant" coll. De Beers © Succession Picasso/VG Bild-Kunst, Bonn 2008; 197: René Maltête; 200: Mike Martin; 202: Andy Warhol, „The Last Supper", 1986 © 2008 Andy Warhol Foundation for the Visual Arts/ARS, New York, „Tomato Soup", 1962 © 2008 Andy Warhol Foundation/ARS, NY/TM Licensed by Campell's Soup Co. All rights reserved; 203: Arman, „Long Term Parking", 1982 © VG Bild-Kunst, Bonn 2008; 206–207: „Perrier" by courtesy of Société des produits Nestlé S.A., registered trademark owners of NESCAFÉ, NESTLÉ and the Red Mug; 208–209: courtesy of The Coca-Cola Company; 223: „Wendy's", reprinted with permission of Wendy's International, Inc.; 224–225: advertisement and associated copyrights and trademarks are owned by H.J. Heinz Company, L.P. and is used with permission; 232–233: by courtesy of Société des produits Nestlé S.A., registered trademark owners of NESCAFÉ, NESTLÉ and the Red Mug; 239: Ted Knutson; 244: Cedric Chambaz; 246–247: General Motors Corp. used with permission, GM Media Archives; 279: Patricia Murphy; 300: © Commission for Racial Equality 2005; 305: Malcolm Walker; 306: Rodrigo Ribeiro; 314: Noam Murro; 315: Chris Smith; 320: Kathleen Blumenfeld; 321: Patrick Le Mervedec „La Fête des Moissons".

Der Verlag dankt den Agenturen der Publicis Groupe, den Schöpfern der Werbekampagnen und den öffentlichen wie privaten Archiven für die in Abstimmung mit den im Besitz des Urheberrechts befindlichen Unternehmen und Institutionen erteilte Abdruckgenehmigung. Etwaige Irrtümer oder Auslassungen bei den Quellenangaben bitten wir zu entschuldigen. Um Nachsicht bitten wir auch mögliche Rechteinhaber, die wir auffordern möchten, sich mit dem Verlag in Verbindung zu setzen.